建设工程监理实务与案例分析

尹 伟 张 俏 孙建波 主编

化学工业出版社

·北京·

内容提要

本书采用案例分析的方法阐述建设工程监理相关知识，具有理论与实践相结合的创新性。建设工程监理组织机构包含直线制、职能制、直线职能制和矩阵制四种结构形式，书中配备相应的结构图，学习起来一目了然；建设工程监理服务收费标准采用直线内插法解决实际的监理收费问题；建设工程监理招投标引入当前较先进的电子招标投标办法，为监理人员提供与时俱进的新内容；合同管理方面引入最新版的《建设工程监理合同（示范文本）》（GF—2012—0202）和《建设工程施工合同（示范文本）（GF—2017—0201）》；参考目前装配式建筑的典型构成，引入现代装配式监理理念及钢结构项目工程监理，让监理人员掌握更全面的监理专业知识。书中每节都添加了相应的案例，并在最后一章用27个监理案例，将书中内容全部融入这些案例中，旨在提高监理人员解决综合问题的能力。

本书参考了全国监理工程师执业资格培训教材和资格考试用书，结合了企业人员现场的工程监理经验，不仅可以作为应用型本科高校、高职高专院校建设工程监理、建设工程管理、工程造价、土木工程类专业学习的参考书，还可以作为工程监理单位、建设单位、施工单位、勘察设计单位和政府各级建设主管部门有关人员的培训教材。

图书在版编目（CIP）数据

建设工程监理实务与案例分析/尹伟，张俏，孙建波主编 . —北京：化学工业出版社，2020.10
ISBN 978-7-122-37365-6

Ⅰ.①建…　Ⅱ.①尹…　②张…　③孙…　Ⅲ.①建筑工程-监理工作　Ⅳ.①TU712.2

中国版本图书馆 CIP 数据核字（2020）第 122947 号

责任编辑：李仙华　　　　　　　　　　　　　　文字编辑：师明远　林　丹
责任校对：刘　颖　　　　　　　　　　　　　　装帧设计：张　辉

出版发行：化学工业出版社（北京市东城区青年湖南街13号　邮政编码100011）
印　　刷：三河市航远印刷有限公司
装　　订：三河市宇新装订厂
787mm×1092mm　1/16　印张16　字数416千字　2020年11月北京第1版第1次印刷

购书咨询：010-64518888　　　　　　　　　　　售后服务：010-64518899
网　　址：http://www.cip.com.cn
凡购买本书，如有缺损质量问题，本社销售中心负责调换。

定　　价：49.00元

前　言

　　自 1988 年我国在基本建设领域推行建设工程监理制度以来，工程监理引起全社会广泛关注和高度重视，在工程建设中发挥了重要作用，取得了显著成就，赢得了社会各界的普遍认可和支持。这就加速了高等院校培养优秀监理人才的步伐，而监理相关的专业知识及实践经验是监理从业人员必须要掌握的。

　　近年来，我国工程建设领域法规政策陆续出台，工程监理实践经验不断丰富，工程监理标准相继修订，本书涵盖了建设工程监理概论、三控三管一协调以及案例分析内容，遵循提高学生解决实际问题能力的原则，力求内容具有综合性、实践性、通用性。

　　本书具有如下主要特点：

　　（1）注重法规政策及标准的全面性，全面阐释与工程监理相关的法规、政策，系统反映工程监理相关规范及合同。

　　（2）突出监理工作内容的实用性，以工程监理实际操作为核心内容，重点阐述工程监理工作程序、内容、方法和手段，旨在提高监理人员实际工作能力。

　　（3）反映当前教学改革和课程改革的主要方法和趋势，每节都以相关的实际工程案例为主导，引入相关专业知识，并且最后一章包含了 27 个监理案例，有利于提高监理人员处理综合问题的能力。

　　本书由辽宁城市建设职业技术学院与中天建设集团有限公司、沈阳北方建设股份有限公司以及沈阳星尔建筑科技有限公司校企合作共同开发，编写团队具有多年建设工程监理教学经验及工程监理实践经验。

　　辽宁城市建设职业技术学院尹伟、张俏和沈阳建筑大学孙建波担任主编，辽宁工程技术大学张铎、哈尔滨工业大学薛红担任副主编。具体分工为：第一、五、六章由张俏编写，第二、三、四章由尹伟、薛红编写，第七、八章由孙建波、张铎编写。尹伟负责组织编写及全书整体统稿工作。另外，在此感谢中天建设集团有限公司东北分公司韩正恳、沈阳星尔建筑科技有限公司王兴、大连文宇幕墙工程有限公司莫怀平以及沈阳博众钢结构工程咨询有限公司尹晓东对本书稿提供了大量案例。

　　本书在编写过程中，查阅并参考了大量的技术资料和相关图书，在此向这些作者致以衷心的感谢！

本书提供有附件1《建设工程监理规范》(GB/T 50319—2013)，附件2建设工程监理基本表式（A类表、B类表、C类表），附件3建筑工程文件归档范围，技能训练题答案，电子课件，可登录 www.cipedu.com.cn 免费下载。

由于编者水平有限，加之时间仓促，书中难免存在不妥之处，敬请广大读者和专家批评指正。

编者

2020 年 5 月

目 录

第一章

建设工程监理制度及监理组织

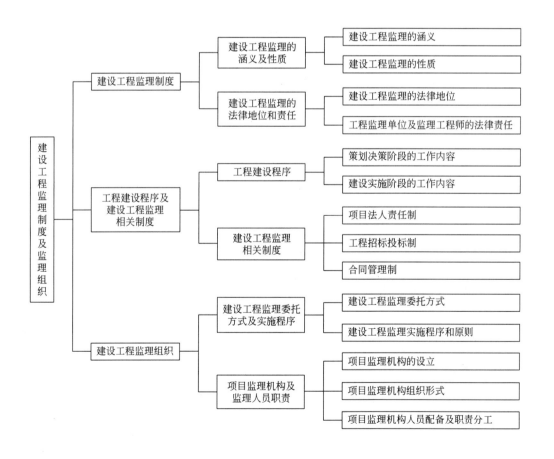

第一节 建设工程监理制度

 学习目标

了解建设工程监理制度。

 本节概述

建设工程监理制就是在建设工程设计、施工、运行等过程中必须由建设单位邀请监理单位监理的强制性制度。建设工程监理的性质是受项目法人的委托，依据国家批准的工程项目建设文件、有关工程建设的法律法规和《建筑法》第三十条的规定（国家推行建筑工程监理制度。国务院可以规定实行强制监理的建筑工程的范围）、工程建设监理合同及其他工程建设合同，对工程建设实施的监督管理。

▶ 引导性案例

事件一： 监理合同签订后，监理单位技术负责人组织编制了监理规划并报法定代表人审批，在第一次工地会议后，项目监理机构将监理规划送建设单位。

事件二： 总监理工程师委托总监理工程师代表完成下列工作：① 组织召开监理例会；② 组织审查施工组织设计；③ 组织审核分包单位资格；④ 组织审查工程变更；⑤ 签发工程款支付证书；⑥ 调解建设单位与施工单位的合同争议。

事件三： 总监理工程师在巡视中发现施工现场有一台起重机械安装后未经验收即投入使用，且存在严重安全事故隐患，总监理工程师随即向施工单位签发监理通知单要求整改，并及时报告建设单位。

事件四： 工程完工经自检合格后，施工单位向项目监理机构报送了工程竣工验收报审表及竣工资料，申请工程竣工验收。总监理工程师组织各专业监理工程师审查了竣工资料，认为施工过程中已对所有分部分项工程进行过验收且均合格，随即在工程竣工验收报审表中签署了预验收合格的意见。

问题：

1. 指出事件一中的不妥之处，写出正确做法。

2. 逐条指出事件二中总监理工程师可委托和不可委托总监理工程师代表完成的工作。

3. 指出事件三中总监理工程师的做法有哪些不妥，说明理由。写出要求施工单位整改的内容。

4. 根据《建设工程监理规范》，指出事件四中总监理工程师做法的不妥之处，写出总监理工程师在工程竣工预验收中还应组织完成的工作。

自 1988 年实施建设工程监理制度以来，对于加快我国工程建设管理方式向社会化、专业化方向发展，促进工程建设管理水平和投资效益的提高发挥了重要作用。建设工程监理制与项目法人责任制、工程招投标制、合同管理制等共同构成了我国工程建设领域的重要管理制度。

一、建设工程监理的涵义及性质

（一）建设工程监理的涵义

建设工程监理是指工程监理单位受建设单位委托，根据相关法律法规、工程建设标准、勘察设计文件及合同，在施工阶段对建设工程质量、造价、进度进行控制，对合同、信息进行管理，对工程建设相关方的关系进行协调，并履行建设工程安全生产管理法定职责的服务活动。

建设单位（业主、项目法人）是建设工程监理任务的委托方，工程监理单位是监理任务的受托方。工程监理单位在建设单位的委托授权范围内从事专业化服务活动。

建设工程监理的涵义需要从以下几方面理解：

1. 建设工程监理行为主体

《建筑法》第三十一条明确规定，实行监理的建筑工程，由建设单位委托具有相应资质条件的工程监理单位监理。建设工程监理应当由具有相应资质的工程监理单位实施，由工程监理单位实施工程监理的行为主体是工程监理单位。

建设工程监理不同于政府主管部门的监督管理。后者属于行政性监督管理，其行为主体是政府主管部门。同样地，建设单位自行管理、工程总承包单位或施工总承包单位对分包单位的监督管理都不是工程监理。

2. 建设工程监理实施前提

《建筑法》第三十一条明确规定，建设单位与其委托的工程监理单位应当订立书面委托监理合同。也就是说，建设工程监理的实施需要建设单位的委托和授权。

工程监理单位在委托监理的工程中拥有一定管理权限，是建设单位授权的结果。

3. 建设工程监理实施依据

建设工程监理实施依据包括相关法律法规、工程建设标准、勘察设计文件及合同。

4. 建设工程监理实施范围

目前，建设工程监理定位于工程施工阶段，工程监理单位受建设单位委托，按照建设工程监理合同约定，在工程勘察、设计、保修等阶段提供的服务活动均为相关服务。

5. 建设工程监理基本职责

"三控两管一协调"。此外，还需履行建设工程安全生产管理的法定职责。

（二）建设工程监理的性质

建设工程监理的性质可概括为服务性、科学性、独立性和公平性四个方面。

1. 服务性

在工程建设中，工程监理人员利用自己的知识、技能和经验以及必要的试验、检测手段，为建设单位提供管理和技术服务。工程监理单位既不直接进行工程设计，也不直接进行工程施工；既不向建设单位承包工程造价，也不参与施工单位的利润分成。

工程监理单位的服务对象是建设单位，但不能完全取代建设单位的管理活动。工程监理单位不具有工程建设重大问题的决策权，只能在建设单位授权范围内采用规划、控制、协调等方法，控制建设工程质量、造价和进度，并履行建设工程安全生产管理的监理职责，协助建设单位在计划目标内完成工程建设任务。

2. 科学性

科学性是由建设工程监理的基本任务决定的。工程监理单位以协助建设单位实现其投资目的为己任，力求在计划目标内完成工程建设任务。

为了满足建设工程监理实际工作需求，工程监理单位应由组织管理能力强、工程建设经验丰富的人员担任领导；应有足够数量的、有丰富管理经验和较强应变能力的注册监理工程师组成的骨干队伍；应有健全的管理制度、科学的管理方法和手段；应积累丰富的技术、经济资料和数据；应有科学的工作态度和严谨的工作作风，能够创造性地开展工作。

3. 独立性

《建设工程监理规范》明确要求工程监理单位应公平、独立、诚信、科学地开展建设工程监理与相关服务活动。独立是工程监理单位公平地实施监理的基本前提。为此，《建筑法》第三十四条规定："工程监理单位与被监理工程的承包单位以及建筑材料、建筑构配件和设备供应单位不得有隶属关系或者其他利害关系。"

4. 公平性

公平性是建设工程监理行业能够长期生存和发展的基本职业道德准则。特别是当建设单位与施工单位发生利益冲突或者矛盾时，工程监理单位应以事实为依据，以法律法规和有关合同为准绳，在维护建设单位合法权益的同时，不能损害施工单位的合法权益。

二、建设工程监理的法律地位和责任

（一）建设工程监理的法律地位

自建设工程监理制度实施以来，有关法律、行政法规、部门规章等逐步明确了建设工程监理的法律地位。

1. 明确了强制实施监理的工程范围

《建筑法》《建设工程质量管理条例》《建设工程监理范围和规模标准规定》又进一步细化了必须实行监理的工程范围和规模标准：

① 国家重点建设工程。

② 大中型公用事业工程。是指项目总投资额在 3000 万元以上的下列工程项目：成片开发建设的住宅小区工程，建筑面积在 5 万平方米以上的住宅建设工程必须实行监理；5 万平方米以下的住宅建设工程，可以实行监理。

③ 为了保证住宅质量，对高层住宅及地基、结构复杂的多层住宅应当实行监理。

④ 利用外国政府或者国际组织贷款、援助资金的工程。包括：使用世界银行、亚洲开发银行等国际组织贷款资金的项目；使用国外政府及其机构贷款资金的项目；使用国际组织或者国外政府援助资金的项目。

⑤ 国家规定必须实行监理的其他工程。是指项目总投资额在 3000 万元以上关系社会公共利益、公众安全的下列基础设施项目：学校、影剧院、体育场馆项目。

2. 明确了建设单位委托工程监理单位的职责

《建筑法》规定：实行监理的建筑工程，由建设单位委托具有相应资质条件的工程监理单位监理。建设单位与其委托的工程监理单位应当订立书面委托监理合同。

《建设工程质量管理条例》规定：实行监理的建设工程，建设单位应当委托具有相应资质等级的工程监理单位进行监理，也可以委托具有工程监理相应资质等级并与被监理工程的施工承包单位没有隶属关系或者其他利害关系的该工程的设计单位进行监理。

3. 明确了工程监理单位的职责

《建筑法》规定：工程监理单位应当在其资质等级许可的监理范围内，承担工程监理业务。

《建设工程质量管理条例》规定：工程监理单位应当选派具备相应资格的总监理工程师和监理工程师进驻施工现场。未经监理工程师签字，建筑材料、建筑构配件和设备不得在工程上使用或者安装，施工单位不得进行下一道工序的施工。未经总监理工程师签字，建设单位不拨付工程款，不进行竣工验收。

《建设工程安全生产管理条例》第十四条规定：工程监理单位应当审查施工组织设计中的安全技术措施或者专项施工方案是否符合工程建设强制性标准。工程监理单位在实施监理过程中，发现存在安全事故隐患的，应当要求施工单位整改；情况严重的，应当要求施工单位暂时停止施工，并及时报告建设单位。施工单位拒不整改或者不停止施工的，工程监理单位应当及时向有关主管部门报告。

4. 明确了工程监理人员的职责

《建筑法》规定：工程监理人员认为工程施工不符合工程设计要求、施工技术标准和合同约定的，有权要求建筑施工企业改正。工程监理人员发现工程设计不符合建筑工程质量标准或者合同约定的质量要求的，应当报告建设单位要求设计单位改正。

《建设工程质量管理条例》规定：监理工程师应当按照工程监理规范的要求，采取旁站、巡视和平行检验等形式，对建设工程实施监理。

（二）工程监理单位及监理工程师的法律责任

1. 工程监理单位的法律责任

（1）《建筑法》规定：工程监理单位不按照委托监理合同的约定履行监理义务，对应当监督检查的项目不检查或者不按照规定检查，给建设单位造成损失的，应当承担相应的赔偿责任。工程监理单位与建设单位或者建筑施工企业串通，弄虚作假、降低工程质量的，责令改正，处以罚款，降低资质等级或者吊销资质证书；有违法所得的，予以没收；造成损失的，承担连带赔偿责任；构成犯罪的，依法追究刑事责任。工程监理单位转让监理业务的，责令改正，没收违法所得，可以责令停业整顿，降低资质等级；情节严重的，吊销资质证书。

（2）《建设工程质量管理条例》规定：工程监理单位有下列行为的，责令停止违法行为或改正，处合同约定的监理酬金1倍以上2倍以下的罚款，可以责令停业整顿，降低资质等级；情节严重的，吊销资质证书：

① 超越本单位资质等级承揽工程的；

② 允许其他单位或者个人以本单位名义承揽工程的。

工程监理单位转让工程监理业务的，责令改正，没收违法所得，处合同约定的监理酬金25％以上50％以下的罚款；可以责令停业整顿，降低资质等级；情节严重的，吊销资质证书。

工程监理单位有下列行为之一的，责令改正，处50万元以上100万元以下的罚款，降低资质等级或者吊销资质证书；有违法所得的，予以没收；造成损失的，承担连带赔偿责任：

① 与建设单位或者施工单位串通，弄虚作假、降低工程质量的；

② 将不合格的建设工程、建筑材料、建筑构配件和设备按照合格签字的。

工程监理单位与被监理工程的施工承包单位以及建筑材料、建筑构配件和设备供应单位有隶属关系或者其他利害关系承担该项建设工程的监理业务的，责令改正，处5万元以上10万元以下的罚款，降低资质等级或者吊销资质证书；有违法所得的，予以没收。

（3）《建设工程安全生产管理条例》规定：工程监理单位有下列行为之一的，责令限期改正；逾期未改正的，责令停业整顿，并处10万元以上30万元以下的罚款；情节严重的，降低资质等级，直至吊销资质证书；造成重大安全事故，构成犯罪的，对直接责任人员，依照刑法有关规定追究刑事责任；造成损失的，依法承担赔偿责任：

① 未对施工组织设计中的安全技术措施或者专项施工方案进行审查的；

② 发现安全事故隐患未及时要求施工单位整改或者暂时停止施工的；

③ 施工单位拒不整改或者不停止施工，未及时向有关主管部门报告的；

④ 未依照法律、法规和工程建设强制性标准实施监理的。

（4）《刑法》第一百三十七条规定：工程监理单位违反国家规定，降低工程质量标准，造成重大安全事故的，对直接责任人员，处五年以下有期徒刑或者拘役，并处罚金；后果特别严重的，处五年以上十年以下有期徒刑，并处罚金。

2. 监理工程师的法律责任

如果监理工程师出现工作过错，其行为将被视为工程监理单位违约，应承担相应的违约责任。工程监理单位在承担违约赔偿责任后，有权在企业内部向有过错行为的监理工程师追偿损失。因此，由监理工程师个人过失引发的合同违约行为，监理工程师必然要与工程监理单位承担一定的连带责任。

《建设工程质量管理条例》第七十二条规定：监理工程师因过错造成质量事故的，责令停止执业1年；造成重大质量事故的，吊销执业资格证书，5年以内不予注册；情节特别恶劣的，终身不予注册。《建设工程质量管理条例》第七十四条规定：工程监理单位违反国家规定，降低工程质量标准，造成重大安全事故，构成犯罪的，对直接责任人员依法追究刑事责任。

《建设工程安全生产管理条例》规定：注册监理工程师未执行法律、法规和工程建设强制性标准的，责令停止执业3个月以上1年以下；情节严重的，吊销执业资格证书，5年内不予注册；造成重大安全事故的，终身不予注册；构成犯罪的，依照刑法有关规定追究刑事责任。

 案例分析

1.① 不妥之处：监理单位技术负责人组织编制监理规划。

正确做法：监理规划应由总监理工程师组织编制。

② 不妥之处：报法定代表人审批。

正确做法：监理规划在编写完成后需进行审核并经批准，监理单位的技术管理部门是内部审核单位，技术负责人应当签认。

③ 不妥之处：在第一次工地会议后。

正确做法：应在第一次工地会议7天前报委托人。

2.① 做法妥当，可以委托总监理工程师代表组织召开监理例会。

② 做法不妥，属于不可以委托总监理工程师代表的工作之一。

③ 做法妥当，可以委托总监理工程师代表。

④ 做法妥当，可以委托总监理工程师代表。

⑤ 做法不妥，属于不可以委托总监理工程师代表的工作之一。

⑥ 做法不妥，属于不可以委托总监理工程师代表的工作之一。

3. 总监理工程师签发监理通知单做法不妥。

正确做法：存在严重安全事故隐患时，总监理工程师应签发工程暂停令，并及时报告建设单位。如果施工单位拒不整改或不停止施工，项目监理机构应及时向有关主管部门报送监理报告。

要求施工单位整改的内容：要求施工单位对该起重机械进行验收，也可以委托具有相应资质的检验检测机构进行验收；如果该起重机械属于承租设备，由施工总承包单位、分包单位、出租单位和安装单位共同进行验收，验收合格的方可使用。

4. 不妥之处：总监理工程师组织各专业监理工程师审查了竣工资料，随即在工程竣工验收报审表中签署了预验收合格的意见。

总监理工程师还应组织完成的工作：总监理工程师收到竣工验收报审表及竣工资料后，应组织专业监理工程师进行审查并进行预验收，合格后签署预收意见。工程竣工预验收合格后，项目监理机构应编写工程质量评估报告，并应经总监理工程师和工程监理单位技术负责人审核签字后报建设单位。

第二节 工程建设程序及建设工程监理相关制度

 学习目标

了解工程建设从初步设计到竣工验收的所有程序，了解建设工程监理中的三大重要制度。

 本节概述

工程建设程序是指工程项目从策划、评估、决策、设计、施工到竣工验收、投入生产或交付使用的整个建设过程中，各项工作必须遵循的先后工作次序。在我国的建设监理制度中，监理的工作范围包括两个方面：一是工程类别，包括各类土木工程、建筑工程、线路管道工程、设备安装工程和装修工程等。按照国务院相关规定，工程监理单位分为甲、乙、丙三级资质，不同资质的监理企业能承接的监理业务是不一样的。工程监理企业只能在资质审批核准的工程类别内进行监理活动，承揽相应的工程监理业务。二是工程建设阶段，包括工程建设投资决策阶段、勘察设计招投标与勘察设计阶段、施工招投标与施工阶段。

 引导性案例

某住宅工程，在施工图设计阶段招标委托监理，按《建设工程监理合同〈示范文本〉》（GF—2012—0202）签订了工程监理合同，该合同未委托相关服务工作，实施中发生以下事件：

事件一：建设单位要求监理单位参与项目设计管理和施工招标工作，提出要监理单位尽早编制监理规划，与施工图设计同时进行，要求在施工招标前向建设单位报送监理规划。

事件二：总监理工程师委托总监理工程师代表组织编制监理规划，要求项目监理机构中专业监理工程师和监理员全员参与编制，并要求由总监理工程师代表审核批准后尽快报送建设单位。

事件三：编制的监理规划中提出"四控制"的基本工作任务，分别设有"工程质量控制""工程造价控制""工程进度控制"和"安全生产控制"的章节内容；并提出对危险性较大的分部分项工程，应按照当地工程安全生产监督机构的要求，编制《安全监理专项方案》。

事件四：在深基坑开挖工程准备会议上，建设单位要求项目监理机构尽早提交《深基坑工程监理实施细则》，并要求施工单位根据该细则尽快编制《深基坑工程施工方案》。

事件五：工程某部位大体积混凝土工程施工前，土建专业监理工程师编制了《大体积混凝土工程监理实施细则》，经总监理工程师审批后实施。实施过程中由于外部条件变化，土建专业监理工程师对监理实施细则进行了补充，考虑到总监理工程师比较繁忙，拟报总监理工程师代表审批后继续实施。

问题：

1. 事件一中，建设单位的要求有何不妥？说明理由。

2. 事件二中，总监理工程师的做法有何不妥？说明理由。

3. 指出事件三中监理规划的不正确之处，写出正确做法。

4. 事件四中，建设单位的做法是否妥当？说明理由。

5. 指出事件五中项目监理机构做法的不妥之处？说明理由。

按照工程建设内在规律，每一项建设工程都要经过策划决策和建设实施两个发展时期。这两个发展时期又可分为若干阶段，各阶段之间存在着严格的先后次序，可以进行合理交叉，但不能任意颠倒次序。

一、工程建设程序

（一）策划决策阶段的工作内容

建设工程策划决策阶段的工作内容主要包括项目建议书和可行性研究报告的编报和审批。

1. 编报项目建议书

项目建议书的主要作用是推荐一个拟建项目，论述其建设的必要性、建设条件的可行性和获利的可能性，供政府投资主管部门选择并确定是否进行下一步工作。

对于政府投资工程，项目建议书按要求编制完成后，应根据建设规模和限额划分报送有关部门审批。项目建议书经批准后，可进行可行性研究工作，但并不表明项目非上不可，批准的项目建议书不是工程项目的最终决策。

2. 编报可行性研究报告

可行性研究是指在工程项目决策之前，通过调查、研究、分析建设工程在技术、经济等方面的条件和情况，对可能的多种方案进行比较论证，同时对工程项目建成后的综合效益进行预测和评价的一种投资决策分析活动。

凡经可行性研究未通过的项目，不得进行下一步工作。

3. 投资项目决策管理制度

根据《国务院关于投资体制改革的决定》，政府投资工程实行审批制；非政府投资工程实行核准制或登记备案制（表1-1）。

表 1-1　项目投资决策审批制度

方式		审批、核准、备案	备注
政府投资工程	审批制	采用直接投资和资本金注入方式：政府需要从投资决策角度审批项目建议书和可行性研究报告，除特殊情况外，不再审批开工报告，同时还要严格审批其初步设计和概算	一般要经过符合资质要求的咨询中介机构的评估论证，特别重大的项目还应实行专家评议制度。国家将逐步实行政府投资项目公示制度
		采用投资补助、转贷和贷款贴息方式：只审批资金申请报告	
非政府投资工程	核准制	企业投资建设《政府核准的投资项目目录》（简称《目录》）中的项目时，只需向政府提交项目申请报告，不再经过批准项目建议书、可行性研究报告和开工报告的程序	特大型企业集团投资《目录》中项目，可按项目单独申报核准，也可编制中长期发展建设规划，经批准后，属于《目录》中的项目，不再另行申报核准，只须办理备案手续
	备案制	《政府核准的投资项目目录》以外项目，由企业按照属地原则向地方政府投资主管部门备案	

（二）建设实施阶段的工作内容

建设工程实施阶段的工作内容主要包括勘察设计、建设准备、施工安装及竣工验收。对于生产性工程项目，在施工安装后期，还需要进行生产准备工作。

1. 勘察设计

（1）工程勘察。

（2）工程设计。

两阶段设计——初步设计和施工图设计。

三阶段设计——两阶段设计基础上增加技术设计。

1）初步设计。初步设计是根据可行性研究报告的要求进行具体实施方案设计，目的是为了阐明在指定的地点、时间和投资控制数额内，拟建项目在技术上的可行性和经济上的合理性，并通过对建设工程所作出的基本技术经济规定，编制工程总概算。

初步设计不得随意改变被批准的可行性研究报告所确定的建设规模、产品方案、工程标准、建设地址和总投资等控制目标。如果初步设计提出的总概算超过可行性研究报告总投资的10％以上或其他主要指标需要变更时，应说明原因和计算依据，并重新向原审批单位报批可行性研究报告。

2）技术设计。技术设计应根据初步设计和更详细的调查研究资料编制，以便进一步解决初步设计中的重大技术问题。

3）施工图设计。即根据初步设计或技术设计的要求，结合工程现场实际情况，完整地表现建筑物外形、内部空间分割、结构体系、构造状况以及建筑群的组成和周围环境的配合。施工图设计还包括运输、通信、管道系统、建筑设备等的设计。在工艺方面，应具体确定各种设备的型号、规格及各种非标准设备的制造加工图。

2. 建设准备

（1）建设准备工作内容　工程项目在开工建设之前要切实做好各项准备工作，其主要内容包括：

① 征地、拆迁和场地平整；

② 完成施工用水、电、通信、道路等接通工作；

③ 组织招标选择工程监理单位、施工单位及设备、材料供应商；

④ 准备必要的施工图纸；

⑤ 办理工程质量监督和施工许可手续。

（2）工程质量监督手续的办理　建设单位在领取施工许可证或者开工报告前，应当到规定的工程质量监督机构办理工程质量监督注册手续。办理质量监督注册手续时须提供下列资料：

① 施工图设计文件审查报告和批准书；

② 中标通知书和施工、监理合同；

③ 建设单位、施工单位和监理单位工程项目的负责人名单和机构组成资料；

④ 施工组织设计和监理规划（监理实施细则）；

⑤ 其他需要的文件资料。

（3）施工许可证的办理　从事各类房屋建筑及其附属设施的建造、装修装饰和与其配套的线路、管道、设备的安装，以及城镇市政基础设施工程的施工，建设单位在开工前应当向工程所在地县级以上人民政府建设主管部门申请领取施工许可证。必须申请领取施工许可证的建筑工程未取得施工许可证的，一律不得开工。

工程投资额在 30 万元以下或者建筑面积在 $300m^2$ 以下的建筑工程，可以不申请办理施工许可证。

3. 施工安装

建设工程具备开工条件并取得施工许可后才能开始土建工程施工和机电设备安装。按照规定，建设工程新开工时间是指工程设计文件中规定的任何一项永久性工程第一次正式破土开槽的开始日期。不需要开槽的工程，以正式开始打桩的日期作为开工日期。铁路、公路、水库等需要进行大量土石方工程的，以开始进行土石方工程施工的日期作为正式开工日期。工程地质勘察、平整场地、旧建筑物拆除、临时建筑、施工用临时道路和水、电等工程开始施工的日期不能算作正式开工日期。分期建设的工程分别按各期工程开工的日期计算，如二期工程应根据工程设计文件规定的永久性工程开工的日期计算。

4. 生产准备

对于生产性工程项目而言，生产准备是工程项目投产前由建设单位进行的一项重要工作。生产准备是衔接建设和生产的桥梁，是工程项目建设转入生产经营的必要条件。建设单位应适时组成专门机构做好生产准备工作，确保工程项目建成后能及时投产。

生产准备的主要工作内容包括组建生产管理机构，制定有关管理制度和规定；招聘和培训生产人员，组织生产人员参加设备的安装、调试和工程验收工作；落实原材料、协作产品、燃料、水、电、气等的来源和其他需协作配合的条件，并组织工装、器具、备品、备件等的制造或订货等。

5. 竣工验收

建设工程按设计文件的规定内容和标准全部完成，并按规定将施工现场清理完毕后，达到竣工验收条件时，建设单位即可组织工程竣工验收。工程勘察、设计、施工、监理等单位应参加工程竣工验收。工程竣工验收要审查工程建设的各个环节，审阅工程档案，实地查验建筑安装工程实体，对工程设计、施工和设备质量等进行全面评价。不合格的工程不予验收。对遗留问题要提出具体解决意见，限期落实完成。

工程竣工验收是投资成果转入生产或使用的标志，也是全面考核工程建设成果、检验设计和施工质量的关键步骤。工程竣工验收合格后，建设工程方可投入使用。

建设工程自竣工验收合格之日起即进入工程质量保修期。建设工程自办理竣工验收手续后，发现存在工程质量缺陷的，应及时修复，费用由责任方承担。

二、建设工程监理相关制度

（一）项目法人责任制

《关于实行建设项目法人责任制的暂行规定》要求"国有单位经营性资本建设大中型项

目在建设阶段必须组建项目法人""由项目法人对项目的策划、资金筹措、建设实施、生产经营、债务偿还和资产的保值增值，实行全过程负责"。项目法人责任制的核心内容是明确由项目法人承担投资风险，项目法人要对工程项目的建设及建成后的生产经营实行一条龙管理和全面负责。

1. 项目法人的设立

新上项目在项目建议书被批准后，应由项目的投资方派代表组成项目法人筹备组，具体负责项目法人的筹建工作。有关单位在申报项目可行性研究报告时，须同时提出项目法人的组建方案，否则，其可行性研究报告将不予审批。在项目可行性研究报告被批准后，应正式成立项目法人。按有关规定确保资本金按时到位，并及时办理公司设立登记。项目公司可以是有限责任公司（包括国有独资公司），也可以是股份有限公司。

2. 项目法人的职权

（1）项目董事会的职权　负责筹措建设资金；审核、上报项目初步设计和概算文件；审核、上报年度投资计划并落实年度资金；提出项目开工报告；研究解决建设过程中出现的重大问题；负责提出项目竣工验收申请报告；审定偿还债务计划和生产经营方针，并负责按时偿还债务；聘任或解聘项目总经理，并根据总经理的提名，聘任或解聘其他高级管理人员。

（2）项目总经理的职权　组织编制项目初步设计文件，对项目工艺流程、设备选型、建设标准、总图布置提出意见，提交董事会审查；组织工程设计、施工监理、施工队伍和设备材料采购的招标工作，编制和确定招标方案、标底和评标标准，评选和确定投标、中标单位等。

3. 项目法人责任制与工程监理制的关系

① 项目法人责任制是实行工程监理制的必要条件。

② 工程监理制是实行项目法人责任制的基本保障。

（二）工程招标投标制

《招标投标法》规定，"在中华人民共和国境内进行下列工程建设项目包括项目的勘察、设计、施工、监理以及与工程建设有关的重要设备、材料等的采购，必须进行招标：① 大型基础设施、公用事业等关系社会公共利益、公众安全的项目；② 全部或者部分使用国有资金投资或者国家融资的项目；③ 使用国际组织或者外国政府贷款、援助资金的项目。"

1. 工程招标的具体范围和规模标准

2000 年 5 月 1 日开始施行的《工程建设项目招标范围和规模标准规定》进一步明确了工程招标的范围和规模标准。

（1）关系社会公共利益、公众安全的基础设施项目的范围

① 煤炭、石油、天然气、电力、新能源等能源项目；

② 铁路、公路、管道、水运、航空以及其他交通运输业等交通运输项目；

③ 邮政、电信枢纽、通信、信息网络等邮电通信项目；

④ 防洪、灌溉、排涝、引（供）水、滩涂治理、水土保持、水利枢纽等水利项目；

⑤ 道路、桥梁、地铁和轻轨交通、污水排放及处理、垃圾处理、地下管道、公共停车场等城市设施项目；

⑥ 生态环境保护项目；

⑦ 其他基础设施项目。

（2）关系社会公共利益、公众安全的公用事业项目的范围

① 供水、供电、供气、供热等市政工程项目；

② 科技、教育、文化等项目；

③ 体育、旅游等项目；

④ 卫生、社会福利等项目；

⑤ 商品住宅，包括经济适用住房；

⑥ 其他公用事业项目。

（3）使用国有资金投资项目的范围包括：

① 使用各级财政预算资金的项目；

② 使用纳入财政管理的各种政府性专项建设基金的项目；

③ 使用国有企业事业单位自有资金，并且国有资产投资者实际拥有控制权的项目。

（4）国家融资项目的范围包括：

① 使用国家发行债券所筹资金的项目；

② 使用国家对外借款或者担保所筹资金的项目；

③ 使用国家政策性贷款的项目；

④ 国家授权投资主体融资的项目；

⑤ 国家特许的融资项目。

（5）使用国际组织或者外国政府资金的项目的范围包括：

① 使用世界银行、亚洲开发银行等国际组织贷款资金的项目；

② 使用外国政府及其机构贷款资金的项目；

③ 使用国际组织或者外国政府援助资金的项目。

（6）上述五类项目的勘察、设计、施工、监理以及与工程建设有关的重要设备、材料等的采购，达到下列标准之一的，必须进行招标。

① 施工单项合同估算价在 200 万元人民币以上的；

② 重要设备、材料等货物的采购，单项合同估算价在 100 万元人民币以上的；

③ 勘察、设计、监理等服务的采购，单项合同估算价在 50 万元人民币以上的；

④ 单项合同估算价低于前三项规定的标准，但项目总投资额在 3000 万元人民币以上的。

依法必须进行招标的项目和全部使用国有资金投资或者国有资金投资占控股或者主导地位的，应当公开招标。

2. 工程招标投标制与工程监理制的关系

① 工程招标投标制是实行工程监理制的重要保证。

② 工程监理制是落实工程招标投标制的重要保障。

（三）合同管理制

1. 工程项目合同体系

在工程项目合同体系中，建设单位和施工单位是两个最主要的节点。

2. 合同管理制与工程监理制的关系

① 合同管理制是实行工程监理制的重要保证。

② 工程监理制是落实合同管理制的重要保障。

案例分析

1. 建设单位要求监理单位参与项目设计管理和施工招标工作不妥，因为该工作内容属于相关服务范围，而工程监理合同未委托相关服务工作；建设单位提出编制监理规划与施工图设计同时进行不妥，因监理规划应针对建设工程实际情况编制，故应在收到工程设计文件后开始编制监理规划。

2. 总监理工程师委托总监理工程师代表组织编制监理规划不妥，因为违反《建设工程监理规范》（GB/T 50319—2013）对总监理工程师职责的规定；由总监理工程师代表审核批准监理规划不妥，根据《建设工程监理规范》（GB/T 50319—2013），监理规划应在总监理工程师签字后由监理单位技术负责人审核批准，方可报送建设单位。

3. 监理规划中"四控制"的提法不妥，"安全生产控制"的章节名称不正确，应为"安全生产管理的监理工作"；监理规划中"《安全监理专项方案》"的提法不妥，针对危险性较大的分部分项工程，应按《建设工程监理规范》（GB/T 50319—2013）的要求，编制监理实施细则。

4. 建设单位要求项目监理机构先于施工单位专项施工方案编制监理实施细则的做法不妥，因为专项施工方案是监理实施细则的编制依据之一。

5. 项目监理机构对监理实施细则进行了补充后，拟报总监理工程师代表审批后继续实施的考虑不妥。根据《建设工程监理规范》（GB/T 50319—2013），总监理工程师不得将审批监理实施细则的职责委托给总监理工程师代表，监理实施细则补充、修改后，仍应由总监理工程师审批后方可实施。

第三节　建设工程监理组织

 学习目标

了解建设工程监理组织的重要作用。建设工程监理组织是实现建设工程监理合同目标和工程监理企业利益目标的基础和保障，是确保监理机构在实施建设工程监理实务过程中，实现人与人、人与事物之间相对稳定的协调关系的基本动因。

 本节概述

组织是对某一特定人群的称谓，也是管理的一项重要职能，要达到建设工程监理的预期目的，就必须建立精干、高效的项目监理组织机构，并使之正常运行，这是实现建设工程监理目标的前提条件。

建设工程监理组织是指规划建设工程监理机构行为的组织机构和规章制度，以及项目监理机构行使对工程项目监理的职能和职权的总称。

 引导性案例

某实施监理的市政工程，分成 A、B 两个施工标段。工程监理合同签订后，监理单位将项目监理机构组织形式、人员构成和对总监理工程师的任命书面通知建设单位。该总监理工程师担任总监理工程师的另一工程项目尚有一年方可竣工。根据工程专业特点，市政工程 A、B 两个标段分别设置了总监理工程师代表甲和乙。甲、乙均不是注册监理工程师，但甲具有高级专业技术职称，在监理岗位任职 15 年；乙具有中级专业技术职称，已取得了建造师执业资格证书尚未注册，有 5 年施工管理经验，1 年前经培训开始在监理岗位就职。工程实施中发生以下事件：

事件一：建设单位同意对总监理工程师的任命，但认为甲、乙二人均不是注册监理工程师，不同意二人担任总监理工程师代表。

事件二：工程质量监督机构以同时担任另一项目的总监理工程师有可能"监理不到位"为由，要求更换总监理工程师。

事件三：监理单位对项目监理机构人员进行了调整，安排乙担任专业监理工程师。

事件四：总监理工程师考虑到身兼两项工程比较忙，委托总监理工程师代表开展若干项工作，其中有：组织召开监理例会、组织审查施工组织设计、签发工程款支付证书、组织审查和处理工程变更、组织分部工程验收。

事件五：总监理工程师在安排工程计量工作时，要求监理员进行具体计量，由专业监理工程师进行复核检查。

问题：

1. 事件一中，建设单位不同意甲、乙担任总监理工程师代表的理由是否正确？甲和乙是否可以担任总监理工程师？分别说明理由。

2. 事件二中，工程质量监督机构的要求是否妥当？说明理由。

3. 事件三中，监理单位安排乙担任专业监理工程师是否妥当？说明理由。

4. 指出事件四中总监理工程师对所列工作的委托，哪些是正确的，哪些不正确。

5. 事件五中，总监理工程师的做法是否妥当？说明理由。

建设工程监理组织是完成建设工程监理工作的基础和前提。项目监理机构作为工程监理单位派驻施工现场履行建设工程监理合同的组织机构，需要根据建设工程监理合同约定的服务内容、服务期限，以及工程特点、规模、技术复杂程度、环境等因素设立，同时需要明确项目监理机构中各类人员的基本职责。

一、建设工程监理委托方式及实施程序

（一）建设工程监理委托方式

1. 平行承发包模式（图 1-1）下工程监理委托方式

各设计单位、施工单位、材料设备供应单位之间的关系是平行关系。

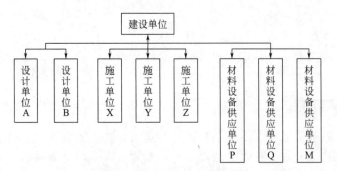

图 1-1　建设工程平行承发包模式

（1）优点：有利于缩短工期、控制质量；有利于建设单位在更广范围内选择施工单位。

（2）缺点：① 合同数量多，会造成合同管理困难。

② 工程造价控制难度大：一是工程总价不易确定；二是招标工作量大，需控制多项合

同价格；三是施工过程中高等变更和修改较多。

在建设工程平行承发包模式下，建设工程监理委托模式有以下两种主要形式。

（1）业主委托一家工程监理单位实施监理（图1-2） 要求被委托的工程监理单位具有较强的合同管理与组织协调能力，并能做好全面规划工作。可以组建多个监理分支机构对各施工单位分别实施监理。

（2）建设单位委托多家工程监理单位实施监理（图1-3） 各工程监理单位之间的相互协作与配合需要建设单位进行协调。工程监理单位的监理对象相对单一，便于管理，但建设工程监理工作被肢解，各家工程监理单位各负其责，缺少一个对建设工程进行总体规划与协调控制的工程监理单位。

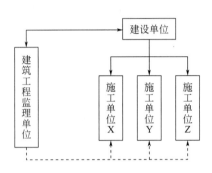

图1-2 平行承发包模式下委托一家
工程监理单位的组织方式

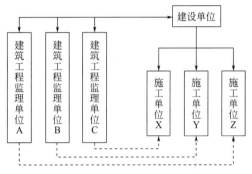

图1-3 平行承发包模式下委托多家
工程监理单位的组织方式

建设单位首先委托一个"总监理工程师单位"，总体负责建设工程总规划和协调控制，再由建设单位与"总监理工程师单位"共同选择几家工程监理单位分别承担不同施工合同段监理任务（图1-4）。在建设工程监理工作中，由"总监理工程师单位"负责协调、管理各工程监理单位工作，可大大减轻建设单位的管理压力。

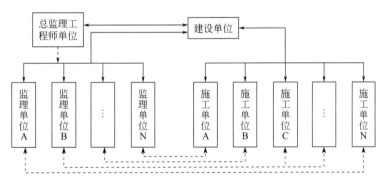

图1-4 平行承发包模式下委托"总监理工程师单位"的组织方式

2. 施工总承包模式（图1-5）下建设工程监理委托方式

（1）优点

① 有利于建设工程的组织管理。

② 有利于控制工程造价。

③ 有利于工程质量控制。

④ 有利于总体进度的协调控制。

（2）缺点

① 建设周期较长。

② 施工总承包单位的报价可能较高。

在建设工程施工总承包模式下，建设单位通常应委托一家工程监理单位实施监理（图1-6）。

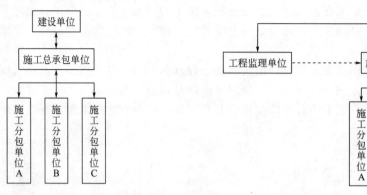

图1-5　建设工程施工总承包模式　　　　图1-6　施工总承包模式下委托工程监理单位的组织方式

监理工程师必须做好对分包单位资格的审查、确认工作。

3. 工程总承包模式下建设工程监理委托方式

工程总承包模式是指建设单位将工程设计、施工、材料设备采购等工作全部发包给一家承包单位，由其进行实质性设计、施工和采购工作，最后向建设单位交出一个已达到动用条件的工程。按这种模式发包的工程也称"交钥匙工程"。工程总承包模式如图1-7所示。

（1）优点

① 合同关系简单，组织协调工作量小。

② 有利于控制工程进度，缩短建设周期。

③ 有利于工程造价控制。

（2）缺点

① 合同条款不易准确确定，容易造成合同争议。

② 合同管理难度一般较大，造成招标发包工作难度大。

③ 总承包单位要承担较大风险。

④ 建设单位择优选择工程总承包单位的范围小。

⑤ 质量控制难度加大。

在工程总承包模式下，建设单位一般应委托一家工程监理单位实施监理（图1-8）。在该委托方式下，监理工程师需具备较全面的知识，以做好合同管理工作。

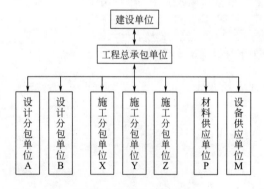

图1-7　工程总承包模式

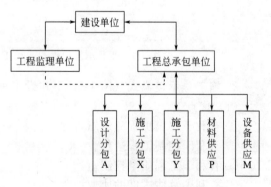

图1-8　工程总承包模式下委托工程监理单位的组织方式

建设工程组织管理基本模式优缺点汇总见表1-2。

表 1-2　建设工程组织管理基本模式优缺点汇总

项目	平行承发包模式	施工总承包模式	工程总承包模式
优点	有利于缩短工期； 有利于控制质量； 有利于建设单位选择施工单位	有利于总体进度的协调控制； 有利于质量控制； 有利于控制工程造价； 有利于建设工程的组织管理	有利于控制工程进度，缩短建设周期； 有利于工程造价控制； 合同关系简单，组织协调工作量小
缺点	工程造价控制难度大； 合同数量多，会造成合同管理困难	建设周期较长； 施工总承包单位的报价可能较高	合同条款不易准确确定，容易造成合同争议； 质量控制难度加大； 总承包单位要承担较大风险； 合同管理难度一般较大，造成招标发包工作难度大； 建设单位择优选择工程总承包单位的范围小

（二）建设工程监理实施程序和原则

1. 建设工程监理实施程序

（1）组建项目监理机构　工程监理单位在参与建设工程监理投标、承接建设工程监理任务时，应根据建设工程规模、性质、建设单位对工程监理的要求，选派称职的人员主持监理工作。在建设工程监理任务确定并签订建设工程监理合同时，该主持人即可作为总监理工程师在建设工程监理合同中予以明确。总监理工程师是一个建设工程监理工作的总负责人，他对内向工程监理单位负责，对外向建设单位负责。

项目监理机构人员构成是建设工程监理投标文件中的重要内容，是建设单位在评标过程中认可的。总监理工程师应根据监理大纲和签订的建设工程监理合同组建项目监理机构，并在监理规划和具体实施计划执行过程中进行及时调整。

（2）进一步收集建设工程监理有关资料　项目监理机构应收集建设工程监理有关资料，作为开展监理工作的依据。这些资料包括：

①反映工程项目特征的有关资料。

②反映当地工程建设政策、法规的有关资料。

③反映工程所在地区经济状况等建设条件的资料。

④类似工程项目建设情况的有关资料。

（3）编制监理规划及监理实施细则　监理规划是项目监理机构全面开展建设工程监理工作的指导性文件。监理实施细则是在监理规划的基础上，根据有关规定、监理工作需要针对某一专业或某一方面建设工程监理工作而编制的操作性文件。

（4）规范化地开展监理工作　项目监理机构应按照建设工程监理合同约定，依据监理规划及监理实施细则规范化地开展建设工程监理工作。建设工程监理工作的规范化体现在以下几个方面：

① 工作的时序性。是指建设工程监理各项工作都应按一定的逻辑顺序展开，使建设工程监理工作能有效地达到目的而不致造成工作状态的无序和混乱。

② 职责分工的严密性。建设工程监理工作是由不同专业、不同层次的专家群体共同来完成的，他们之间严密的职责分工是协调进行建设工程监理工作的前提和实现建设工程监理目标的重要保证。

③ 工作目标的确定性。在职责分工的基础上，每一项监理工作的具体目标都应确定，

完成的时间也应有明确的限定，从而能通过书面资料对建设工程监理工作及其效果进行检查和考核。

（5）参与工程竣工验收　建设工程施工完成后，项目监理机构应在正式验收前组织工程竣工预验收。在预验收中发现的问题，应及时与施工单位沟通，提出整改要求。项目监理机构人员应参加由建设单位组织的工程竣工验收，签署工程监理意见。

（6）向建设单位提交建设工程监理文件资料　建设工程监理工作完成后，项目监理机构应向建设单位提交工程变更资料、监理指令性文件、各类签证等文件资料。

（7）进行监理工作总结　监理工作完成后，项目监理机构应及时从两方面进行监理工作总结。

① 向建设单位提交的监理工作总结。主要内容包括建设工程监理合同履行情况概述，监理任务或监理目标完成情况评价，由建设单位提供的供项目监理机构使用的办公用房、车辆、试验设施等的清单，表明建设工程监理工作终结的说明等。

② 向工程监理单位提交的监理工作总结。主要内容包括建设工程监理工作的成效和经验，可以是采用某种监理技术、方法的成效和经验，也可以是采用某种经济措施、组织措施的成效和经验，以及建设工程监理合同执行方面的成效和经验，或如何处理好与建设单位、施工单位关系的经验等；建设工程监理工作中发现的问题、处理情况及改进建议。

2. 建设工程监理实施原则

建设工程监理单位受建设单位委托实施建设工程监理时，应遵循以下基本原则。

（1）公平、独立、诚信、科学的原则　监理工程师在建设工程监理中必须尊重科学、尊重事实，组织各方协同配合，既要维护建设单位合法权益，又不能损害其他有关单位的合法权益。为使这一职能顺利实施，必须坚持公平、独立、诚信、科学的原则。建设单位与施工单位虽然都是独立运行的经济主体，但它们追求的经济目标有差异，各自的行为也有差别，监理工程师应在按合同约定的权、责、利关系基础上，协调双方的一致性。独立是公平地开展监理活动的前提，诚信、科学是监理工作质量的根本保证。

（2）权责一致的原则　工程监理单位实施监理是受建设单位的委托授权并根据有关建设工程监理法律法规而进行的。这种权力的授予，除体现在建设单位与工程监理单位签订的建设工程监理合同之中外，还应体现在建设单位与施工单位签订的建设工程施工合同中。工程监理单位履行监理职责、承担监理责任，需要建设单位授予相应的权力。同样，由于总监理工程师是工程监理单位履行建设工程监理合同的全权代表，由总监理工程师代表工程监理单位履行建设工程监理职责、承担建设工程监理责任，因此，工程监理单位应给予总监理工程师充分授权，体现权责一致原则。

（3）总监理工程师负责制的原则　总监理工程师负责制指由总监理工程师全面负责建设工程监理实施工作，其内涵包括：

① 总监理工程师是建设工程监理的责任主体。总监理工程师是实现建设工程监理目标的最高责任者，应是向建设单位和工程监理单位所负责任的承担者。责任是总监理工程师负责制的核心，构成了对总监理工程师的工作压力和动力，也是确定总监理工程师权力和利益的依据。

② 总监理工程师是建设工程监理的权力主体。根据总监理工程师承担责任的要求，总监理工程师负责制体现了总监理工程师全面领导工程项目监理工作，包括组建项目监理机构，组织编制监理规划，组织实施监理活动，对监理工作进行总结、监督、评价等。

③ 总监理工程师是建设工程监理的利益主体。总监理工程师对社会公众利益负责，对

建设单位投资效益负责，同时也对所监理项目的监理效益负责，并负责项目监理机构所有监理人员利益的分配。

（4）严格监理，热情服务的原则　严格监理就是要求监理人员严格按照法规、政策、标准和合同控制工程项目目标，严格把关，依照规定的程序和制度，认真履行监理职责，建立良好的工作作风。

监理工程师还应为建设单位提供热情服务，"应运用合理的技能，谨慎而勤奋地工作"。

（5）综合效益的原则　建设工程监理活动既要考虑建设单位的经济利益，也必须考虑与社会效益和环境效益的有机统一。

（6）实事求是的原则　在监理工作中，监理工程师应尊重事实。监理工程师的任何指令、判断应以事实为依据，有证明、检验、试验资料等。

二、项目监理机构及监理人员职责

项目监理机构是工程监理单位实施监理时，派驻工地负责履行建设工程监理合同的组织机构。项目监理机构的组织结构模式和规模，可根据建设工程监理合同约定的服务内容、服务期限以及工程特点、规模、技术复杂程度、环境等因素确定。在施工现场监理工作全部完成或建设工程监理合同终止时，项目监理机构可撤离施工现场。撤离施工现场前，应由监理单位书面通知建设单位，并办理相关移交手续。

（一）项目监理机构的设立

1. 项目监理机构设立的基本要求

设立项目监理机构应满足以下基本要求：

① 项目监理机构的设立应遵循适应、精简、高效的原则，要有利于建设工程监理目标控制和合同管理，要有利于建设工程监理职责的划分和监理人员的分工协作，要有利于建设工程监理的科学决策和信息沟通。

② 项目监理机构的监理人员应由一名总监理工程师、若干名专业监理工程师和监理员组成且专业配套，数量应满足监理工作和建设工程监理合同对监理工作深度及建设工程监理目标控制的要求，必要时可设总监理工程师代表。项目监理机构可设置总监理工程师代表的情形包括：

a. 工程规模较大，专业较复杂，总监理工程师难以处理多个专业工程时，可按专业设总监理工程师代表。

b. 一个建设工程监理合同中包含多个相对独立的施工合同，可按施工合同段设总监理工程师代表。

c. 工程规模较大，地域比较分散，可按工程地域设置总监理工程师代表。

除总监理工程师、专业监理工程师和监理员外，项目监理机构还可根据监理工作需要，配备文秘、翻译、司机或其他行政辅助人员。

③ 一名注册监理工程师可担任一项建设工程监理合同的总监理工程师。当需要同时担任多项建设工程监理合同的总监理工程师时，应经建设单位书面同意，且最多不得超过三项。

④ 工程监理单位更换、调整项目监理机构监理人员，应做好交接工作，保持建设工程监理工作的连续性。工程监理单位调换总监理工程师，应征得建设单位书面同意；调换专业监理工程师时，总监理工程师应书面通知建设单位。

2. 项目监理机构设立的步骤

工程监理单位在组建项目监理机构时，一般按以下步骤进行：

（1）确定项目监理机构目标　建设工程监理目标是项目监理机构建立的前提，项目监理机构的建立应根据建设工程监理合同中确定的目标，制订总目标并明确划分项目监理机构的分解目标。

（2）确定监理工作内容　根据监理目标和建设工程监理合同中规定的监理任务，明确列出监理工作内容，并进行分类归并及组合。

（3）设计项目监理机构组织结构

① 选择组织结构形式。组织结构形式选择的基本原则是：有利于工程合同管理；有利于监理目标控制；有利于决策指挥；有利于信息沟通。

② 合理确定管理层次与管理跨度。管理层次是指组织的最高管理者到最基层实际工作人员之间等级层次的数量。管理层次可分为三个层次，即决策层、中间控制层（协调层和执行层）和操作层。组织的最高管理者到最基层实际工作人员权责逐层递减，而人数逐层递增。

管理跨度是指一名上级管理人员所直接管理的下级人数。管理跨度越大，领导者需要协调的工作量越大，管理难度也越大。

项目监理机构中管理跨度的确定应考虑监理人员的素质、管理活动的复杂性和相似性、监理业务的标准化程度、各规章制度的建立健全情况、建设工程的集中或分散情况等。

③ 划分项目监理机构部门。

④ 制定岗位职责及考核标准。

⑤ 选派监理人员。

（4）制订工作流程和信息流程。

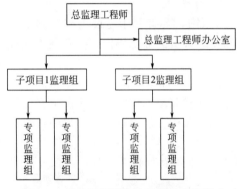

图1-9　项目监理机构的直线制组织形式

（二）项目监理机构组织形式

项目监理机构组织形式是指项目监理机构具体采用的管理组织结构。

1. 直线制组织形式

直线制组织形式的特点是项目监理机构中任何一个下级只接受唯一上级的命令，各级部门主管人员对各自所属部门的事务负责，项目监理机构中不再另设职能部门（图1-9）。

这种组织形式适用于能划分为若干个相对独立子项目的大、中型建设工程（图1-10）。

如果建设单位将相关服务一并委托，项目监理机构还可按不同的建设阶段分解设立直线制项目监理机构组织形式（图1-11）。

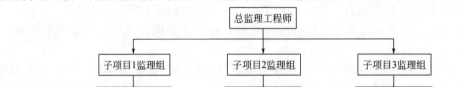
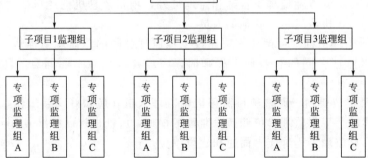

图1-10　按子项目分解的直线制项目监理结构组织形式

对于小型建设工程，项目监理机构也可采用按专业内容分解的直线制组织形式（图1-12）。

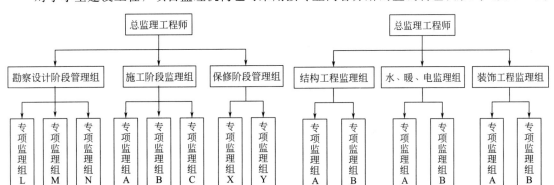

图 1-11　按工程建设阶段分解的直线
制项目监理机构组织形式

图 1-12　某房屋建筑工程按专业内容分解
的直线制项目监理机构组织形式

直线制监理组织形式的主要优点是组织机构简单，权力集中，命令统一，职责分明，决策迅速，隶属关系明确。缺点是实行没有职能部门的"个人管理"，这就要求总监理工程师博晓各种业务和具备多种专业技能，成为"全能"式人物。

2. 职能制组织形式

职能制组织形式是在项目监理机构内设立一些职能部门，将相应的监理职责和权力交给职能部门，各职能部门在其职能范围内有权直接发布指令指挥下级（图1-13）。职能制组织形式一般适用于大中型建设工程。如果子项目规模较大时，也可以在子项目层设置职能部门（图1-14）。

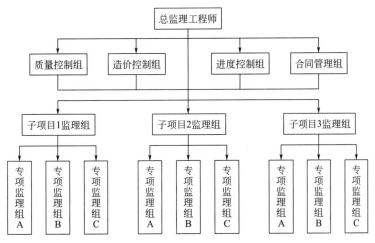

图 1-13　职能制项目监理机构组织形式

职能制组织形式的主要优点是加强了项目监理目标控制的职能化分工，可以发挥职能机构的专业管理作用，提高管理效率，减轻总监理工程师负担。但由于下级人员受多头指挥，如果这些指令相互矛盾，会使下级在监理工作中无所适从。

3. 直线职能制组织形式

直线职能制组织形式（图1-15）是吸收直线制组织形式和职能制组织形式的优点而形成的一种组织形式。这种组织形式将管理部门和人员分为两类：一类是直线指挥部门的人员，他们拥有对下级实行指挥和发布命令的权力，并对该部门的工作全面负责；另一类是职能部门的人员，他们是直线指挥人员的参谋，他们只能对下级部门进行业务指导，而不能对下级

建设工程监理实务与案例分析

部门直接进行指挥和发布命令。

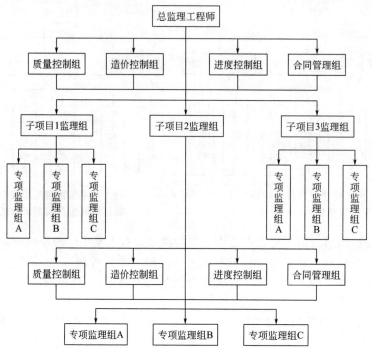

图 1-14　子项目 2 设立部门的职能制项目监理机构组织形式

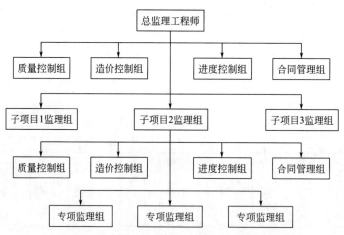

图 1-15　直线职能制项目监理机构组织形式

　　直线职能制组织形式既保持了直线制组织直线领导、统一指挥、职责分明的优点，又保持了职能制组织目标管理专业化的优点。缺点是职能部门与指挥部门易产生矛盾，信息传递路线长，不利于互通信息。

　　4. 矩阵制组织形式

　　矩阵制组织形式是由纵横两套管理系统组成的矩阵组织结构，一套是纵向职能系统，另一套是横向子项目系统（图 1-16）。这种组织形式的纵、横两套管理系统在监理工作中是相互融合关系。图 1-16 中虚线所绘的交叉点表示两者协同以共同解决问题。

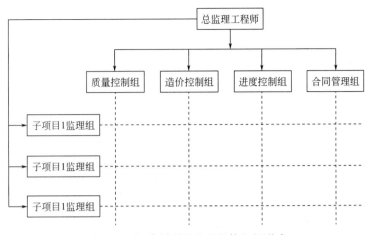

图 1-16　矩阵制项目监理机构组织形式

矩阵制组织形式的优点是加强了各职能部门的横向联系，具有较大的机动性和适应性，将上下左右集权与分权实行最优结合，有利于解决复杂问题和监理人员业务能力的培养。缺点是纵横向协调工作量大，处理不当会造成扯皮现象，产生矛盾。

（三）项目监理机构人员配备及职责分工

1. 项目监理机构人员配备

项目监理机构中配备监理人员的数量和专业应根据监理的任务范围、内容、工作期限以及工程的类别、规模、技术复杂程度、工程环境等因素综合考虑，并应符合建设工程监理合同中对监理工作深度及建设工程监理目标控制的要求，能体现项目监理机构的整体素质。

（1）项目监理机构的人员结构　项目监理机构应具有合理的人员结构，包括以下两方面：

① 合理的专业结构。项目监理机构应由与所监理工程的性质（专业性强的生产项目或是民用项目）及建设单位对建设工程监理的要求（是否包含相关服务内容，是工程质量、造价、进度的多目标控制或是某一目标的控制）相适应的各专业人员组成，也即各专业人员要配套，以满足项目各专业监理工作要求。

通常，项目监理机构应具备与所承担的监理任务相适应的专业人员。但当监理的工程局部有特殊性或建设单位提出某些特殊监理要求而需要采用某种特殊监控手段时，如局部的钢结构、网架、球罐体等质量监控需采用无损探伤、X 射线及超声探测，水下及地下混凝土桩需要采用遥测仪器探测等，此时，可将这些局部专业性强的监控工作另行委托给具有相应资质的咨询机构来承担，这也应视为保证了监理人员合理的专业结构。

② 合理的技术职称结构。为了提高管理效率和经济效益，应根据建设工程的特点和建设工程监理工作需要，确定项目监理机构中监理人员的技术职称结构。合理的技术职称结构表现为监理人员的高级职称、中级职称和初级职称的比例与监理工作要求相适应。

通常，工程勘察设计阶段的监理服务，对人员职称要求更高些，具有高级职称及中级职称的人员在整个监理人员构成中应占绝大多数。施工阶段监理，可由较多的初级职称人员从事实际操作工作，如旁站、见证取样、检查工序施工结果、复核工程计量有关数据等。

所谓的初级职称是指助理工程师、助理经济师、技术员等，也可包括具有相应能力的实践经验丰富的工人（应能看懂图纸、正确填报有关原始凭证）。施工阶段项目监理机构监理人员应具有的技术职称结构见表1-3。

表1-3　施工阶段项目监理机构监理人员应具有的技术职称结构

层次	人员	职能	职称要求		
决策层	总监理工程师、总监理工程师代表、专业监理工程师	项目监理的策划、规划；组织、协调、控制、评价等	高级职称		
执行层/协调层	专业监理工程师	项目监理实施的具体组织、指挥、控制、协调		中级职称	初级职称
作业层/操作层	监理员	具体业务的执行			

（2）项目监理机构监理人员数量的确定。

①影响项目监理机构人员数量的主要因素，包括以下几个方面：

a. 工程建设强度。工程建设强度是指单位时间内投入的建设工程资金的数量，即

$$工程建设强度＝投资/工期$$

其中，投资和工期是指监理单位所承担监理任务的工程的建设投资和工期。投资可按工程概算投资额或合同价计算，工期可根据进度总目标及其分目标计算。

显然，工程建设强度越大，需投入的监理人数越多。

b. 建设工程复杂程度。通常，工程复杂程度涉及以下因素：设计活动、工程位置、气候条件、地形条件、工程地质、工程性质、工程结构类型、施工方法、工期要求、材料供应、工程分散程度等。

根据上述各项因素，可将工程分为若干工程复杂程度等级，不同等级的工程需要配备的监理人员数量有所不同。例如，可将工程复杂程度按五级划分：简单、一般、较复杂、复杂、很复杂。工程复杂程度定级可采用定量办法：对构成工程复杂程度的每一因素通过专家评估，根据工程实际情况给出相应权重，将各影响因素的评分加权平均后根据其值的大小确定该工程的复杂程度等级。例如，将工程复杂程度按10分制考虑，则平均分值1～3分、3～5分、5～7分、7～9分者依次为简单工程、一般工程、较复杂工程和复杂工程，9分以上为很复杂工程。

c. 工程监理单位的业务水平。不同工程监理单位的业务水平和对某类工程的熟悉程度不完全相同，在监理人员素质、管理水平和监理设备手段等方面也存在差异，这都会直接影响到监理效率的高低。高水平的监理单位可以投入较少的监理人力完成一个建设工程的监理工作，而一个经验不多或管理水平不高的监理单位则需投入较多的监理人力。因此，各监理单位应当根据自己的实际情况制订监理人员需要量定额。

d. 项目监理机构的组织结构和任务职能分工。项目监理机构的组织结构情况关系到具体的监理人员配备，务必使项目监理机构任务职能分工的要求得到满足。必要时，还需要根据项目监理机构的职能分工对监理人员的配备作进一步调整。

有时，监理工作需要委托专业咨询机构或专业监测、检验机构进行，当然，项目监理机构的监理人员数量可适当减少。

②项目监理机构人员数量的确定方法。项目监理机构人员数量的确定方法可按如下步骤进行：

a. 确定项目监理机构人员需要量定额。根据监理工作内容和工程复杂程度定级，测定、编制项目监理机构人员需要量定额，见表1-4。

表 1-4 监理机构人员需要量定额　　　　单位：人·年/百万美元

工程复杂程度	监理工程师	监理员	行政、文秘人员
简单工程	0.20	0.75	0.10
一般工程	0.25	1.00	0.10
较复杂工程	0.35	1.10	0.25
复杂工程	0.50	1.50	0.35
很复杂工程	>0.50	>1.50	>0.35

b. 确定工程建设强度。根据所承担的监理工程，确定工程建设强度。例如：某工程分为两个子项目，合同总价为 3900 万美元，其中子项目 1 合同价为 2100 万美元，子项目 2 合同价为 1800 万美元，合同工期为 30 个月。

工程建设强度＝3900/30×12 万美元/年＝1560 万美元/年＝15.6 百万美元/年

c. 确定工程复杂程度。按构成工程复杂程度的 10 个因素考虑，根据工程实际情况分别按 10 分制打分。具体结果见表 1-5。

表 1-5 工程复杂程度等级评定表

项次	影响因素	子项目 1	子项目 2
1	设计活动	5	6
2	工程位置	9	5
3	气候条件	5	5
4	地形条件	7	5
5	工程地质	4	7
6	施工方法	4	6
7	工期要求	5	5
8	工程性质	6	6
9	材料供应	4	5
10	分散程度	5	5
平均分值		5.4	5.5

根据计算结果，此工程为较复杂工程。

d. 根据工程复杂程度和工程建设强度套用监理人员需要量定额。从表 1-4 定额中可查到监理人员需要量定额如下：

监理工程师：0.35 人·年/百万美元；监理员：1.1 人·年/百万美元；行政文秘人员：0.25 人·年/百万美元。

各监理人员数量如下：

监理工程师：0.35×15.6＝5.46 人，按 6 人考虑；

监理员：1.10×15.6＝17.16 人，按 17 人考虑；

行政、文秘人员：0.25×15.6＝3.9 人，按 4 人考虑。

e. 根据实际情况确定监理人员数量。该工程项目监理机构直线制组织结构如图 1-17 所示。

根据项目监理机构情况决定每个部门各类监理人员如下：

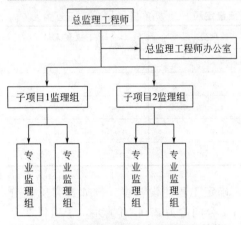

图1-17　项目监理机构直线制组织结构

监理总部（包括总监理工程师，总监理工程师代表和总监理工程师办公室）：总监理工程师1人，总监理工程师代表1人，行政文秘人员2人。

子项目1监理组：专业监理工程师2人，监理员9人，行政文秘人员1人。

子项目2监理组：专业监理工程师2人，监理员8人，行政文秘人员1人。

项目监理机构监理人员数量和专业配备应随工程施工进展情况作相应调整，从而满足不同阶段监理工作需要。

2. 项目监理机构各类人员基本职责

根据《建设工程监理规范》（GB/T 50319—2013），总监理工程师、总监理工程师代表、专业监理工程师和监理员应分别履行下列职责：

（1）总监理工程师职责。

① 确定项目监理机构人员及其岗位职责；

② 组织编制监理规划，审批监理实施细则；

③ 根据工程进展及监理工作情况调配监理人员，检查监理人员工作；

④ 组织召开监理例会；

⑤ 组织审核分包单位资格；

⑥ 组织审查施工组织设计、（专项）施工方案；

⑦ 审查开、复工报审表，签发工程开工令、暂停令和复工令；

⑧ 组织检查施工单位现场质量、安全生产管理体系的建立及运行情况；

⑨ 组织审核施工单位的付款申请，签发工程支付证书，组织审核竣工结算；

⑩ 组织审查和处理工程变更；

⑪ 调解建设单位与施工单位的合同争议，处理工程索赔；

⑫ 组织验收分部工程，组织审查单位工程质量检验资料；

⑬ 审查施工单位的竣工申请，组织工程竣工预验收，组织编写工程质量评估报告，参与工程竣工验收；

⑭ 参与或配合工程质量安全事故的调查和处理；

⑮ 组织编写监理月报、监理工作总结，组织质量监理文件资料。

（2）总监理工程师代表职责。按总监理工程师的授权，负责总监理工程师指定或交办的监理工作，行使总监理工程师的部分职责和权力。但其中涉及工程质量、安全生产管理及工程索赔等重要职责不得委托给总监理工程师代表。具体而言，总监理工程师不得将下列工作委托给总监理工程师代表：

① 组织编制监理规划，审批监理实施细则；

② 根据工程进展及监理工作情况调配监理人员；

③ 组织审查施工组织设计、（专项）施工方案；

④ 签发工程开工令、暂停令和复工令；

⑤ 签发工程款支付证书，组织审核竣工结算；

⑥ 调解建设单位与施工单位的合同争议，处理工程索赔；

⑦ 审查施工单位的竣工申请，组织工程竣工预验收，组织编写工程质量评估报告，参与工程竣工验收；

⑧ 参与或配合工程质量安全事故的调查和处理。

（3）专业监理工程师职责。

① 参与编制监理规划，负责编制监理实施细则；

② 审查施工单位提交的涉及本专业的报审文件，并向总监理工程师报告；

③ 参与审核分包单位资格；

④ 指导、检查监理员工作，定期向总监理工程师报告本专业监理工作实施情况；

⑤ 检查进场的工程材料、构配件、设备的质量；

⑥ 验收检验批、隐蔽工程、分项工程，参与验收分部工程；

⑦ 处置发现的质量问题和安全事故隐患；

⑧ 进行工程计量；

⑨ 参与工程变更的审查和处理；

⑩ 组织编写监理日志，参与编写监理月报；

⑪ 收集、汇总、参与整理监理文件资料；

⑫ 参与工程竣工预验收和竣工验收。

（4）监理员职责。

① 检查施工单位投入工程的人力、主要设备的使用及运行状况；

② 进行见证取样；

③ 复核工程计量有关数据；

④ 检查工序施工结果；

⑤ 发现施工作业中的问题，及时指出并向专业监理工程师报告。

专业监理工程师和监理员的上述职责仅是基本职责，在建设工程监理实施过程中，监理机构还应针对建设工程实际情况，明确各岗位专业监理工程师和监理员的职责分工。

 案例分析

1. 根据《建设工程监理规范》（GB/T 50319—2013）规定，总监理工程师代表可由具有工程类注册执业资格的人员担任，也可由具有中级及以上专业技术职称、3年及以上工程监理经验的人员担任，所以，建设单位不同意的理由不正确。甲符合任职条件，可担任总监理工程师代表；乙的建造师执业资格证书未注册，且仅有1年工程监理经验，不符合任职条件，不能担任总监理工程师代表。

2. 工程质量监督机构的要求不妥。理由：根据《建设工程监理规范》（GB/T 50319—2013）规定，经建设单位同意，一名注册监理工程师可同时担任不超过三个项目的总监理工程师。

3. 监理单位安排乙担任专业监理工程师妥当。因为《建设工程监理规范》（GB/T 50319—2013）规定，专业监理工程师可由具有中级及以上专业技术职称、2年及以上工程经验并经监理业务培训的人员担任。乙符合该条件。

4. 根据《建设工程监理规范》（GB/T 50319—2013）规定，总监理工程师委托其代表组织召开监理例会、组织审查和处理工程变更、组织分部工程验收正确；委托组织审查施工组织设计、签发工程款支付证书不正确。

5. 根据《建设工程监理规范》（GB/T 50319—2013）规定，应由专业监理工程师进行工程计量，监理员复核工程计量有关数据。故总监理工程师的做法不妥。

技能训练题

一、选择题 (有A、B、C、D四个选项的是单项选择题，有A、B、C、D、E五个选项的是多项选择题)

1. 关于建设工程监理的说法，错误的是 (　　)。

A. 建设工程监理的行为主体是工程监理单位

B. 建设工程监理不同于建设行政主管部门的监督管理

C. 建设工程监理的依据包括委托监理合同和有关的建设工程合同

D. 总承包单位对分包单位的监督管理也属于建设工程监理行为

2. 建设工程监理的性质可以概括为 (　　)。

A. 服务性、科学性、独立性和公正性　　B. 创新性、科学性、独立性和公正性

C. 服务性、科学性、独立性和公平性　　D. 创新性、科学性、独立性和公平性

3. 监理单位在建设工程监理工作中体现公平性要求的是 (　　)。

A. 维护建设单位的合法权益时，不损害施工单位的合法权益

B. 协助建设单位实现其投资目标，力求在计划的目标内建成工程

C. 按照委托监理合同的规定，为建设单位提供管理服务

D. 建立健全管理制度，配备有丰富管理经验和应变能力的监理工程师

4. 自建设工程监理制度实施以来，通过颁布有关法律、行政法规、部门规章等，明确了 (　　)，逐步确立了建设工程监理的法律地位。

A. 工程监理单位的职责　　　　　　　B. 建设单位委托工程监理单位的职责

C. 建设单位授权工程监理单位的范围　　D. 工程监理人员的职责

E. 强制实施监理的工程范围

5. 根据《建设工程监理范围和规模标准规定》，下列工程项目中，必须实行监理的是(　　)。

A. 总投资额为1亿的服装厂改建项目

B. 总投资额为400万美元的联合国环境规划署援助项目

C. 总投资额为2500万元的垃圾处理项目

D. 建筑面积为4万 m^2 的住宅建设项目

6. 依据《建设工程监理范围和规模标准规定》，下列项目中，必须实行监理的是 (　　)。

A. 建筑面积4000m^2 的影剧院项目　　　B. 建筑面积40000m^2 的住宅项目

C. 总投资额2800万元的新能源项目　　　D. 总投资额2700万元的社会福利项目

7. 《建筑法》规定，工程监理人员认为工程施工不符合 (　　) 的，有权要求建筑施工企业改正。

A. 工程设计规范　　　　B. 工程设计要求　　　　C. 施工技术标准

D. 施工成本计划　　　　E. 承包合同约定

8. 根据《建设工程安全生产管理条例》，工程监理单位未对施工组织设计中的安全技术措施或者专项施工方案进行审查的，责令限期改正；逾期未改正的，责令停业整顿，并处 (　　) 的罚款；情节严重的，降低资质等级直至吊销资质证书。

A.1万元以上5万元以下　　　　　B.5万元以上10万元以下

C.10万元以上30万元以下　　　　D.30万元以上50万元以下

9. 根据《建设工程安全生产管理条例》，注册执业人员未执行法律、法规和工程建设强

制性标准，情节严重的，吊销执业资格证书，（　　）不予注册。

    A. 1年内   B. 5年内   C. 8年内   D. 终身

10. 根据《国务院关于投资体制改革的决定》，对于采用资本金注入方式的政府投资工程，政府需要审批（　　）。

    A. 资金申请报告和概算   B. 开工报告和施工图预算

    C. 初步设计和概算   D. 项目建议书和开工报告

11. 根据《国务院关于投资体制改革的决定》，下列工程只须审批资金申请报告的有（　　）。

    A. 采用投资补助方式的政府投资工程   B. 采用资本金注入方式的政府投资工程

    C. 采用贷款贴息方式的政府投资工程   D. 采用银行贷款方式的企业投资工程

    E. 采用直接投资方式的政府投资工程

12. 建设工程初步设计是根据（　　）的要求进行具体实施方案的设计。

    A. 可行性研究报告   B. 项目建议书   C. 使用功能   D. 批准的投资额

13. 委托工程监理是业主在工程（　　）阶段的工作。

    A. 设计   B. 施工安装   C. 建设准备   D. 生产准备

14. 实施监理的工程，办理工程质量监督注册手续须提供的资料有（　　）。

    A. 必要的施工图纸

    B. 施工图设计文件审查报告和批准书

    C. 中标通知书和施工、监理合同

    D. 建设单位、施工单位和监理单位工程项目负责人和机构组成

    E. 施工组织设计和监理规划（监理实施细则）

15. 关于建设程序中各阶段工作的说法，错误的是（　　）。

    A. 在初步设计或技术设计的基础上进行施工图设计，使其达到施工安装的要求

    B. 工程开始拆除旧建筑物和搭建临时建筑物时即可算作工程的正式开工

    C. 生产准备阶段是由建设阶段转入生产经营阶段的重要衔接阶段

    D. 竣工验收是考核建设成果、检验设计和施工质量的关键步骤

16. 建设项目法人责任制的核心内容是明确由项目法人（　　）。

    A. 组织工程建设   B. 策划工程项目   C. 负责生产经营   D. 承担投资风险

17. 下列关于项目法人责任制的表述中，正确的有（　　）。

    A. 所有的大中型建设工程都必须在建设阶段组建项目法人

    B. 项目法人可设立有限责任公司

    C. 项目可行性研究报告被批准后，正式成立项目法人

    D. 项目法人可设立股份有限公司

    E. 项目法人只对项目的决策和实施负责

18. 根据《关于实行建设项目法人责任制的暂行规定》，项目总经理的职权有（　　）。

    A. 负责筹措建设资金   B. 组织编制项目初步设计文件

    C. 组织项目后评价   D. 组织项目竣工验收

    E. 提出项目开工报告

19. 下列关于承发包模式优点的说法中，属于平行承发包模式优点的有（　　）。

    A. 有利于缩短工期   B. 有利于质量控制

    C. 合同关系简单   D. 有利于业主选择承建单位

    E. 有利于投资控制

20. 建设工程平行承包模式下，需委托多家工程监理单位实施监理时，各工程监理单位之间的关系需要（　　）进行协调。

A. 设计单位　　　　B. 建设单位　　　　C. 质量监督机构　　　D. 施工总承包单位

21. 施工总承包模式的优点之一是利于质量控制，其原因在于（　　）。

A. 有分包单位的自控　　　　　　　　B. 有总包单位的监督

C. 有监理单位的检查认可　　　　　　D. 有合同约束与分包单位之间相互制约

E. 有监理单位监督与分包单位之间相互制约

22. 建设工程采用工程总承包方式的不足是（　　）。

A. 工程质量控制难度大　　　　　　　B. 工程进度控制难度大

C. 工程造价控制难度大　　　　　　　D. 建设单位承担较大风险

23. 建设工程采用工程总承包模式的特点有（　　）。

A. 建设单位招标发包工作难度小　　　B. 建设单位的组织协调工作量小

C. 建设单位的合同数量少　　　　　　D. 工程总承包单位的选择范围小

E. 有利于工程设计与施工的相互搭接

24. 关于建设工程组织管理基本模式的说法，正确的有（　　）。

A. 平行承发包模式的优点是有利于投资控制

B. 项目总承包模式的缺点是不利于投资控制

C. 项目总承包模式的优点是监理单位的组织协调工作量小

D. 项目总承包模式的优点是有利于进度控制

E. 平行承包模式的缺点是不利于业主选择承建单位

25. 签订监理合同后，监理单位实施建设工程监理的首要工作是（　　）。

A. 编制监理大纲　　　　　　　　　　B. 编制监理规划

C. 编制监理实施细则　　　　　　　　D. 组建项目监理机构

26. 下列要求中，不属于监理工作规范化要求的是（　　）。

A. 工作的时序性　　　　　　　　　　B. 职责分工的严密性

C. 完成目标的准确性　　　　　　　　D. 工作目标的确定性

27. 总监理工程师是工程监理的（　　）主体。

A. 利害　　　　　B. 权力　　　　　C. 权利　　　　　D. 行为

28. 建设工程监理的实施原则包括（　　）。

A. 守法、诚信、公平、科学　　　　　B. 公平、独立、诚信、科学

C. 严格监理、热情服务　　　　　　　D. 管理跨度与管理层次统一

E. 综合效益

29. 根据《建设工程监理规范》（GB/T 50319—2013），工程监理单位调换专业监理工程师时，总监理工程师应（　　）。

A. 征得质量监督机构书面同意　　　　B. 征得建设单位书面同意

C. 书面通知施工单位　　　　　　　　D. 书面通知建设单位

30. 在建立项目监理机构的步骤中，处于确定项目监理机构目标与设计项目监理机构组织结构之间的工作是（　　）。

A. 分解项目监理机构目标　　　　　　B. 确定监理工作内容

C. 选择组织结构形式　　　　　　　　D. 划分项目监理机构部门

31. 在建立项目监理机构的工作步骤中，最后需要完成的工作是（　　）。

A. 制订工作流程和信息流程　　　　　B. 制定岗位职责和考核标准

C. 确定组织结构和组织形式　　　　　D. 安排监理人员和辅助人员

32. 直线制监理组织形式的优点是（　　　）。

A. 总监理工程师负担较轻　　　　　　B. 权力相对集中

C. 集权与分权分配合理　　　　　　　D. 专家参与管理

33. 下列项目监理组织形式中，信息传递路线长，不利于互通信息的是（　　　）组织形式。

A. 矩阵制　　　　B. 直线制　　　　C. 直线职能制　　　　D. 职能制

34. 下列项目监理机构组织形式中，易造成职能部门对指挥部门指令矛盾的是（　　　）。

A. 职能制监理组织形式　　　　　　　B. 直线职能制监理组织形式

C. 矩阵制监理组织形式　　　　　　　D. 直线制监理组织形式

35. 下列关于项目监理机构组织形式的表述中，正确的是（　　　）。

A. 职能制监理组织形式最适用于小型建设工程

B. 职能制监理组织形式具有较大的机动性和适应性

C. 直线职能制监理组织形式的缺点是职能部门与指挥部门易产生矛盾

D. 矩阵制监理组织形式的优点之一是其中任何一个下级只接受唯一上级的指令

36. 某监理单位承担了某项目土建工程的施工监理任务，已知该项目相关资料如表1-6所示：

表1-6　某项目相关资料

内容	计划工期	合同价格	合计
土建工程	12个月	6000万元	9000万元
设备安装	4个月（与土建工程搭接一个月）	3000万元	

该监理单位配备监理人员时所依据的工程建设强度应为（　　　）万元/月。

A. 750　　　　B. 600　　　　C. 500　　　　D. 400

37. 根据《建设工程监理规范》（GB/T 50319—2013），总监理工程师不得委托给总监理工程师代表的工作有（　　　）。

A. 主持编写监理规划　　　　　　　　B. 调换不称职的监理人员

C. 审查和处理工程变更　　　　　　　D. 主持监理工作会议

E. 审核签认竣工结算

38. 根据《建设工程监理规范》（GB/T 50319—2013），专业监理工程师需要履行的职责有（　　　）。

A. 组织编制监理规划　　　　　　　　B. 参与编制监理实施细则

C. 参与验收分部工程　　　　　　　　D. 组织编写监理日志

E. 参与审核分包单位资格

39. 根据《建设工程监理规范》（GB/T 50319—2013），下列监理职责属于监理员职责的是（　　　）。

A. 处置生产安全事故隐患　　　　　　B. 复核工程计量数据

C. 验收分部分项工程质量　　　　　　D. 审查阶段性付款申请

二、简答题

1. 何谓建设工程监理？建设工程监理的涵义可从哪些方面理解？

2. 建设工程监理具有哪些性质？

3. 建设工程监理的法律地位从哪些方面体现？

4. 强制实行工程监理的范围是什么？

5. 《建筑法》《建设工程质量管理条例》和《建设工程安全生产管理条例》中规定的工

建设工程监理实务与案例分析

程监理单位和监理人员的职责有哪些?

6. 工程监理单位和监理工程师的法律责任有哪些?

7. 何谓工程建设程序? 工程建设程序包括哪些工作内容?

8. 目前我国投资项目决策管理制度的主要内容有哪些?

9. 施工图设计文件的审查内容有哪些?

10. 建设项目法人责任制的基本内容是什么? 项目法人的职权有哪些? 建设项目法人责任制与工程监理制的关系是什么?

11. 工程招标的范围和规模标准是什么? 工程招标投标制与工程监理制的关系是什么?

12. 工程项目合同体系的主要内容有哪些? 合同管理制与工程监理制的关系是什么?

13. 建设工程监理委托方式有哪些?

14. 建设工程监理实施程序是什么?

15. 实施建设工程监理的基本原则有哪些?

16. 设立项目监理机构的步骤有哪些?

17. 项目监理机构的组织结构设计须考虑哪些因素?

18. 项目监理机构的组织形式有哪些?

19. 如何配备项目监理机构中的人员?

20. 项目监理机构中各类人员的基本职责有哪些?

三、案例题

【背景材料】 某工程,实施过程中发生如下事件:

事件一: 总监理工程师安排的部分监理职责分工如下:① 总监理工程师代表组织审查(专项)施工方案;② 专业监理工程师处理工程索赔;③ 专业监理工程师编制监理实施细则;④ 监理员检查进场工程材料、构配件和设备的质量;⑤ 监理员复核工程计量有关数据。

事件二: 项目监理机构分析工程建设有可能出现的风险因素,分别从风险回避、损失控制、风险转移和风险自留四种风险对策方面,向建设单位提出了应对措施建议,见表1-7。

表1-7　风险因素及应对措施

代码	风险因素	风险应对措施
A	人工费和材料费波动比较大	签订总价合同
B	采用新技术较多,施工难度大	变更设计,采用成熟技术
C	场地内可能有残留地下障碍物	设立专项基金
D	工程所在地风灾频发	购买工程保险
E	工程投资失控	完善投资计划,强化动态监控

事件三: 工程开工后,监理单位变更了不称职的专业监理工程师,并口头告知建设单位。监理单位因工作需要调离原总监理工程师并任命新的总监理工程师后,书面通知建设单位。

事件四: 工程竣工验收前,施工单位提交的工程质量保修书中确定的保修期限如下:① 地基基础工程为5年;② 屋面防水工程为2年;③ 供热系统为2个采暖期;④ 装修工程为2年。

问题:

1. 针对事件一,逐项指出总监理工程师安排的监理职责分工是否妥当。

2. 逐项指出表1-7中的风险应对措施分别属于哪一种风险对策。

3. 事件三中,监理单位的做法有何不妥? 写出正确的做法。

4. 针对事件四,逐条指出施工单位确定的保修期限是否妥当,不妥之处说明理由。

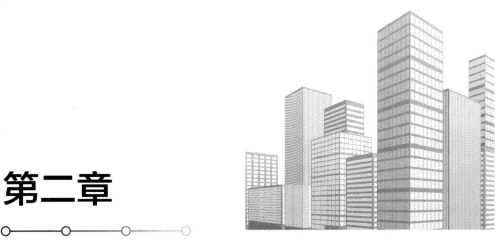

第二章

建设工程监理法规与收费标准

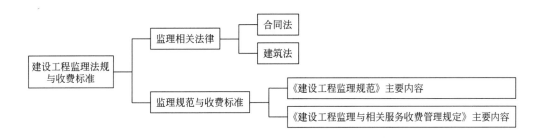

建设工程监理相关法律、行政法规及标准是建设工程监理的法律依据和工作指南。目前，与工程监理密切相关的法律有《建筑法》《招标投标法》和《合同法》；与建设工程监理密切相关的行政法规有《建设工程质量管理条例》《建设工程安全生产管理条例》《生产安全事故报告和调查处理条例》和《招标投标法实施条例》。建设工程监理规范和标准则包括：《建设工程监理规范》和《建设工程监理与相关服务收费标准》。此外，有关工程监理的部门规章和规范性文件以及地方性法规、地方政府规章及规范性文件，行业标准和地方标准等，也是建设工程监理的法律依据和工作指南。

第一节 建设工程监理相关法律

🎯 学习目标

了解《合同法》和《建筑法》法律条款，掌握与监理相关的条款内容，并结合相关案例分析，学会在未来职业中使用法律知识指导工作。

本节概述

　　建设工程法律是指由全国人民代表大会及其常务委员会通过的规范工程建设活动的法律规范，以国家主席令的形式予以公布。本节详细讲解了与建设工程监理密切相关的两部法律，分别是《合同法》和《建筑法》。以国家下发的法律条文为基础，分析条款内容和适用范围，结合施工现场案例讲解对法律的应用，让学生做到在施工现场碰到问题，查询相关法律解决现实问题。

一、合同法

　　《合同法》中的合同是指平等主体的自然人、法人、其他组织之间设立、变更、终止民事权利义务关系的协议。《合同法》中的合同分为15类，即：买卖合同，供用电、水、气、热力合同，赠与合同，借款合同，租赁合同，融资租赁合同，承揽合同，建设工程合同，运输合同，技术合同，保管合同，仓储合同，委托合同，行纪合同，居间合同。

（一）合同订立

　　当事人订立合同，应当具有相应的民事权利能力和民事行为能力。当事人依法可以委托代理人订立合同。

　　1. 合同形式

　　当事人订立合同，有书面形式、口头形式和其他形式。法律法规规定采用书面形式的，或当事人约定采用书面形式的，应当采用书面形式。

　　（1）书面形式　书面形式是指合同书、信件和数据电文（包括电报、电传、传真、电子数据交换和电子邮件）等可以有形地表现所载内容的形式。书面合同的优点在于有据可查、权利义务记载清楚、便于履行，发生纠纷时容易举证和分清责任。书面合同是实践中广泛采用的一种合同形式。建设工程合同应当采用书面形式。

　　① 合同书。合同书是书面合同的一种，也是合同中常见的一种。合同书有标准合同书与非标准合同书之分。标准合同书是指合同条款由当事人一方预先拟定，对方只能表示同意或者不同意的合同书，也即格式条款合同；非标准合同书是指合同条款完全由当事人双方协商一致所签订的合同书。

　　② 信件。信件是当事人就要约与承诺的内容相互往来的普通信函。信件的内容一般记载于纸张上，因而也是书面形式的一种。它与通过电脑及其网络手段而产生的信件不同，后者被称为电子邮件。

　　③ 数据电文。数据电文包括传真、电子数据交换和电子邮件等。其中，传真是通过电子方式来传递信息的，其最终传递结果总是产生一份书面材料。而电子数据交换和电子邮件虽然也是通过电子方式传递信息，可以产生以纸张为载体的书面资料，但还可以被储存在磁带、磁盘或接收者选择的其他非纸张的中介物上。

　　（2）口头形式　口头形式是指当事人用谈话的方式订立的合同，如当面交谈、电话联系等。口头合同形式一般运用于标的数额较小和即时结清的合同。例如，到商店、集贸市场购买商品，基本上都是采用口头合同形式。以口头形式订立合同，其优点是建立合同关系简便、迅速，缔约成本低，但在发生争议时，难以取证、举证，不易分清当事人的责任。

　　（3）其他形式　其他形式是指除书面形式、口头形式以外的方式来表现合同内容的形式，主要包括默示形式和推定形式。默示形式是指当事人既不用口头形式、书面形式，也不用实施任何行为，而是以消极的不作为的方式进行的意思表示。默示形式只有在法律有特别规定的情况下才能运用。推定形式是指当事人不用语言、文字，而是通过某种有目的的行为表达自己意思的一种形式，从当事人的积极行为中，可以推定当事人已进行意思表示。

2. 合同内容

合同内容由当事人约定，一般包括当事人的名称或姓名和住所，标的，数量，质量，价款或者报酬，履行的期限、地点和方式，违约责任，解决争议的方法。

《合同法》在分则中对建设工程合同（包括工程勘察、设计、施工合同）内容作了专门规定。

（1）勘察、设计合同内容　包括提交基础资料和文件（包括概预算）的期限、质量要求、费用以及其他协作条件等条款。

（2）施工合同内容　包括工程范围、建设工期、中间交工工程的开工和竣工时间、工程质量、工程造价、技术资料交付时间、材料和设备供应责任、拨款和结算、竣工验收、质量保修范围和质量保证期、双方相互协作等条款。

3. 合同订立程序

当事人订立合同，需要经过要约和承诺两个阶段。

（1）要约　要约是希望与他人订立合同的意思表示。

1）要约及其有效的条件。要约应当符合如下规定：

① 内容具体确定；

② 表明经受要约人承诺，要约人即受该意思表示约束。也就是说，要约必须是特定人的意思表示，必须是以缔结合同为目的，必须具备合同的主要条款。

有些合同在要约之前还会有要约邀请。所谓要约邀请，是希望他人向自己发出要约的意思表示。要约邀请并不是合同成立过程中的必经过程，它是当事人订立合同的预备行为，这种意思表示的内容往往不确定，不含有合同得以成立的主要内容和相对人同意后受其约束的表示，在法律上无须承担责任。寄送的价目表、拍卖公告、招标公告、招股说明书、商业广告等为要约邀请。商业广告的内容符合要约规定的，视为要约。

2）要约生效。要约到达受要约人时生效。如采用数据电文形式订立合同，收件人指定特定系统接收数据电文的，该数据电文进入该特定系统的时间，视为到达时间；未指定特定系统的，该数据电文进入收件人的任何系统的首次时间，视为到达时间。

3）要约撤回和撤销。要约可以撤回，撤回要约的通知应当在要约到达受要约人之前或者与要约同时到达受要约人。

要约可以撤销，撤销要约的通知应当在受要约人发出承诺通知之前到达受要约人。但有下列情形之一的，要约不得撤销：

① 要约人确定了承诺期限或者以其他形式明示要约不可撤销；

② 受要约人有理由认为要约是不可撤销的，并已经为履行合同做了准备工作。

4）要约失效。有下列情形之一的，要约失效：

① 拒绝要约的通知到达要约人；

② 要约人依法撤销要约；

③ 承诺期限届满，受要约人未作出承诺；

④ 受要约人对要约的内容作出实质性变更。

（2）承诺　承诺是受要约人同意要约的意思表示。除根据交易习惯或者要约表明可以通过行为作出承诺的之外，承诺应当以通知的方式作出。

1）承诺期限。承诺应当在要约确定的期限内到达要约人。要约没有确定承诺期限的，承诺应当依照下列规定到达：

① 除非当事人另有约定，以对话方式作出的要约，应当即时作出承诺；

② 以非对话方式作出的要约，承诺应当在合理期限内到达。

以信件或者电报作出的要约，承诺期限自信件载明的日期或者电报交发之日开始计算。信件未载明日期的，自投寄该信件的邮戳日期开始计算。以电话、传真等快速通信方式作出的要约，承诺期限自要约到达受要约人时开始计算。

2) 承诺生效。承诺通知到达要约人时生效。承诺不需要通知的，根据交易习惯或者要约的要求作出承诺的行为时生效。采用数据电文形式订立合同的，承诺到达的时间适用于要约到达受要约人时间的规定。

受要约人在承诺期限内发出承诺，按照通常情形能够及时到达要约人，但因其他原因承诺到达要约人时超过承诺期限的，除要约人及时通知受要约人因承诺超过期限不接受该承诺的以外，该承诺有效。

3) 承诺撤回。承诺可以撤回，撤回承诺的通知应当在承诺通知到达要约人之前或者与承诺通知同时到达要约人。

4) 逾期承诺。受要约人超过承诺期限发出承诺的，除要约人及时通知受要约人该承诺有效的以外，为新要约。

5) 要约内容的变更。承诺的内容应当与要约的内容一致。有关合同标的、数量、质量、价款或者报酬、履行期限、履行地点和方式、违约责任和解决争议方法等的变更，是对要约内容的实质性变更。受要约人对要约的内容作出实质性变更的，为新要约。

承诺对要约的内容作出非实质性变更的，除要约人及时表示反对或者要约表明承诺不得对要约的内容作出任何变更的以外，该承诺有效，合同的内容以承诺的内容为准。

4. 合同成立

承诺生效时合同成立。

(1) 合同成立的时间 当事人采用合同书形式订立合同的，自双方当事人签字或者盖章时合同成立。当事人采用信件、数据电文等形式订立合同的，可以在合同成立之前要求签订确认书。签订确认书时合同成立。

(2) 合同成立的地点 承诺生效的地点为合同成立的地点。采用数据电文形式订立合同的，收件人的主营业地为合同成立的地点；没有主营业地的，其经常居住地为合同成立的地点。当事人另有约定的，按照其约定。当事人采用合同书形式订立合同的，双方当事人签字或者盖章的地点为合同成立的地点。

(3) 合同成立的其他情形 合同成立的情形还包括：

① 法律、行政法规规定或者当事人约定采用书面形式订立合同，当事人未采用书面形式但一方已经履行主要义务，对方接受的。

② 采用合同书形式订立合同，在签字或者盖章之前，当事人一方已经履行主要义务，对方接受的。

5. 格式条款

格式条款是当事人为了重复使用而预先拟定，并在订立合同时未与对方协商的条款。

(1) 格式条款提供者的义务 采用格式条款订立合同，有利于提高当事人双方合同订立过程的效率、减少交易成本、避免合同订立过程中因当事人双方一事一议而可能造成的合同内容的不确定性。但由于格式条款的提供者往往在经济地位方面具有明显的优势，在行业中居于垄断地位，因而导致其在拟定格式条款时，会更多地考虑自己的利益，而较少考虑另一方当事人的权利或者附加种种限制条件。为此，提供格式条款的一方应当遵循公平的原则确定当事人之间的权利义务关系，并采取合理的方式提请对方注意免除或限制其责任的条款，按照对方的要求，对该条款予以说明。

（2）格式条款无效　提供格式条款一方免除自己责任、加重对方责任、排除对方主要权利的，该条款无效。此外，《合同法》规定的合同无效的情形，同样适用于格式合同条款。

（3）格式条款的解释　对格式条款的理解发生争议的，应当按照通常理解予以解释。对格式条款有两种以上解释的，应当作出不利于提供格式条款一方的解释。格式条款和非格式条款不一致的，应当采用非格式条款。

6. 缔约过失责任

缔约过失责任发生于合同不成立或者合同无效的缔约过程。其构成条件：一是当事人有过错，若无过错，则不承担责任；二是有损害后果的发生，若无损失，亦不承担责任；三是当事人的过错行为与造成的损失有因果关系。

当事人在订立合同过程中有下列情形之一，给对方造成损失的，应当承担损害赔偿责任：

① 假借订立合同，恶意进行磋商；

② 故意隐瞒与订立合同有关的重要事实或者提供虚假情况；

③ 有其他违背诚实信用原则的行为。

当事人在订立合同过程中知悉的商业秘密，无论合同是否成立，不得泄露或者不正当地使用。泄露或者不正当地使用该商业秘密给对方造成损失的，应当承担损害赔偿责任。

（二）合同效力

1. 合同生效

合同生效与合同成立是两个不同的概念。合同的成立，是指双方当事人依照有关法律对合同的内容进行协商并达成一致的意见。合同成立的判断依据是承诺是否生效。合同生效，是指合同产生法律上的效力，具有法律约束力。在通常情况下，合同依法成立之时，就是合同生效之日，二者在时间上是同步的。但有些合同在成立后，并非立即产生法律效力，而是需要其他条件成就之后，才开始生效。

（1）合同生效的时间　依法成立的合同，自成立时生效。依照法律、行政法规规定应当办理批准、登记等手续的，待手续完成时合同生效。

（2）附条件和附期限的合同。

1）附条件的合同。当事人对合同的效力可以约定附条件。附生效条件的合同，自条件成就时生效。附解除条件的合同，自条件成就时失效。当事人为自己的利益不正当地阻止条件成就的，视为条件已成就；不正当地促成条件成就的，视为条件不成就。

2）附期限的合同。当事人对合同的效力可以约定附期限。附生效期限的合同，自期限届至时生效。附终止期限的合同，自期限届满时失效。

2. 效力待定合同

效力待定合同是指合同已经成立，但合同效力能否产生尚不能确定的合同。效力待定合同主要是由于当事人缺乏缔约能力、财产处分能力或代理人的代理资格和代理权限存在缺陷所造成的。效力待定合同包括限制民事行为能力人订立的合同和无权代理人代订的合同。

（1）限制民事行为能力人订立的合同　根据我国《民法通则》，限制民事行为能力人是指10周岁以上不满18周岁的未成年人，以及不能完全辨认自己行为的精神病人。限制民事行为能力人订立的合同，经法定代理人追认后，该合同有效，但纯获利益的合同或者与其年龄、智力、精神健康状况相适应而订立的合同，不必经法定代理人追认。

由此可见，限制民事行为能力人订立的合同并非一律无效，在以下几种情形下订立的合同是有效的：

①　经过其法定代理人追认的合同，即为有效合同；

②　纯获利益的合同，即限制民事行为能力人订立的接受奖励、赠与、报酬等只需获得利益而不需其承担任何义务的合同，不必经其法定代理人追认，即为有效合同；

③　与限制民事行为能力人的年龄、智力、精神健康状况相适应而订立的合同，不必经其法定代理人追认，即为有效合同。

与限制民事行为能力人订立合同的相对人可以催告法定代理人在1个月内予以追认。法定代理人未作表示的，视为拒绝追认。合同被追认之前，善意相对人有撤销的权利。撤销应当以通知的方式作出。

（2）无权代理人代订的合同　无权代理人代订的合同主要包括行为人没有代理权、超越代理权限范围或者代理权终止后仍以被代理人的名义订立的合同。

1）无权代理人代订的合同对被代理人不发生效力的情形。行为人没有代理权、超越代理权或者代理权终止后以被代理人名义订立的合同，未经被代理人追认，对被代理人不发生效力，由行为人承担责任。

与无权代理人签订合同的相对人可以催告被代理人在1个月内予以追认。被代理人未作表示的，视为拒绝追认。合同被追认之前，善意相对人有撤销的权利。撤销应当以通知的方式作出。无权代理人代订的合同是否对被代理人发生法律效力，取决于被代理人的态度。与无权代理人签订合同的相对人催告被代理人在1个月内予以追认时，被代理人未作表示或表示拒绝的，视为拒绝追认，该合同不生效。被代理人表示予以追认的，该合同对被代理人发生法律效力。在催告开始至被代理人追认之前，该合同对于被代理人的法律效力处于待定状态。

2）无权代理人代订的合同对被代理人具有法律效力的情形。行为人没有代理权、超越代理权或者代理权终止后以被代理人名义订立合同，相对人有理由相信行为人有代理权的，该代理行为有效。这是《合同法》针对表见代理情形所作出的规定。所谓表见代理，是善意相对人通过被代理人的行为足以相信无权代理人具有代理权的情形。

在通过表见代理订立合同的过程中，如果相对人无过错，即相对人不知道或者不应当知道（无义务知道）无权代理人没有代理权时，使相对人相信无权代理人具有代理权的理由是否正当、充分，就成为是否构成表见代理的关键。如果确实存在充分、正当的理由并足以使相对人相信无权代理人具有代理权，则无权代理人的代理行为有效，即无权代理人通过其表见代理行为与相对人订立的合同具有法律效力。

3）法人或者其他组织的法定代表人、负责人超越权限订立的合同的效力。法人或者其他组织的法定代表人、负责人超越权限订立的合同，除相对人知道或者应当知道其超越权限的以外，该代表行为有效。这是因为法人或者其他组织的法定代表人、负责人的身份应当被视为法人或者其他组织的全权代理人，他们有资格代表法人或者其他组织为民事行为而不需要获得法人或者其他组织的专门授权，其代理行为的法律后果由法人或者其他组织承担。但是，如果相对人知道或者应当知道法人或者其他组织的法定代表人、负责人在代表法人或者其他组织与自己订立合同时超越其代表（代理）权限，仍然订立合同的，该合同将不具有法律效力。

4）无处分权的人处分他人财产合同的效力。在现实经济活动中，通过合同处分财产（如赠与、转让、抵押、留置等）是常见的财产处分方式。当事人对财产享有处分权是通过合同处分财产的必要条件。无处分权的人处分他人财产的合同一般为无效合同。但是，无处分权的人处分他人财产，经权利人追认或者无处分权的人订立合同后取得处分权的，该合同有效。

3. 无效合同

无效合同是指其内容和形式违反了法律、行政法规的强制性规定，或者损害了国家利益、集体利益、第三人利益和社会公共利益，因而不为法律所承认和保护、不具有法律效力的合同。无效合同自始没有法律约束力。在现实经济活动中，无效合同通常有两种情形，即整个合同无效（无效合同）和合同的部分条款无效。

（1）无效合同的情形 有下列情形之一的，合同无效：

① 一方以欺诈、胁迫的手段订立合同，损害国家利益；

② 恶意串通，损害国家、集体或第三人利益；

③ 以合法形式掩盖非法目的；

④ 损害社会公共利益；

⑤ 违反法律、行政法规的强制性规定。

（2）合同部分条款无效的情形 合同中的下列免责条款无效：

① 造成对方人身伤害的；

② 因故意或者重大过失造成对方财产损失的。

免责条款是当事人在合同中规定的某些情况下免除或者限制当事人所负未来合同责任的条款。在一般情况下，合同中的免责条款都是有效的。但是，如果免责条款所产生的后果具有社会危害性和侵权性，侵害了对方当事人的人身权利和财产权利，则该免责条款将不具有法律效力。

4. 可变更、可撤销合同

可变更、可撤销合同是指欠缺一定的合同生效条件，但当事人一方可依照自己的意思使合同的内容得以变更或者使合同的效力归于消灭的合同。可变更、可撤销合同的效力取决于当事人的意思，属于相对无效的合同。当事人根据其意思，若主张合同有效，则合同有效；若主张合同无效，则合同无效；若主张合同变更，则合同可以变更。

（1）合同可以变更或者撤销的情形 当事人一方有权请求人民法院或者仲裁机构变更或者撤销的合同有：

① 因重大误解订立的；

② 在订立合同时显失公平的。

一方以欺诈、胁迫的手段或者乘人之危，使对方在违背真实意思的情况下订立的合同，受损害方有权请求人民法院或者仲裁机构变更或者撤销。

当事人请求变更的，人民法院或者仲裁机构不得撤销。

（2）撤销权消灭 撤销权是指受损害的一方当事人对可撤销的合同依法享有的、可请求人民法院或仲裁机构撤销该合同的权利。享有撤销权的一方当事人称为撤销权人。撤销权应由撤销权人行使，并应向人民法院或者仲裁机构主张该项权利。而撤销权消灭是指撤销权人依照法律享有的撤销权由于一定法律事由的出现而归于消灭的情形。

有下列情形之一的，撤销权消灭：

① 具有撤销权的当事人自知道或者应当知道撤销事由之日起1年内没有行使撤销权；

② 具有撤销权的当事人知道撤销事由后明确表示或者以自己的行为放弃撤销权。

由此可见，当具有法律规定的可以撤销合同的情形时，当事人应当在规定的期限内行使其撤销权，否则，超过法律规定的期限时，撤销权归于消灭。此外，若当事人放弃撤销权，则撤销权也归于消灭。

（3）无效合同或者被撤销合同的法律后果 无效合同或者被撤销的合同自始没有法律约

束力。合同部分无效，不影响其他部分效力的，其他部分仍然有效。合同无效、被撤销或者终止的，不影响合同中独立存在的有关解决争议方法的条款的效力。

合同无效或被撤销后，履行中的合同应当终止履行；尚未履行的，不得履行。对当事人依据无效合同或者被撤销的合同而取得的财产应当依法进行如下处理：

① 返还财产或折价补偿。当事人依据无效合同或者被撤销的合同所取得的财产，应当予以返还；不能返还或者没有必要返还的，应当折价补偿。

② 赔偿损失。合同被确认无效或者被撤销后，有过错的一方应赔偿对方因此所受到的损失。双方都有过错的，应当各自承担相应的责任。

③ 收归国家所有或者返还集体、第三人。当事人恶意串通，损害国家、集体或者第三人利益的，因此取得的财产收归国家所有或者返还集体、第三人。

（三）合同履行

1. 合同履行的原则

合同履行的原则主要包括全面适当履行和诚实信用。

（1）全面适当履行　全面履行是指合同订立后，当事人应当按照合同约定，全面履行自己的义务，包括履行义务的主体、标的、数量、质量、价款或者报酬以及履行的期限、地点、方式等。适当履行是指当事人应按照合同规定的标的及其质量、数量，由适当的主体、在适当的时间、适当的地点，以适当的履行方式履行合同义务，以保证当事人的合法权益。

（2）诚实信用　是指当事人讲诚实、守信用，遵守商业道德，以善意的心理履行合同。当事人不仅要保证自己全面履行合同约定的义务，还应顾及对方的经济利益，为对方履行义务创造条件，发现问题及时协商解决。以较小的履约成本，取得最佳的合同效益。当事人还应根据合同的性质、目的和交易习惯履行通知、协助、保密等义务。

2. 合同履行的一般规则

合同生效后，当事人就质量、价款或者报酬、履行地点等内容没有约定或者约定不明确的，可以协议补充；不能达成补充协议的，按照合同有关条款或者交易习惯确定。依照上述规定仍不能确定的，适用下列规定：

① 质量要求不明确的，按照国家标准、行业标准履行；没有国家标准、行业标准的，按照通常标准或者符合合同目的的特定标准履行。

② 价款或者报酬不明确的，按照订立合同时履行地的市场价格履行；依法应当执行政府定价或者政府指导价的，按照规定履行。

③ 履行地点不明确，给付货币的，在接受货币一方所在地履行；交付不动产的，在不动产所在地履行；其他标的，在履行义务一方所在地履行。

④ 履行期限不明确的，债务人可以随时履行，债权人也可以随时要求履行，但应当给对方必要的准备时间。

⑤ 履行方式不明确的，按照有利于实现合同目的的方式履行。

⑥ 履行费用的负担不明确的，由履行义务一方负担。

3. 合同履行的特殊规则

（1）价格调整　《合同法》规定，执行政府定价或政府指导价的，在合同约定的交付期限内政府价格调整时，按照交付时的价格计价。逾期交付标的物的，遇价格上涨时，按照原价格执行；价格下降时，按照新价格执行。逾期提取标的物或者逾期付款的，遇价格上涨时，按照新价格执行；价格下降时，按照原价格执行。

（2）代为履行　是指由合同以外的第三人代替合同当事人履行合同。与合同转让不同，代为履行并未变更合同的权利义务主体，只是改变了履行主体。《合同法》规定：

① 当事人约定由债务人向第三人履行债务的，债务人未向第三人履行债务或者履行债务不符合约定，应当向债权人承担违约责任。

② 当事人约定由第三人向债权人履行债务，第三人不履行债务或者履行债务不符合约定，债务人应当向债权人承担违约责任。

（3）提前履行　合同通常应按照约定的期限履行，提前或迟延履行属违约行为。因此，债权人可以拒绝债务人提前履行债务，但提前履行不损害债权人利益的除外，此时，因债务人提前履行债务给债权人增加的费用，由债务人负担。

（4）部分履行　合同通常应全部履行，债权人可以拒绝债务人部分履行债务，但部分履行不损害债权人利益的除外，此时，因债务人部分履行债务给债权人增加的费用，由债务人负担。

（四）合同变更、转让

1. 合同变更

合同变更是指对已经依法成立的合同，在承认其法律效力的前提下，对其进行修改或补充。当事人协商一致，可以变更合同。当事人对合同变更的内容约定不明确，令人难以判断约定的新内容与原合同内容的本质区别，则推定为未变更。

2. 合同转让

合同转让是当事人一方取得另一方同意后将合同的权利义务转让给第三方的法律行为。合同转让是合同变更的一种特殊形式，它不是变更合同中规定的权利义务内容，而是变更合同主体。

（1）债权转让　债权人可以将合同的权利全部或者部分转让给第三人，但下列三种债权不得转让：

① 根据合同性质不得转让；

② 按照当事人约定不得转让；

③ 依照法律规定不得转让。

若债权人转让权利，债权人应当通知债务人。未经通知，该转让对债务人不发生效力。除非经受让人同意，债权人转让权利的通知不得撤销。

债权让与后，该债权由原债权人转移给受让人，受让人取代让与人（原债权人）成为新债权人，依附于主债权的从债权也一并转移给受让人，例如抵押权、留置权等。为保护债务人利益，不致其因债权转让而蒙受损失，凡债务人对让与人的抗辩权（例如同时履行的抗辩权等），可以向受让人主张。

（2）债务转让　应当经债权人同意，债务人才能将合同的义务全部或者部分转移给第三人。

债务人转移义务后，原债务人可享有的对债权人的抗辩权也随债务转移而由新债务人享有，新债务人可以主张原债务人对债权人的抗辩权。与主债务有关的从债务，例如附随于主债务的利息债务，也随债务转移而由新债务人承担。

（3）债权债务一并转让　当事人一方经对方同意，可以将自己在合同中的权利和义务一并转让给第三人。权利和义务一并转让的处理，适用上述有关债权人和债务人转让的有关规定。

当事人订立合同后合并的，由合并后的法人或其他组织行使合同权利，履行合同义务。当事人订立合同后分立的，除另有约定外，由分立的法人或其他组织对合同的权利和义务享有连带债权，承担连带债务。

（五）合同终止

1. 合同终止的条件

合同终止是指合同当事人双方依法使相互间的权利义务关系终止，即合同关系消灭。合同终止的情形包括：

① 债务已经按照约定履行；

② 合同解除；

③ 债务相互抵销；

④ 债务人依法将标的物提存；

⑤ 债权人免除债务；

⑥ 债权债务同归于一人；

⑦ 法律规定或者当事人约定终止的其他情形。

债权人免除债务人部分或者全部债务的，合同的权利义务部分或者全部终止；债权和债务同归于一人的，合同的权利义务终止，但涉及第三人利益的除外。

合同权利义务的终止，不影响合同中结算和清理条款的效力以及通知、协助、保密等义务的履行。

2. 合同解除

合同解除是指当事人一方在合同规定的期限内未履行、未完全履行或者不能履行合同时，另一方当事人或者发生不能履行情况的当事人可以根据法律规定的或者合同约定的条件，通知对方解除双方合同关系的法律行为。

（1）合同解除的条件　合同解除的条件可分为约定解除条件和法定解除条件。

1）约定解除条件。包括：

① 当事人协商一致，可以解除合同；

② 当事人可以约定一方解除合同的条件。解除合同的条件成就时，解除权人可以解除合同。

2）法定解除条件。包括：

① 因不可抗力致使不能实现合同目的；

② 在履行期限届满之前，当事人一方明确表示或者以自己的行为表明不履行主要债务；

③ 当事人一方迟延履行主要债务，经催告后在合理期限内仍未履行；

④ 当事人一方迟延履行债务或者有其他违约行为致使不能实现合同目的；

⑤ 法律规定的其他情形。

（2）合同解除权的行使　合同解除权应在法律规定或者当事人约定的解除权期限内行使，期限届满当事人不行使的，该权利消灭。如法律没有规定或者当事人没有约定期限，应当在合理期限内行使，经对方催告后在合理期限内不行使的，该权利消灭。

当事人解除合同时，应当通知对方，并且自通知到达对方时合同解除。若对方对解除合同持有异议，可以请求人民法院或者仲裁机构确认解除合同的效力。法律、行政法规规定解除合同应当办理批准、登记等手续的，在解除时应依照其规定办理手续。

3. 合同债务抵销

抵销是当事人互有债权债务，在到期后，各以其债权抵偿所付债务的民事法律行为，是合同权利义务终止的方法之一。

除依照法律规定或者按照合同性质不得抵销的之外，当事人应互负到期债务，该债务的标的物种类、品质相同的，任何一方可以将自己的债务与对方的债务抵销。当事人主张抵销的，应当通知对方。通知自到达对方时生效。当事人互负债务，标的物种类、品质不相同的，经双方协商一致，也可以抵销。

4. 标的物提存

提存是指由于债权人的原因致使债务人难以履行债务时，债务人可以将标的物交给有关机关保存，以此消灭合同的制度。

债务履行往往要有债权人的协助，如果由于债权人的原因致使债务人无法向其交付标的物，不能履行债务，使债务人总是处于随时准备履行债务的局面，这对债务人来讲是不公平的。因此，法律规定了提存制度，并作为合同权利义务关系终止的情况之一。

有下列情形之一，难以履行债务的，债务人可以将标的物提存：

① 债权人无正当理由拒绝受领；

② 债权人下落不明；

③ 债权人死亡未确定继承人或者丧失民事行为能力未确定监护人；

④ 法律规定的其他情形。如果标的物不适于提存或者提存费用过高，债务人可以依法拍卖或者变卖标的物，提存所得的价款。

标的物提存后，除债权人下落不明外，债务人应当及时通知债权人或债权人的继承人、监护人。标的物提存后，毁损、灭失的风险和提存费用由债权人负担。提存期间，标的物的孳息归债权人所有。

债权人可以随时领取提存物，但债权人对债务人负有到期债务的，在债权人未履行债务或提供担保之前，提存部门根据债务人的要求应当拒绝其领取提存物。

债权人领取提存物的权利期限为 5 年，超过该期限，提存物扣除提存费用后归国家所有。

（六）违约责任

1. 违约责任及其特点

违约责任是指合同当事人不履行或不适当履行合同，应依法承担的责任。与其他责任制度相比，违约责任有以下主要特点：

① 违约责任以有效合同为前提。与侵权责任和缔约过失责任不同，违约责任必须以当事人双方事先存在的有效合同关系为前提。如果双方不存在合同关系，或者虽订立过合同，但合同无效或已被撤销，那么，当事人不可能承担违约责任。

② 违约责任以违反合同义务为要件。违约责任是当事人违反合同义务的法律后果。因此，只有当事人违反合同义务，不履行或者不适当履行合同时，才应承担违约责任。

③ 违约责任可由当事人在法定范围内约定。违约责任主要是一种赔偿责任，因此，可由当事人在法律规定的范围内自行约定。只要约定不违反法律，就具有法律约束力。

④ 违约责任是一种民事赔偿责任。首先，它是由违约方向守约方承担的民事责任，无论是违约金还是赔偿金，均是平等主体之间的支付关系；其次，违约责任的确定，通常应以补偿守约方的损失为标准，贯彻"损益相当"的原则。

2. 违约责任的承担

（1）违约责任的承担方式　当事人一方不履行合同义务或者履行合同义务不符合约定的，应当承担继续履行、采取补救措施或者赔偿损失等违约责任。

1）继续履行。继续履行是指在合同当事人一方不履行合同义务或者履行合同义务不符合合同约定时，另一方合同当事人有权要求其在合同履行期限届满后继续按照原合同约定的主要条件履行合同义务的行为。继续履行是合同当事人一方违约时，其承担违约责任的首选方式。

① 违反金钱债务时的继续履行。当事人一方未支付价款或者报酬的，对方可以要求其

支付价款或者报酬。

② 违反非金钱债务时的继续履行。当事人一方不履行非金钱债务或者履行非金钱债务不符合约定的，对方可以要求履行，但有下列情形之一的除外：

a. 法律上或者事实上不能履行；

b. 债务的标的不适于强制履行或者履行费用过高；

c. 债权人在合理期限内未要求履行。

2）采取补救措施。如果合同标的物质量不符合约定，应当按照当事人的约定承担违约责任。对违约责任没有约定或者约定不明确的，可以协议补充；不能达成补充协议的，按照合同有关条款或者交易习惯确定。依照上述办法仍不能确定的，受损害方根据标的物性质以及损失的大小，可以合理选择要求对方承担修理、更换、重做、退货及减少价款或者增加报酬等违约责任。

3）赔偿损失。当事人一方不履行合同义务或者履行合同义务不符合约定的，在履行义务或者采取补救措施后，对方还有其他损失的，应当赔偿损失。损失赔偿额应当相当于因违约所造成的损失，包括合同履行后可以获得的利益，但不得超过违反合同一方订立合同时预见到或者应当预见到的因违反合同可能造成的损失。

当事人一方违约后，对方应当采取适当措施防止损失的扩大；没有采取适当措施致使损失扩大的，不得就扩大的损失要求赔偿。当事人因防止损失扩大而支出的合理费用，由违约方承担。

经营者对消费者提供商品或者服务有欺诈行为的，依照《消费者权益保护法》的规定承担损害赔偿责任。

4）违约金。当事人可以约定一方违约时应当根据违约情况向对方支付一定数额的违约金，也可以约定因违约产生的损失赔偿额的计算方法。约定的违约金低于造成的损失的，当事人可以请求人民法院或者仲裁机构予以增加；约定的违约金过分高于造成的损失的，当事人可以请求人民法院或者仲裁机构予以适当减少。

当事人就迟延履行约定违约金的，违约方支付违约金后，还应当履行债务。

5）定金。当事人可以依照《担保法》约定一方向对方给付定金作为债权的担保。债务人履行债务后，定金应当抵作价款或者收回。给付定金的一方不履行约定的债务的，无权要求返还定金；收受定金的一方不履行约定的债务的，应当双倍返还定金。

当事人既约定违约金，又约定定金的，一方违约时，对方可以选择适用违约金或者定金条款。

（2）违约责任的承担主体

① 合同当事人双方违约时违约责任的承担。当事人双方都违反合同的，应当各自承担相应的责任。

② 因第三人原因造成违约时违约责任的承担。当事人一方因第三人的原因造成违约的，应当向对方承担违约责任。当事人一方和第三人之间的纠纷，依照法律规定或者依照约定解决。

（七）合同争议解决

合同争议是指合同当事人之间对合同履行状况和合同违约责任承担等问题所产生的意见分歧。合同争议的解决方式有和解、调解、仲裁或者诉讼。

1. 和解与调解

和解与调解是解决合同争议的常用和有效方式。当事人可以通过和解或者调解解决合同争议。

（1）和解　和解是合同当事人之间发生争议后，在没有第三人介入的情况下，合同当事人双方在自愿、互谅的基础上，就已经发生的争议进行商谈并达成协议，自行解决争议的一种方式。和解方式简便易行，有利于加强合同当事人之间的协作，使合同能更好地得到履行。

（2）调解　调解是指合同当事人于争议发生后，在第三者的主持下，根据事实、法律和合同，经过第三者的说服与劝解，使发生争议的合同当事人双方互谅、互让，自愿达成协议，从而公平、合理地解决争议的一种方式。

与和解相同，调解也具有方法灵活、程序简便、节省时间和费用、不伤害发生争议的合同当事人双方的感情等特征，而且由于有第三者的介入，可以缓解发生争议的合同双方当事人之间的对立情绪，便于双方较为冷静、理智地考虑问题。同时，由于第三者常常能够站在较为公正的立场上，较为客观、全面地看待、分析争议的有关问题并提出解决方案，从而有利于争议的公正解决。

参与调解的第三者不同，调解的性质也就不同。调解有民间调解、仲裁机构调解和法庭调解三种。

2．仲裁

仲裁是指发生争议的合同当事人双方根据合同中约定的仲裁条款或者争议发生后由其达成的书面仲裁协议，将合同争议提交给仲裁机构并由仲裁机构按照仲裁法律规范的规定居中裁决，从而解决合同争议的法律制度。当事人不愿协商、调解或协商、调解不成的，可以根据合同中的仲裁条款或事后达成的书面仲裁协议，提交仲裁机构仲裁。涉外合同的当事人可以根据仲裁协议向中国仲裁机构或者其他仲裁机构申请仲裁。

根据我国《仲裁法》，对于合同争议的解决，实行"或裁或审制"。即发生争议的合同当事人双方只能在"仲裁"或者"诉讼"两种方式中选择一种方式解决其合同争议。

仲裁裁决具有法律约束力。合同当事人应当自觉执行裁决。不执行的，另一方当事人可以申请有管辖权的人民法院强制执行。裁决作出后，当事人就同一争议再申请仲裁或者向人民法院起诉的，仲裁机构或者人民法院不予受理。但当事人对仲裁协议的效力有异议的，可以请求仲裁机构作出决定或者请求人民法院作出裁定。

3．诉讼

诉讼是指合同当事人依法将合同争议提交人民法院受理，由人民法院依司法程序通过调查、作出判决、采取强制措施等来处理争议的法律制度。有下列情形之一的，合同当事人可以选择诉讼方式解决合同争议：

① 合同争议的当事人不愿和解、调解的；

② 经过和解、调解未能解决合同争议的；

③ 当事人没有订立仲裁协议或者仲裁协议无效的；

④ 仲裁裁决被人民法院依法裁定撤销或者不予执行的。

合同当事人双方可以在签订合同时约定选择诉讼方式解决合同争议，并依法选择有管辖权的人民法院，但不得违反《民事诉讼法》关于级别管辖和专属管辖的规定。对于一般的合同争议，由被告住所地或者合同履行地人民法院管辖。建设工程施工合同以施工行为地为合同履行地。

二、建筑法

《建筑法》主要适用于各类房屋建筑及其附属设施的建造和与其配套的线路、管道、设备的安装活动，但其中关于施工许可、企业资质审查和工程发包、承包、禁止转包，以及工程监理、安全和质量管理的规定，也适用于其他专业建筑工程的建筑活动。

（一） 建筑许可

建筑许可包括建筑工程施工许可和从业资格两个方面。

1. 建筑工程施工许可

（1）施工许可证的申领　除国务院建设行政主管部门确定的限额以下的小型工程外，建筑工程开工前，建设单位应当按照国家有关规定向工程所在地县级以上人民政府建设行政主管部门申请领取施工许可证。按照国务院规定的权限和程序批准开工报告的建筑工程，不再领取施工许可证。

申请领取施工许可证，应当具备如下条件：

① 已办理建筑工程用地批准手续；

② 在城市规划区内的建筑工程，已取得规划许可证；

③ 需要拆迁的，其拆迁进度符合施工要求；

④ 已经确定建筑施工单位；

⑤ 有满足施工需要的施工图纸及技术资料；

⑥ 有保证工程质量和安全的具体措施；

⑦ 建设资金已经落实；

⑧ 法律、行政法规规定的其他条件。

（2）施工许可证的有效期限　建设单位应当自领取施工许可证之日起3个月内开工。因故不能按期开工的，应当向发证机关申请延期；延期以两次为限，每次不超过3个月。既不开工又不申请延期或者超过延期时限的，施工许可证自行废止。

（3）中止施工和恢复施工　在建的建筑工程因故中止施工的，建设单位应当自中止施工之日起1个月内，向发证机关报告，并按照规定做好建设工程的维护管理工作。

建筑工程恢复施工时，应当向发证机关报告；中止施工满1年的工程恢复施工前，建设单位应当报发证机关核验施工许可证。

按照国务院有关规定批准开工报告的建筑工程，因故不能按期开工或者中止施工的，应当及时向批准机关报告情况。因故不能按期开工超过6个月的，应当重新办理开工报告的批准手续。

2. 从业资格

（1）单位资质　从事建筑活动的施工企业、勘察、设计和监理单位，按照其拥有的注册资本、专业技术人员、技术装备、已完成的建筑工程业绩等资质条件，划分为不同的资质等级，经资质审查合格，取得相应等级的资质证书后，方可在其资质等级许可的范围内从事建筑活动。

（2）专业技术人员资格　从事建筑活动的专业技术人员，应当依法取得相应的执业资格证书，并在执业资格证书许可的范围内从事建筑活动。

（二） 建筑工程发包与承包

1. 建筑工程发包

（1）发包方式　建筑工程依法实行招标发包，对不适于招标发包的可以直接发包。建筑工程实行招标发包的，发包单位应当将建筑工程发包给依法中标的承包单位。建筑工程实行直接发包的，发包单位应当将建筑工程发包给具有相应资质条件的承包单位。

（2）禁止行为　提倡对建筑工程实行总承包，禁止将建筑工程肢解发包。建筑工程的发包单位可以将建筑工程的勘察、设计、施工、设备采购一并发包给一个工程总承包单位。但是，不得将应当由一个承包单位完成的建筑工程肢解成若干部分发包给几个承包单位。

按照合同约定，建筑材料、建筑构配件和设备由工程承包单位采购的，发包单位不得指定承包单位购入用于工程的建筑材料、建筑构配件和设备或者指定生产厂、供应商。

2. 建筑工程承包

（1）承包资质　承包建筑工程的单位应当持有依法取得的资质证书，并在其资质等级许可的业务范围内承揽工程。

禁止建筑施工企业超越本企业资质等级许可的业务范围或者以任何形式用其他建筑施工企业的名义承揽工程。禁止建筑施工企业以任何方式允许其他单位或个人使用本企业的资质证书、营业执照，以本企业的名义承揽工程。

（2）联合承包　大型建筑工程或结构复杂的建筑工程，可以由两个以上的承包单位联合共同承包。共同承包的各方对承包合同的履行承担连带责任。两个以上不同资质等级的单位实行联合共同承包的，应当按照资质等级低的单位的业务许可范围承揽工程。

（3）工程分包　建筑工程总承包单位可以将承包工程中的部分工程发包给具有相应资质条件的分包单位。但是，除总承包合同中已约定的分包外，必须经建设单位认可。施工总承包的，建筑工程主体结构的施工必须由总承包单位自行完成。

建筑工程总承包单位按照总承包合同的约定对建设单位负责，分包单位按照分包合同的约定对总承包单位负责。总承包单位和分包单位就分包工程对建设单位承担连带责任。

（4）禁止行为　禁止承包单位将其承包的全部建筑工程转包给他人；或将其承包的全部建筑工程肢解以后以分包的名义分别转包给他人。禁止总承包单位将工程分包给不具备资质条件的单位。禁止分包单位将其承包的工程再分包。

3. 建筑工程造价

建筑工程的发包单位与承包单位应当依法订立书面合同，明确双方的权利和义务。建筑工程造价应当按照国家有关规定，由发包单位与承包单位在合同中约定。

发包单位和承包单位应当全面履行合同约定的义务。不按照合同约定履行义务的，依法承担违约责任。发包单位应当按照合同的约定，及时拨付工程款项。

（三）建筑工程监理

国家推行建筑工程监理制度。实行监理的建筑工程，建设单位与其委托的工程监理单位应当订立书面委托监理合同。实施建筑工程监理前，建设单位应当将委托的工程监理单位、监理的内容及监理权限，书面通知被监理的建筑施工企业。

工程监理单位应当根据建设单位的委托，客观、公正地执行监理任务。工程监理人员发现工程设计不符合建筑工程质量标准或者合同约定的质量要求的，应当报告建设单位要求设计单位改正；认为工程施工不符合工程设计要求、施工技术标准和合同约定的，有权要求建筑施工企业改正。

（四）建筑安全生产管理

建筑工程安全生产管理必须坚持安全第一、预防为主的方针，建立健全安全生产的责任制度和群防群治制度。

建筑工程设计应当符合按照国家规定制定的建筑安全规程和技术规范，保证工程的安全性能。建筑施工企业在编制施工组织设计时，应当根据建筑工程的特点制定相应的安全技术措施；对专业性较强的工程项目，应当编制专项安全施工组织设计，并采取安全技术措施。

建筑施工企业应当在施工现场采取维护安全、防范危险、预防火灾等措施；有条件的，应当对施工现场实行封闭管理。施工现场对毗邻的建筑物、构筑物和特殊作业环境可能造成损害的，建筑施工企业应当采取措施加以保护。

施工现场安全由建筑施工企业负责。实行施工总承包的，由总承包单位负责。分包单位向总承包单位负责，服从总承包单位对施工现场的安全生产管理。建筑施工企业应当依法为职工参加工伤保险，缴纳工伤保险费。鼓励企业为从事危险作业的职工办理意外伤害保险，支付保险费。

涉及建筑主体和承重结构变动的装修工程，建设单位应当在施工前委托原设计单位或者具有相应资质条件的设计单位提出设计方案；没有设计方案的，不得施工。房屋拆除应当由具备保证安全条件的建筑施工单位承担，由建筑施工单位负责人对安全负责。

（五）建筑工程质量管理

建设单位不得以任何理由要求建筑设计单位或建筑施工单位违反法律、行政法规和建筑工程质量、安全标准，降低工程质量，建筑设计单位和建筑施工单位应当拒绝建设单位的此类要求。

建筑工程的勘察、设计单位必须对其勘察、设计的质量负责。勘察、设计文件应当符合有关法律、行政法规的规定和建筑工程质量、安全标准，建筑工程勘察、设计技术规范以及合同的约定。设计文件选用的建筑材料、建筑构配件和设备，应当注明其规格、型号、性能等技术指标，其质量要求必须符合国家规定的标准。建筑设计单位对设计文件选用的建筑材料、建筑构配件和设备，不得指定生产厂、供应商。

建筑施工企业对工程的施工质量负责。建筑施工企业必须按照工程设计图纸和施工技术标准施工，不得偷工减料。工程设计的修改由原设计单位负责，建筑施工企业不得擅自修改工程设计。建筑施工企业必须按照工程设计要求、施工技术标准和合同的约定，对建筑材料、构配件和设备进行检验，不合格的不得使用。

建筑工程竣工经验收合格后，方可交付使用；未经验收或验收不合格的，不得交付使用。交付竣工验收的建筑工程，必须符合规定的建筑工程质量标准，有完整的工程技术经济资料和经签署的工程保修书，并具备国家规定的其他竣工条件。

建筑工程实行质量保修制度。保修范围应当包括地基基础工程、主体结构工程、屋面防水工程和其他土建工程，以及电气管线、上下水管线的安装工程，供热、供冷系统工程等项目。保修的期限应当按照保证建筑物合理寿命年限内正常使用、维护使用者合法权益的原则确定。

第二节 建设工程监理规范与收费标准

 学习目标

了解《建设工程监理规范》（GB/T 50319—2013），并掌握建设工程监理服务收费的计算方法，能在未来施工现场解决现实问题。

 本节概述

《建设工程监理规范》（GB/T 50319—2013）是对施工现场监理人员的行为规范，指导监理人员在施工现场进行监理工作。建设工程监理服务收费的计算过程中，通过查询高程调整系数、专业调整系数、工程复杂程度调整系数以及浮动幅度值，使用"直线内插法"进行计算，帮助学生在未来职业中，解决施工现场计算监理费用问题。

引导性案例

　　某建设工程施工监理收费的计费额 $X = 50000$ 万元，且该区间对应的计费额 $X_1 = 40000$ 万元时，收费基价 $Y_1 = 708.2$ 万元；计费额 $X_2 = 60000$ 万元时，收费基价 $Y_2 = 991.4$ 万元。

　　问题：

　　1. 试采用"直线内插法"计算该工程施工监理收费基价 Y 为多少万元？

　　2. 已知该工程的海拔高程为 3500 米（高程调整系数为 1.2），类型为核加工工程（专业调整系数为 1.2），工程复杂程度为Ⅲ级（调整系数为 1.15），浮动幅度值为上浮 5%，试计算该工程的监理服务收费为多少万元？

一、《建设工程监理规范》（ GB/T 50319—2013 ）的主要内容

　　为了规范建设工程监理与相关服务行为，提高建设工程监理与相关服务水平，2013 年 5 月修订后发布的《建设工程监理规范》（GB/T 50319—2013）共分 9 章和 3 个附录，主要技术内容包括：总则，术语，项目监理机构及其设施，监理规划及监理实施细则，工程质量、造价、进度控制及安全生产管理的监理工作，工程变更、索赔及施工合同争议的处理，监理文件资料管理，设备采购与设备监造，相关服务等。

　　（一）总则

　　① 制定目的：为规范建设工程监理与相关服务行为，提高建设工程监理与相关服务水平。

　　② 适用范围：适用于新建、扩建、改建建设工程监理与相关服务活动。

　　③ 关于建设工程监理合同形式和内容的规定。

　　④ 建设单位向施工单位书面通知工程监理的范围、内容和权限及总监理工程师姓名的规定。

　　⑤ 建设单位、施工单位及工程监理单位之间涉及施工合同联系活动的工作关系。

　　⑥ 实施建设工程监理的主要依据：a. 法律法规及工程建设标准；b. 建设工程勘察设计文件；c. 建设工程监理合同及其他合同文件。

　　⑦ 建设工程监理应实行总监理工程师负责制的规定。

　　⑧ 建设工程监理宜实施信息化管理的规定。

　　⑨ 工程监理单位应公平、独立、诚信、科学地开展建设工程监理与相关服务活动。

　　⑩ 建设工程监理与相关服务活动应符合《建设工程监理规范》（GB/T 50319—2013）和国家现行有关标准的规定。

　　（二）术语

　　《建设工程监理规范》（GB/T 50319—2013）解释了工程监理单位、建设工程监理、相关服务、项目监理机构、注册监理工程师、总监理工程师、总监理工程师代表、专业监理工程师、监理员、监理规划、监理实施细则、工程计量、旁站、巡视、平行律验、见证取样、工程延期、工期延误、工程临时延期批准、工程最终延期批准、监理日志、监理月报、设备监造、监理文件资料等 24 个建设工程监理常用术语。

　　（三）项目监理机构及其设施

　　《建设工程监理规范》（GB/T 50319—2013）明确了项目监理机构的人员构成和职责，

规定了监理设施的提供和管理。

1. 项目监理机构人员

项目监理机构的监理人员应由总监理工程师、专业监理工程师和监理员组成，且专业配套、数量应满足建设工程监理工作需要，必要时可设总监理工程师代表。

(1) 总监理工程师　总监理工程师是指由工程监理单位法定代表人书面任命，负责履行建设工程监理合同、主持项目监理机构工作的注册监理工程师。总监理工程师应由注册监理工程师担任。

一名注册监理工程师可担任一项建设工程监理合同的总监理工程师。当需要同时担任多项建设工程监理合同的总监理工程师时，应经建设单位书面同意，且最多不得超过三项。

(2) 总监理工程师代表　总监理工程师代表是指经工程监理单位法定代表人同意，由总监理工程师书面授权，代表总监理工程师行使其部分职责和权力，具有工程类注册执业资格或具有中级及以上专业技术职称、3 年及以上工程实践经验并经监理业务培训的人员。

总监理工程师代表可以由具有工程类执业资格的人员（如注册监理工程师、注册造价工程师、注册建造师、注册工程师、注册建筑师等）担任，也可由具有中级及以上专业技术职称、3 年及以上工程实践经验并经监理业务培训的人员担任。

(3) 专业监理工程师　专业监理工程师是指由总监理工程师授权，负责实施某一专业或某一岗位的监理工作，有相应监理文件签发权，具有工程类注册执业资格或具有中级及以上专业技术职称、2 年及以上工程实践经验并经监理业务培训的人员。

专业监理工程师可以由具有工程类注册执业资格的人员（如注册监理工程师、注册造价工程师、注册建造师、注册工程师、注册建筑师等）担任，也可由具有中级及以上专业技术职称、2 年及以上工程实践经验并经监理业务培训的人员担任。

(4) 监理员　监理员是指从事具体监理工作，具有中专及以上学历并经过监理务培训的人员。

2. 监理设施

① 建设单位应按建设工程监理合同约定，提供监理工作需要的办公、交通、通信、生活等设施。

② 项目监理机构宜妥善使用和保管建设单位提供的设施，并应按建设工程监理合同约定的时间移交建设单位。

③ 工程监理单位宜按建设工程监理合同约定，配备满足监理工作需要的检测设备和工、器具。

(四) 监理规划及监理实施细则

1. 监理规划

明确了监理规划的编制要求、编审程序和主要内容。

2. 监理实施细则

明确了监理实施细则的编制要求、编审程序、编制依据和主要内容。

(五) 工程质量、造价、进度控制及安全生产管理的监理工作

《建设工程监理规范》(GB/T 50319—2013) 规定："项目监理机构应根据建设工程监理合同约定，遵循动态控制原理，坚持预防为主的原则，制定和实施相应的监理措施，采用旁站、巡视和平行检验等方式对建设工程实施监理。"

1. 一般规定

① 项目监理机构监理人员应熟悉工程设计文件，并参加建设单位主持的图纸会审和设

计交底会议。

② 工程开工前，项目监理机构监理人员应参加由建设单位主持召开的第一次工地会议。

③ 项目监理机构应定期召开监理例会，并组织有关单位研究解决与监理相关的问题。项目监理机构可根据工程需要，主持或参加专题会议，解决监理工作范围内工程专项问题。

④ 项目监理机构应协调工程建设相关方的关系。

⑤ 项目监理机构应审查施工单位报审的施工组织设计，并要求施工单位按已批准的施工组织设计组织施工。

⑥ 总监理工程师应组织专业监理工程师审查施工单位报送的开工报审表及相关资料，报建设单位批准后，总监理工程师签发工程开工令。

⑦ 分包工程开工前，项目监理机构应审核施工单位报送的分包单位资格报审表。

⑧ 项目监理机构宜根据工程特点、施工合同、工程设计文件及经过批准的施工组织设计对工程风险进行分析，并提出工程质量、造价、进度目标控制及安全生产管理的防范性对策。

2. 工程质量控制

包括：审查施工单位现场的质量管理组织机构、管理制度及专职管理人员和特种作业人员的资格；审查施工单位报审的施工方案；审查施工单位报送的新材料、新工艺、新技术、新设备的质量认证材料和相关验收标准的适用性；检查、复核施工单位报送的施工控制测量成果及保护措施；查验施工单位在施工过程中报送的施工测量放线成果；检查施工单位为工程提供服务的试验室；审查施工单位报送的用于工程的材料、构配件、设备的质量证明文件；对用于工程的材料进行见证取样、平行检验；审查施工单位定期提交影响工程质量的计量设备的检查和检定报告；对关键部位、关键工序进行旁站；对工程施工质量进行巡视；对施工质量进行平行检验；验收施工单位报验的隐蔽工程、检验批、分项工程和分部工程；处置施工质量问题、质量缺陷、质量事故；审查施工单位提交的单位工程竣工验收报审表及竣工资料，组织工程竣工预验收；编写工程质量评估报告；参加工程竣工验收等。

3. 工程造价控制

包括：进行工程计量和付款签证；对实际完成量与计划完成量进行比较分析；审核竣工结算款，签发竣工结算款支付证书等。

4. 工程进度控制

包括：审查施工单位报审的施工总进度计划和阶段性施工进度计划；检查施工进度计划的实施情况；比较分析工程施工实际进度与计划进度，预测实际进度对工程总工期的影响等。

5. 安全生产管理的监理工作

包括：审查施工单位现场安全生产规章制度的建立和实施情况；审查施工单位安全生产许可证及施工单位项目经理、专职安全生产管理人员和特种作业人员的资格；核查施工机械和设施的安全许可验收手续；审查施工单位报审的专项施工方案；处置安全事故隐患等。

（六）工程变更、索赔及施工合同争议的处理

《建设工程监理规范》（GB/T 50319—2013）规定："项目监理机构应依据建设工程监理合同约定进行施工合同管理，处理工程暂停及复工、工程变更、索赔及施工合同争议、解除等事宜。施工合同终止时，项目监理机构应协助建设单位按施工合同约定处理施工合同终止的有关事宜。"

1. 工程暂停及复工

包括：总监理工程师签发工程暂停令的权力和情形；暂停施工事件发生时的监理职责；

工程复工申请的批准或指令。

2. 工程变更

包括：施工单位提出的工程变更处理程序、工程变更价款处理原则；建设单位要求的工程变更的监理职责。

3. 费用索赔

包括：处理费用索赔的依据和程序；批准施工单位费用索赔应满足的条件；施工单位的费用索赔与工程延期要求相关联时的监理职责；建设单位向施工单位提出索赔时的监理职责。

4. 工程延期及工期延误

包括：处理工程延期要求的程序；批准施工单位工程延期要求应满足的条件；施工单位因工程延期提出费用索赔时的监理职责；发生工期延误时的监理职责。

5. 施工合同争议

处理施工合同争议时的监理工作程序、内容和职责。

6. 施工合同解除

① 因建设单位原因导致施工合同解除时的监理职责；

② 因施工单位原因导致施工合同解除时的监理职责；

③ 因非建设单位、施工单位原因导致施工合同解除时的监理职责。

(七) 监理文件资料管理

《建设工程监理规范》（GB/T 50319—2013）规定："项目监理机构应建立完善监理文件资料管理制度，宜设专人管理监理文件资料。项目监理机构应及时、准确、完整地收集、整理、编制、传递监理文件资料，并宜采用信息技术进行监理文件资料管理。"

1. 监理文件资料内容

《建设工程监理规范》（GB/T 50319—2013）明确了 18 项监理文件资料，并规定了监理日志、监理月报、监理工作总结应包括的内容。

2. 监理文件资料归档

① 项目监理机构应及时整理、分类汇总监理文件资料，并应按规定组卷，形成监理档案。

② 工程监理单位应根据工程特点和有关规定，保存监理档案，并应向有关单位、部门移交需要存档的监理文件资料。

(八) 设备采购与设备监造

《建设工程监理规范》（GB/T 50319—2013）规定："项目监理机构应根据建设工程监理合同约定的设备采购与设备监造工作内容配备监理人员，明确岗位职责，编制设备采购与设备监造工作计划，并应协助建设单位编制设备采购与设备监造方案。"

1. 设备采购

包括：设备采购招标和合同谈判时的监理职责；设备采购文件资料应包括的内容。

2. 设备监造

① 项目监理机构应检查设备制造单位的质量管理体系；审查设备制造单位报送的设备制造生产计划和工艺方案，设备制造的检验计划和检验要求，设备制造的原材料、外购配套件、元器件、标准件，以及坯料的质量证明文件及检验报告等。

② 项目监理机构应对设备制造过程进行监督和检查，对主要及关键零部件的制造工序应进行抽检。

③ 项目监理机构应审核设备制造过程的检验结果，并检查和监督设备的装配过程。

④ 项目监理机构应参加设备整机性能检测、调试和出厂验收。

⑤ 专业监理工程师应审查设备制造单位报送的设备制造结算文件。

⑥ 规定了设备监造文件资料应包括的主要内容。

（九）相关服务

《建设工程监理规范》（GB/T 50319—2013）规定："工程监理单位应根据建设工程监理合同约定的相关服务范围，开展相关服务工作，并编制相关服务工作计划。"

1. 工程勘察设计阶段服务

包括：协助建设单位选择勘察设计单位并签订工程勘察设计合同；审查勘察单位提交的勘察方案；检查勘察现场及室内试验主要岗位操作人员的资格，所使用设备、仪器计量的检定情况；检查勘察进度计划执行情况；审核勘察单位提交的勘察费用支付申请；审查勘察单位提交的勘察成果报告，参与勘察成果验收；审查各专业、各阶段设计进度计划；检查设计进度计划执行情况；审核设计单位提交的设计费用支付申请；审查设计单位提交的设计成果；审查设计单位提出的新材料、新工艺、新技术、新设备在相关部门的备案情况；审查设计单位提出的设计概算、施工图预算；协助建设单位组织专家评审设计成果；协助建设单位报审有关工程设计文件；协调处理勘察设计延期、费用索赔等事宜。

2. 工程保修阶段服务

① 承担工程保修阶段的服务工作时，工程监理单位应定期回访。

② 对建设单位或使用单位提出的工程质量缺陷，工程监理单位应安排监理人员进行检查和记录，并应要求施工单位予以修复，同时应监督实施，合格后应予以签认。

③ 工程监理单位应对工程质量缺陷原因进行调查，并应与建设单位、施工单位协商确定责任归属。对非施工单位原因造成的工程质量缺陷，应核实施工单位申报的修复工程费用，并应签认工程款支付证书，同时应报建设单位。

（十）附录

包括三类表，即：

① A 类表：工程监理单位用表，由工程监理单位或项目监理机构签发。

② B 类表：施工单位报审、报验用表，由施工单位或施工项目经理部填写后报送工程建设相关方。

③ C 类表：通用表，是工程建设相关方工作联系的通用表。

二、《建设工程监理与相关服务收费管理规定》的主要内容

为规范建设工程监理及相关服务收费行为，维护委托方和受托方合法权益，促进建设工程监理行业健康发展，国家发展和改革委员会、原建设部于 2007 年 3 月发布了《建设工程监理与相关服务收费管理规定》，明确了建设工程监理与相关服务收费标准。

（一）建设工程监理及相关服务收费的一般规定

建设工程监理及相关服务收费根据工程项目的性质不同，分别实行政府指导价或市场调节价。依法必须实行监理的工程，监理收费实行政府指导价；其他工程的监理收费与相关服务收费实行市场调节价。

实行政府指导价的建设工程监理收费，其基准价根据《建设工程监理与相关服务收费管理规定》计算，浮动幅度为上下 20％。建设单位和工程监理单位应当根据建设工程的实际情况在规定的浮动幅度内协商确定收费额。实行市场调节价的建设工程监理与相关服务收

费，由建设单位和工程监理单位协商确定收费额。

建设工程监理与相关服务收费，应当体现优质优价的原则。在保证工程质量的前提下，由于建设工程监理与相关服务节省投资、缩短工期、取得显著经济效益的，建设单位可根据合同约定奖励工程监理单位。

（二）工程监理与相关服务计费方式

1. 建设工程监理服务计费方式

铁路、水运、公路、水电、水库工程监理服务收费按建筑安装工程费分档定额计费方式计算收费。其他建设工程监理服务收费按照工程概算投资额分档定额计费方式计算收费。

（1）建设工程监理服务收费的计算 建设工程监理服务收费按式（2-1）计算：

$$建设工程监理服务收费=建设工程监理服务收费基准价×（1±浮动幅度值） \quad (2-1)$$

（2）建设工程监理服务收费基准价的计算 建设工程监理服务收费基准价是按照收费标准计算出的建设工程监理服务基准收费额，建设单位与工程监理单位根据工程实际情况，在规定的浮动幅度范围内协商确定建设工程监理服务收费合同额。

$$建设工程监理服务收费基准价=建设工程监理服务收费基价×$$
$$专业调整系数×工程复杂程度调整系数×高程调整系数 \quad (2-2)$$

1）工程监理服务收费基价。建设工程监理服务收费基价是完成法律法规、行业规范规定的建设工程监理服务内容的酬金。建设工程监理服务收费基价按表 2-1 确定，计费额处于两个数值区间的，采用"直线内插法"确定建设工程监理服务收费基价。

表 2-1　建设工程监理服务收费基价 　　　　　　单位：万元

序号	计费额	收费基价
1	500	16.5
2	1000	30.1
3	3000	78.1
4	5000	120.8
5	8000	181.0
6	10000	218.6
7	20000	393.4
8	40000	708.2
9	60000	991.4
10	80000	1255.8
11	100000	1507.0
12	200000	2712.5
13	400000	4882.6
14	600000	6835.6
15	800000	8658.4
16	1000000	10390.1

注：计费额大于 1000000 万元的，以计费额乘以 1.039% 的收费率计算收费基价。其他未包含的收费由双方协商议定。

2）建设工程监理服务收费调整系数。建设工程监理服务收费标准的调整系数包括专业调整系数、工程复杂程度调整系数和高程调整系数。

① 专业调整系数是对不同专业工程的监理工作复杂程度和工作量差异进行调整的系数。计算建设工程监理服务收费时，专业调整系数在表 2-2 中查找确定。

表 2-2　建设工程监理服务收费专业调整系数

工程类型	专业调整系数
1. 矿山采选工程	
黑色、有色、黄金、化学、非金属及其他矿采选工程	0.9
选煤及其他煤炭工程	1.0
矿井工程、铀矿采选工程	1.1
2. 加工冶炼工程	
冶炼工程	0.9
船舶水工工程	1.0
各类加工工程	1.0
核加工工程	1.2
3. 石油化工工程	
石油工程	0.9
化工、石化、化纤、医药工程	1.0
核化工工程	1.2
4. 水利电力工程	
风力发电、其他水利工程	0.9
火电工程、送变电工程	1.0
核电、水电、水库工程	1.2
5. 交通运输工程	
机场场道、助航灯光工程	0.9
铁路、公路、城市道路、轻轨及机场空管工程	1.0
水运、地铁、桥梁、隧道、索道工程	1.1
6. 建筑市政工程	
园林绿化工程	0.8
建筑、人防、市政公用工程	1.0
邮政、电信、广播电视工程	1.0
7. 农业林业工程	
农业工程	0.9
林业工程	0.9

② 工程复杂程度调整系数是对同一专业工程的监理复杂程度和工作量差异进行调整的系数。工程复杂程度分为一般、较复杂和复杂三个等级，其调整系数分别为：一般（Ⅰ级）0.85；较复杂（Ⅱ级）1.0；复杂（Ⅲ级）1.15。计算建设工程监理服务收费时，工程复杂程度在表 2-3《建筑、人防工程复杂程度系数表》中查找确定。

表 2-3　建筑、人防工程复杂程度系数表

等级	工程特征	系数
Ⅰ级	1. 高度<24m 的公共建筑和住宅工程； 2. 跨度<24m 厂房和仓储建筑工程； 3. 室外工程及简单的配套用房； 4. 高度<70m 的高耸构筑物	0.85
Ⅱ级	1.24m≤高度<50m 的公共建筑工程； 2.24m≤跨度<36m 厂房和仓储建筑工程； 3. 高度≥24m 的住宅工程； 4. 仿古建筑，一般标准的古建筑、保护性建筑以及地下建筑工程； 5. 装饰、装修工程； 6. 防护级别为四级及以下的人防工程； 7.70m≤高度<120m 的高耸构筑物	1.0
Ⅲ级	1. 高度≥50m 的公共建筑工程，或跨度≥36m 的厂房和仓储建筑工程； 2. 高标准的古建筑、保护性建筑； 3. 防护级别为四级以上的人防工程； 4. 高度≥120m 的高耸构筑物	1.15

③ 高程调整系数如下：

a. 海拔高程 2001m 以下的为 1；

b. 海拔高程 2001～3000m 为 1.1；

c. 海拔高程 3001～3500m 为 1.2；

d. 海拔高程 3501～4000m 为 1.3；

e. 海拔高程 4001m 以上的，高程调整系数由发包人和监理人协商确定。

(3) 建设工程监理服务收费的计费额　建设工程监理服务收费以工程概算投资额分档定额计费方式收费的，其计费额为工程概算中的建筑安装工程费、设备购置费和联合试运转费之和。对设备购置费和联合试运转费占工程概算投资额 40％以上的工程项目，其建筑安装工程费全部计入计费额，设备购置费和联合试运转费按 40％的比例计入计费额。但其计费额不应小于建筑安装工程费与其相同且设备购置费和联合试运转费等于工程概算投资额 40％的工程项目的计费额。

工程中有利用原有设备并进行安装调试服务的，以签订建设工程监理合同时同类设备的当期价格作为建设工程监理服务收费的计费额；工程中有缓配设备的，应扣除签订建设工程监理合同时同类设备的当期价格作为建设工程监理服务收费的计费额；工程中有引进设备的，按照购进设备的离岸价格折换成人民币作为建设工程监理服务收费的计费额。

建设工程监理服务收费以建筑安装工程费分档定额计费方式收费的，其计费额为工程概算中的建筑安装工程费。作为建设工程监理服务收费计费额的工程概算投资额或建筑安装工程费均指每个监理合同中约定的工程项目范围的投资额。

(4) 建设工程监理部分发包与联合承揽服务收费的计算

1) 建设单位将建设工程监理服务中的某一部分工作单独发包给工程监理单位，按照其占建设工程监理服务工作量的比例计算建设工程监理服务收费，其中质量控制和安全生产监督管理服务收费不宜低于建设工程监理服务收费总额的 70％。

2) 建设工程监理服务由两个或者两个以上工程监理单位承担的，各工程监理单位按照其占建设工程监理服务工作量的比例计算建设工程监理服务收费。建设单位委托其中一家工程监理单位对工程监理服务总负责的，该工程监理单位按照各监理单位合计建设工程监理服务收费额的 4％～6％向建设单位收取总体协调费。

2. 相关服务计费方式

相关服务收费一般按相关服务工作所需工日和表 2-4 的规定收费。

表 2-4　建设工程监理与相关服务人员人工日费用标准

建设工程监理与相关服务人员职级	工日费用标准/元
高级专家	1000～1200
高级专业技术职称的监理与相关服务人员	800～1000
中级专业技术职称的监理与相关服务人员	600～800
初级及以下专业技术职称监理与相关服务人员	300～600

注：本表适用于提供短期相关服务的人工费用标准。

 案例分析

学习了本节内容，下面一起来对本节开头的问题进行解答：

本节考查的是监理服务收费的计算，其中要用到：

建设工程监理服务收费＝建设工程监理服务收费基准价×（1±浮动幅度值）；

建设工程监理服务收费基准价＝建设工程监理服务收费基价×专业调整系数×工程复杂程度调整系数×高程调整系数。

这两个公式的灵活运用是本题的重点，此外，"直线内插法"也是一个学习的难点。

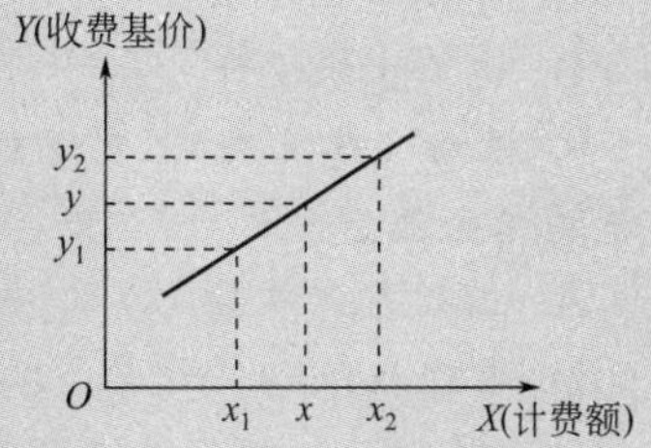

直线内插法如图 2-1：

$$y = y_1 + \frac{y_2 - y_1}{x_2 - x_1}(x - x_1)$$

图 2-1　直线内插法

1. 答：根据直线内插法得：

$$Y = Y_1 + (Y_2 - Y_1)/(X_2 - X_1) \times (X - X_1)$$
$$= 708.2 + (991.4 - 708.2)/(6 - 4) \times (5 - 4)$$
$$= 849.8（万元）$$

该工程施工监理收费基价 Y 为 849.8 万元。

2. 答：该工程的监理服务收费＝849.8×1.2×1.2×1.15×（1＋5%）＝1477.63（万元）

该工程的监理服务收费为 1477.63 万元。

 **技能训练题**

一、选择题（有 A、B、C、D 四个选项的是单项选择题，有 A、B、C、D、E 五个选项的是多项选择题）

1. 根据《建筑法》申请领取施工许可证，应当具备的条件有（　　）。

A. 已办理该建筑工程用地批准手续　　B. 有满足施工需要的施工图纸及技术资料

C. 开工需要的资金已落实　　D. 已经确定工程监理单位

E. 有保证工程质量和安全的具体措施

2. 建设单位领取了施工许可证，但因故不能按期开工，应当向发证机关申请延期，延期（　　）。

A. 以两次为限，每次不超过 3 个月　　　　　B. 以一次为限，最长不超过 3 个月

C. 以两次为限，每次不超过 1 个月　　　　　D. 以一次为限，最长不超过 1 个月

3. 因故中止施工的建筑工程恢复施工时，应当向发证机关报告，中止施工满 1 年的工程恢复施工前，建设单位应当（　　）。

A. 重新申请领取施工许可证　　　　　　　　B. 向发证机关申请延期施工许可证

C. 报发证机关核验施工许可证　　　　　　　D. 重新办理开工报告的批准手续

4. 根据《建筑法》，按国务院有关规定批准开工报告的建筑工程，因故不能按期开工超过（　　）个月的，应当重新办理开工报告的批准手续。

A. 1　　　　　　　　B. 3　　　　　　　　C. 6　　　　　　　　D. 12

5. 根据《建筑法》，工程监理人员认为工程施工不符合（　　）的，有权要求建筑施工企业改正。

A. 建设单位要求　　　　　B. 工程设计要求　　　　　C. 施工技术标准

D. 施工组织设计　　　　　E. 合同约定

6. 根据《建筑法》，实施建设工程监理前，建设单位应当将（　　）书面通知被监理的建筑施工企业。

A. 工程监理单位　　　　　B. 总监理工程师　　　　　C. 监理内容

D. 监理权限　　　　　　　E. 监理组织机构

7.《建筑法》规定，工程监理单位与被监理工程的（　　）不得有隶属关系或者其他利害关系。

A. 设计单位　　　　　　　B. 承包单位　　　　　　　C. 建筑材料供应单位

D. 设备供应单位　　　　　E. 工程咨询单位

8. 根据《建筑法》，建筑施工企业（　　）。

A. 必须为从事危险作业的职工办理意外伤害保险，支付保险费

B. 应当为从事危险作业的职工办理意外伤害保险，支付保险费

C. 必须为职工参加工伤保险缴纳工伤保险费

D. 应当为职工参加工伤保险缴纳工伤保险费

9.《建筑法》规定，交付竣工验收的建筑工程，必须符合规定的建筑工程质量标准，有完整的（　　），并具备国家规定的其他竣工条件。

A. 工程设计文件、施工文件和监理文件

B. 工程建设文件、竣工图和竣工验收文件

C. 监理文件和经签署的工程质量保证书

D. 工程技术经济资料和经签署的工程保修书

二、简答题

1. 建设工程监理相关法律、行政法规有哪些？

2. 建设单位申请领取施工许可证需要具备哪些条件？施工许可证的有效期限是多少？

3.《建筑法》对工程发包与承包有哪些规定？

4.《合同法》总则有哪些规定？何谓要约和承诺？什么是无效合同？什么是可变更、可撤销合同？合同解除有哪些规定？

5.《合同法》对建设工程合同有哪些规定？对委托合同有哪些规定？

6.《建设工程质量管理条例》规定的各方主体分别有哪些质量责任和义务？各类工程的最低保修期限分别是多少？

7.《建设工程安全生产管理条例》规定的各方主体分别有哪些安全责任？生产安全事故的应急救援和调查处理有哪些规定？

8.《生产安全事故报告和调查处理条例》规定的生产安全事故等级划分标准是什么？对事故报告和事故调查处理分别有什么规定？

9.《建设工程监理规范》（GB/T 50319—2013）包括哪些内容？项目监理机构人员的任职条件是什么？工程项目目标控制及安全生产管理的监理工作内容有哪些？

10.《建设工程监理与相关服务收费标准》所规定的建设工程监理服务计费方式有哪些？相关服务费用标准是什么？

三、计算题

背景：已知某建设工程施工监理收费的计费额 $X=690$ 万元，且该区间对应的 $X_1=600$ 万元，$Y_1=19.22$ 万元，$X_2=700$ 万元，$Y_2=21.94$ 万元。

（1）写出直线内插法的公式。

（2）试采用直线内插法计算该工程施工监理收费基价 Y 为多少万元？

（3）已知该工程的海拔高程为 3500 米（系数 1.2），类型为建筑工程（系数 1.0），工程复杂程度为Ⅱ级（系数 1.0），浮动幅度值为下浮 9%，请计算该工程的监理服务收费为多少万元。

第三章

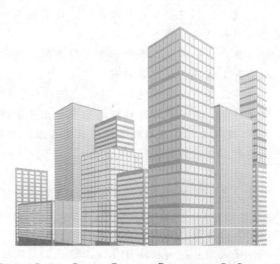

建设工程监理招投标与合同管理

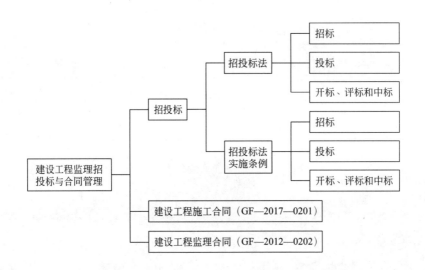

第一节　招标投标法及其实施条例

　　了解招标投标的程序，掌握与监理相关的招标投标内容，能解决招标投标问题。

本节概述

　　《招标投标法》是施工现场招投标事宜的最基本参考文件，讲述了招标的两种方式以及招标投标的过程，《招标投标法实施条例》进一步明确了招标、投标、开标、评标和中标以及投诉与处理等方面内容，让学生在未来职业生涯中碰到招标投标问题，有依据可查。

引导性案例

　　某投标人通过资格预审后，对招标文件进行了仔细分析，发现招标人所提出的工期要求过于苛刻，且合同条款中规定每拖延 1 天逾期违约金为合同价的 1%。若要保证实现该工期要求，必须采取特殊措施，从而大大增加成本；还发现原设计结构方案采用框架剪力墙体系过于保守。因此，该投标人在投标文件中说明招标人的工期要求难以实现，因而按自己认为的合理工期（比招标人要求的工期增加 6 个月）编制施工进度计划并据此报价；还建议将框架剪力墙体系改为框架体系，并对这两种结构体系进行了技术经济分析和比较，证明框架体系不仅能保证工程结构的可靠性和安全性、增加使用面积、提高空间利用的灵活性，而且可降低造价约 3%，并按照框架剪力墙体系和框架体系分别报价。

　　该投标人将技术标和商务标分别封装，在封口处加盖本单位公章和项目经理签字后，在投标截止日期前 1 天上午将投标文件报送招标人。次日（即投标截止日当天）下午，在规定的开标时间前 1 小时，该投标人又递交了一份补充材料，其中声明将原报价降低 4%。但是，招标人的有关工作人员认为，根据国际上"一标一投"的惯例，一个投标人不得递交两份投标文件，因而拒收该投标人的补充材料。

　　开标会由市招投标办的工作人员主持，市公证处有关人员到会，各投标人代表均到场。开标前，市公证处人员对各投标人的资质进行审查，并对所有投标文件进行审查，确认所有投标文件均有效后，正式开标。主持人宣读投标人名称、投标价格、投标工期和有关投标文件的重要说明。

　　问题：

　　1. 该投标人运用了哪几种报价技巧？其运用是否得当？请逐一加以说明。

　　2. 招标人对投标人进行资格预审应包括哪些内容？

　　3. 从所介绍的背景资料来看，在该项目招标程序中存在哪些不妥之处？请分别作简单说明。

一、招标投标法

　　《招标投标法》规定，在中华人民共和国境内进行下列工程建设项目（包括项目的勘察、设计、施工、监理以及与工程建设有关的重要设备、材料等的采购），必须进行招标。

　　① 大型基础设施、公用事业等关系社会公共利益、公众安全的项目；

　　② 全部或者部分使用国有资金投资或者国家融资的项目；

　　③ 使用国际组织或者外国政府贷款、援助资金的项目。

　　任何单位和个人不得将依法必须进行招标的项目化整为零或者以其他任何方式规避招

标。依法必须进行招标的项目，其招标投标活动不受地区或者部门的限制。任何单位和个人不得违法限制或者排斥本地区、本系统以外的法人或者其他组织参加投标，不得以任何方式非法干涉招标投标活动。有关行政监督部门依法对招标投标活动实施监督，依法查处招标投标活动中的违法行为。

（一）招标

1. 招标方式

招标分为公开招标和邀请招标两种方式。国务院发展改革部门确定的国家重点项目和省、自治区、直辖市人民政府确定的地方重点项目不适宜公开招标的，经国务院发展改革部门或者省、自治区、直辖市人民政府批准，可以进行邀请招标。

① 招标人采用公开招标方式的，应当发布招标公告。依法必须进行招标的项目，应当通过国家指定的报刊、信息网络或者媒介发布招标公告。

② 招标人采用邀请招标方式的，应当向 3 个以上具备承担招标项目的能力、资信良好的特定法人或者其他组织发出投标邀请书。

招标公告或投标邀请书应当载明招标人的名称和地址，招标项目的性质、数量、实施地点和时间以及获取招标文件的办法等事项。招标人不得以不合理的条件限制或者排斥潜在投标人，不得对潜在投标人实行歧视待遇。

2. 招标文件

招标人应当根据招标项目的特点和需要编制招标文件。招标文件应当包括招标项目的技术要求、对招标人资格审查的标准、投标报价要求和评标标准等所有实质性要求和条件以及拟签订合同的主要条款。招标项目需要划分标段、确定工期的，招标人应当合理划分标段、确定工期，并在招标文件中载明。

招标文件不得要求或者标明特定的生产供应者以及含有倾向或者排斥潜在投标人的其他内容。招标人不得向他人透露已获取招标文件的潜在投标人的名称、数量及可能影响公平竞争的有关招标投标的其他情况。

招标人对已发出的招标文件进行必要的澄清或者修改的，应当在招标文件要求提交投标文件截止时间至少 15 日前，以书面形式通知所有招标文件收受人。该澄清或者修改的内容为招标文件的组成部分。

3. 其他规定

招标人设有标底的，标底必须保密。招标人应当确定投标人编制投标文件所需要的合理时间。依法必须进行招标的项目，自招标文件开始发出之日起至投标人提交投标文件截止之日止，最短不得少于 20 日。

（二）投标

投标人应当具备承担招标项目的能力。国家有关规定对投标人资格条件或者招标文件对投标人资格条件有规定的，投标人应当具备规定的资格条件。

1. 投标文件

（1）投标文件的内容　投标人应当按照招标文件的要求编制投标文件。投标文件应当对招标文件提出的实质性要求和条件作出响应。对属于建设施工的招标项目，投标文件的内容应当包括拟派出的项目负责人与主要技术人员的简历、业绩和拟用于完成招标项目的机械设备等。投标文件主要包括资信标、商务标以及技术标三部分。

根据招标文件载明的项目实际情况，投标人如果准备在中标后将中标项目的部分非主体、非关键工程进行分包的，应当在投标文件中载明。在招标文件要求提交投标文件的截止时间前，投标人可以补充、修改或者撤回已提交的投标文件，并书面通知招标人。补充、修改的内容为投标文件的组成部分。

（2）投标文件的送达　投标人应当在招标文件要求提交投标文件的截止时间前，将投标文件送达投标地点。招标人收到投标文件后，应当签收保存，不得开启。投标人少于3个的，招标人应当依照《招标投标法》重新招标。

在招标文件要求提交投标文件的截止时间后送达的投标文件，招标人应当拒收。

2. 联合投标

两个以上法人或者其他组织可以组成一个联合体，以一个投标人的身份共同投标。联合体各方均应具备承担招标项目的相应能力。国家有关规定或者招标文件对投标人资格条件有规定的，联合体各方均应当具备规定的相应资格条件。由同一专业的单位组成的联合体，按照资质等级较低的单位确定资质等级。

联合体各方应当签订共同投标协议明确约定各方拟承担的工作和责任，并将共同投标协议连同投标文件一并提交给招标人。联合体中标的，联合体各方应当共同与招标人签订合同，就中标项目向招标人承担连带责任。

3. 其他规定

投标人不得相互串通投标报价，不得排挤其他投标人的公平竞争、损害招标人或其他投标人的合法权益。投标人不得与招标人串通投标，损害国家利益、社会公共利益或者他人的合法权益。投标人不得以低于成本的报价竞标，也不得以他人名义投标或者以其他方式弄虚作假，骗取中标。禁止投标人以向招标人或评标委员会成员行贿的手段谋取中标。

（三）开标、评标和中标

1. 开标

开标应当在招标人的主持下，在招标文件确定的提交投标文件截止时间的同一时间、招标文件中预先确定的地点公开进行。应邀请所有投标人参加开标。开标时，由投标人或者其推选的代表检查投标文件的密封情况，也可以由招标人委托的公证机构检查并公证。经确认无误后，由工作人员当众拆封，宣读投标人名称、投标价格和投标文件的其他主要内容。

开标过程应当记录，并存档备查。

2. 评标

评标由招标人依法组建的评标委员会负责。

（1）评标委员会的组成　依法必须进行招标的项目，其评标委员会由招标人的代表和有关技术、经济等方面的专家组成，成员人数为5人以上单数。其中，技术、经济等方面的专家不得少于成员总数的2/3。评标委员会的专家成员应当从国务院有关部门或者省、自治区、直辖市人民政府有关部门提供的专家名册或者招标代理机构的专家库内的相关专业的专家名单中确定。一般招标项目可以采取随机抽取方式，特殊招标项目可以由招标人直接确定。

与投标人有利害关系的人不得进入相关项目的评标委员会，已经进入的应当进行更换。评标委员会成员的名单在中标结果确定前应当保密。

（2）投标文件的澄清或者说明　评标委员会可以要求投标人对投标文件中含义不明确的内容作出必要的澄清或者说明，但澄清或者说明不得超出投标文件的范围或改变投标文件的实质性内容。

（3）评标　招标人应当采取必要的措施，保证评标在严格保密的情况下进行。评标委员会应当按照招标文件确定的评标标准和方法，对投标文件进行评审和比较。设有标底的，应当参考标底。中标人的投标应当符合下列条件之一：

① 能够最大限度地满足招标文件中规定的各项综合评价标准；

② 能够满足招标文件的实质性要求，并且经评审的投标价格最低。但是，投标价格低于成本的除外。

评标委员会经评审，认为所有投标都不符合招标文件要求的，可以否决所有投标。

评标委员会完成评标后，应当向招标人提出书面评标报告，并推荐合格的中标候选人。招标人据此确定中标人。招标人也可以授权评标委员会直接确定中标人。在确定中标人前，招标人不得与投标人就投标价格、投标方案等实质性内容进行谈判。

3. 中标

中标人确定后，招标人应当向中标人发出中标通知书，并同时将中标结果通知所有未中标的投标人。中标通知书对招标人和中标人具有法律效力，中标通知书发出后，招标人改变中标结果或者中标人放弃中标项目的，应当依法承担法律责任。

招标人和中标人应当自中标通知书发出之日起 30 日内，按照招标文件和中标人的投标文件订立书面合同。招标人和中标人不得再订立背离合同实质性内容的其他协议。

招标文件要求中标人提交履约保证金的，中标人应当提交。依法必须进行招标的项目，招标人应当自确定中标人之日起 15 日内，向有关行政监督部门提交招标投标情况的书面报告。

二、招标投标法实施条例

为了规范招标投标活动，《招标投标法实施条例》进一步明确了招标、投标、开标、评标和中标以及投诉与处理等方面内容，并鼓励利用信息网络进行电子招标投标。

（一）招标

1. 招标范围和方式

按照国家有关规定需要履行项目审批、核准手续的依法必须进行招标的项目，其招标范围、招标方式、招标组织形式应当报项目审批、核准部门审批、核准。项目审批、核准部门应当及时将审批、核准确定的招标范围、招标方式、招标组织形式通报有关行政监督部门。

（1）可以邀请招标的项目　国有资金占控股或者主导地位的依法必须进行招标的项目，应当公开招标。但有下列情形之一的，可以邀请招标：

① 技术复杂、有特殊要求或者受自然环境限制，只有少量潜在投标人可供选择；

② 采用公开招标方式的费用占项目合同金额的比例过大。

（2）可以不招标的项目　有下列情形之一的，可以不进行招标：

① 需要采用不可替代的专利或者专有技术；

② 采购人依法能够自行建设、生产或者提供；

③ 已通过招标方式选定的特许经营项目投资人依法能够自行建设、生产或者提供；

④ 需要向原中标人采购工程、货物或者服务，否则将影响施工或者功能配套要求；

⑤ 国家规定的其他特殊情形。

2. 招标代理机构

招标代理机构的资格依照法律和国务院的规定由有关部门认定。住房和城乡建设部、商务部、国家发展和改革委员会、工业和信息化部等部门，按照规定的职责分工对招标代理机构依法实施监督管理。招标代理机构应当拥有一定数量的取得招标职业资格的专业人员。

招标代理机构在其资格许可和招标人委托的范围内开展招标代理业务，任何单位和个人不得非法干涉。招标人应当与被委托的招标代理机构签订书面委托合同，合同约定的收费标准应当符合国家有关规定。招标代理机构不得在所代理的招标项目中投标或者代理投标，也不得为所代理的招标项目的投标人提供咨询。招标代理机构不得涂改、出租、出借、转让资格证书。

3. 招标文件与资格审查

（1）资格预审公告和招标公告　公开招标的项目，应当依照《招标投标法》和《招标投标法实施条例》的规定发布招标公告、编制招标文件。招标人采用资格预审办法对潜在投标人进行资格审查的，应当发布资格预审公告、编制资格预审文件。

依法必须进行招标的项目的资格预审公告和招标公告，应当在国家发展改革部门依法指定的媒介发布。指定媒介发布依法必须进行招标的项目的境内资格预审公告、招标公告，不得收取费用。编制依法必须进行招标的项目的资格预审文件和招标文件，应当使用国家发展改革部门会同有关行政监督部门制定的标准文本。

招标人应当按照资格预审公告、招标公告或者投标邀请书规定的时间、地点发售资格预审文件或者招标文件。资格预审文件或者招标文件的发售期不得少于 5 日。招标人发售资格预审文件、招标文件收取的费用应当限于补偿印刷、邮寄的成本支出，不得以营利为目的。

如潜在投标人或者其他利害关系人对资格预审文件有异议，应当在提交资格预审申请文件截止时间 2 日前提出；如对招标文件有异议，应当在投标截止时间 10 日前提出。招标人应当自收到异议之日起 3 日内作出答复；作出答复前，应当暂停招标投标活动。

如招标人编制的资格预审文件、招标文件的内容违反法律、行政法规的强制性规定，违反公开、公平、公正和诚实信用原则，影响资格预审结果或者潜在投标人投标，依法必须进行招标的项目的招标人应当在修改资格预审文件或者招标文件后重新招标。

（2）资格预审　招标人应当合理确定提交资格预审申请文件的时间。依法必须进行招标的项目提交资格预审申请文件的时间，自资格预审文件停止发售之日起不得少于 5 日。

资格预审应当按照资格预审文件载明的标准和方法进行。国有资金占控股或者主导地位的依法必须进行招标的项目，招标人应当组建资格审查委员会审查资格预审申请文件。

资格预审结束后，招标人应当及时向资格预审申请人发出资格预审结果通知书。未通过资格预审的申请人不具有投标资格。通过资格预审的申请人少于 3 个的，应当重新招标。

招标人可以对已发出的资格预审文件或者招标文件进行必要的澄清或者修改。如澄清或者修改的内容可能影响资格预审申请文件或者投标文件编制，招标人应当在提交资格预审申请文件截止时间至少 3 日前，或者投标截止时间至少 15 日前，以书面形式通知所有获取资格预审文件或者招标文件的潜在投标人；不足 3 日或者 15 日的，招标人应当顺延提交资格预审申请文件或者投标文件的截止时间。

如招标人采用资格后审办法对投标人进行资格审查，应当在开标后由评标委员会按照招标文件规定的标准和方法对投标人的资格进行审查。

4. 招标工作的实施

（1）禁止投标限制　招标人如对招标项目划分标段，应当遵守招标投标法的有关规定，不得利用划分标段限制或者排斥潜在投标人。依法必须进行招标的项目的招标人不得利用划分标段规避招标。

招标人不得以不合理的条件限制、排斥潜在投标人或者投标人。招标人有下列行为之一的，属于以不合理条件限制、排斥潜在投标人或者投标人：

① 就同一招标项目向潜在投标人或者投标人提供有差别的项目信息；

② 设定的资格、技术、商务条件与招标项目的具体特点和实际需要不相适应或者与合同履行无关；

③ 依法必须进行招标的项目以特定行政区域或者特定行业的业绩、奖项作为加分条件

建设工程监理实务与案例分析

或者中标条件；

④ 对潜在投标人或者投标人采取不同的资格审查或者评标标准；

⑤ 限定或者指定特定的专利、商标、品牌的原产地或者供应商；

⑥ 依法必须进行招标的项目非法限定潜在投标人或者投标人的所有制形式或者组织形式；

⑦ 以其他不合理条件限制、排斥潜在投标人或者投标人。

招标人不得组织单个或者部分潜在投标人踏勘项目现场。

（2）总承包招标　招标人可以依法对工程以及与工程建设有关的货物、服务全部或者部分实行总承包招标。以暂估价（指总承包招标时不能确定价格而由招标人在招标文件中暂时估定的工程、货物、服务的金额）形式包括在总承包范围内的工程、货物、服务属于依法必须进行招标的项目范围且达到国家规定规模标准的，应当依法进行招标。

（3）两阶段招标　对技术复杂或者无法精确拟定技术规格的项目，招标人可以分两阶段进行招标：

第一阶段，投标人按照招标公告或者投标邀请书的要求提交不带报价的技术建议，招标人根据投标人提交的技术建议确定技术标准和要求，编制招标文件。

第二阶段，招标人向在第一阶段提交技术建议的投标人提供招标文件，投标人按照招标文件的要求提交包括最终技术方案和投标报价的投标文件。如招标人要求投标人提交投标保证金，应当在第二阶段提出。

（4）投标有效期　招标人应当在招标文件中载明投标有效期。投标有效期从提交投标文件的截止之日起算。

（5）投标保证金　如招标人在招标文件中要求投标人提交投标保证金，投标保证金不得超过招标项目估算价的 2%。投标保证金有效期应当与投标有效期一致。依法必须进行招标的项目的境内投标单位，以现金或者支票形式提交的投标保证金应当从其基本账户转出。招标人不得挪用投标保证金。如招标人终止招标，应当及时发布公告，或者以书面形式通知被邀请的或者已经获取资格预审文件、招标文件的潜在投标人。如已经发售资格预审文件、招标文件或者已经收取投标保证金，招标人应当及时退还所收取的资格预审文件、招标文件的费用，以及所收取的投标保证金及银行同期存款利息。

（6）标底及投标限价　招标人可以自行决定是否编制标底。一个招标项目只能有一个标底。标底必须保密。接受委托编制标底的中介机构不得参加受托编制标底项目的投标，也不得为该项目的投标人编制投标文件或者提供咨询。如招标人设有最高投标限价，应当在招标文件中明确最高投标限价或者最高投标限价的计算方法。招标人不得规定最低投标限价。

（二）投标

1. 投标规定

投标人参加依法必须进行招标的项目的投标，不受地区或者部门的限制，任何单位和个人不得非法干涉。与招标人存在利害关系可能影响招标公正性的法人、其他组织或者个人，不得参加投标。单位负责人为同一人或者存在控股、管理关系的不同单位，不得参加同一标段投标或者未划分标段的同一招标项目投标。

投标人撤回已提交的投标文件，应当在投标截止时间前书面通知招标人。招标人已收取投标保证金的，应当自收到投标人书面撤回通知之日起 5 日内退还。投标截止后投标人撤销投标文件的，招标人可以不退还投标保证金。未通过资格预审的申请人提交的投标文件，以及逾期送达或者不按照招标文件要求密封的投标文件，招标人应当拒收。招标人应当如实记载投标文件的送达时间和密封情况，并存档备查。

招标人应当在资格预审公告、招标公告或者投标邀请书中载明是否接受联合体投标。招标人接受联合体投标并进行资格预审的，联合体应当在提交资格预审申请文件前组成。资格预审后联合体增减、更换成员的，其投标无效。如联合体各方在同一招标项目中以自己名义单独投标或者参加其他联合体投标，相关投标均无效。

投标人发生合并、分立、破产等重大变化，应当及时书面告知招标人。如投标人不再具备资格预审文件、招标文件规定的资格条件或者其投标影响招标公正性，其投标无效。

2. 属于串通投标和弄虚作假的情形

（1）投标人相互串通投标

1）有下列情形之一的，属于投标人相互串通投标：

① 投标人之间协商投标报价等投标文件的实质性内容；

② 投标人之间约定中标人；

③ 投标人之间约定部分投标人放弃投标或者中标；

④ 属于同一集团、协会、商会等组织成员的投标人按照该组织要求协同投标；

⑤ 投标人之间为谋取中标或者排斥特定投标人而采取的其他联合行动。

2）有下列情形之一的　视为投标人相互串通投标：

① 不同投标人的投标文件由同一单位或者个人编制；

② 不同投标人委托同一单位或者个人办理投标事宜；

③ 不同投标人的投标文件载明的项目管理成员为同一人；

④ 不同投标人的投标文件异常一致或者投标报价呈规律性差异；

⑤ 不同投标人的投标文件相互混装；

⑥ 不同投标人的投标保证金从同一单位或者个人的账户转出。

（2）招标人与投标人串通投标　有下列情形之一的，属于招标人与投标人串通投标：

① 招标人在开标前开启投标文件并将有关信息泄露给其他投标人；

② 招标人直接或者间接向投标人泄露标底、评标委员会成员等信息；

③ 招标人明示或者暗示投标人压低或者抬高投标报价；

④ 招标人授意投标人撤换、修改投标文件；

⑤ 招标人明示或者暗示投标人为特定投标人中标提供方便；

⑥ 招标人与投标人为谋求特定投标人中标而采取的其他串通行为。

（3）弄虚作假　投标人不得以他人名义投标，如使用通过受让或者租借等方式获取的资格、资质证书投标。投标人也不得以其他方式弄虚作假，骗取中标，包括：

① 使用伪造、变造的许可证件；

② 提供虚假的财务状况或者业绩；

③ 提供虚假的项目负责人或者主要技术人员简历、劳动关系证明；

④ 提供虚假的信用状况；

⑤ 其他弄虚作假的行为。

（三）开标、评标和中标

1. 开标

招标人应当按照招标文件规定的时间、地点开标。如投标人少于 3 个，不得开标，招标人应当重新招标。如投标人对开标有异议，应当在开标现场提出，招标人应当当场作出答复，并制作记录。

2. 评标委员会

国家实行统一的评标专家专业分类标准和管理办法。具体标准和办法由国家发展改革部门会同国务院有关部门制定。省级人民政府和国务院有关部门应当组建综合评标专家库。

依法必须进行招标的项目，其评标委员会的专家成员应当从评标专家库内相关专业的专家名单中以随机抽取方式确定。任何单位和个人不得以明示、暗示等任何方式指定或者变相指定参加评标委员会的专家成员。依法必须进行招标的项目的招标人非因《招标投标法》和《招标投标法实施条例》规定的事由，不得更换依法确定的评标委员会成员。评标委员会成员与投标人有利害关系的，应当主动回避。

对技术复杂、专业性强或者国家有特殊要求，采取随机抽取方式确定的专家难以保证胜任评标工作的招标项目，可以由招标人直接确定技术、经济等方面的评标专家。

有关行政监督部门应当按照规定的职责分工，对评标委员会成员的确定方式、评标专家的抽取和评标活动进行监督。行政监督部门的工作人员不得担任本部门负责监督项目的评标委员会成员。

3. 评标

招标人应当根据项目规模和技术复杂程度等因素合理确定评标时间。如超过 1/3 的评标委员会成员认为评标时间不够，招标人应当适当延长。

招标人应当向评标委员会提供评标所必需的信息，但不得明示或者暗示其倾向或者排斥特定投标人。

评标委员会成员应当按照招标文件规定的评标标准和方法，客观、公正地对投标文件提出评审意见。招标文件没有规定的评标标准和方法不得作为评标的依据。如招标项目设有标底，招标人应当在开标时公布。标底只能作为评标的参考，不得以投标报价是否接近标底作为中标条件，也不得以投标报价超过标底上下浮动范围作为否决投标的条件。

评标委员会成员不得私下接触投标人，不得收受投标人给予的财物或者其他好处，不得向招标人征询确定中标人的意向，不得接受任何单位或者个人明示或者暗示提出的倾向或者排斥特定投标人的要求，不得有其他不客观、不公正履行职务的行为。

4. 投标否决

有下列情形之一的，评标委员会应当否决其投标：

① 投标文件未经投标单位盖章和单位负责人签字；

② 投标联合体没有提交共同投标协议；

③ 投标人不符合国家或者招标文件规定的资格条件；

④ 同一投标人提交两个以上不同的投标文件或者投标报价，但招标文件要求提交备选投标的除外；

⑤ 投标报价低于成本或者高于招标文件设定的最高投标限价；

⑥ 投标文件没有对招标文件的实质性要求和条件作出响应；

⑦ 投标人有串通投标、弄虚作假、行贿等违法行为。

5. 投标文件澄清

投标文件中有含义不明确的内容、明显文字或者计算错误，评标委员会认为需要投标人作出必要澄清、说明的，应当书面通知该投标人。投标人的澄清、说明应当采用书面形式，并不得超出投标文件的范围或者改变投标文件的实质性内容。

评标委员会不得暗示或者诱导投标人作出澄清、说明，不得接受投标人主动提出的澄清、说明。

6. 中标

评标完成后，评标委员会应当向招标人提交书面评标报告和中标候选人名单。中标候选人应当不超过 3 个，并标明排序。

评标报告应当由评标委员会全体成员签字。对评标结果有不同意见的评标委员会成员应当以书面形式说明其不同意见和理由，评标报告应当注明该不同意见。评标委员会成员拒绝在评标报告上签字又不书面说明其不同意见和理由的，视为同意评标结果。

依法必须进行招标的项目，招标人应当自收到评标报告之日起 3 日内公示中标候选人，公示期不得少于 3 日。如投标人或者其他利害关系人对依法必须进行招标的项目的评标结果有异议，应当在中标候选人公示期间提出。招标人应当自收到异议之日起 3 日内作出答复；作出答复前，应当暂停招标投标活动。

国有资金占控股或者主导地位的依法必须进行招标的项目，招标人应当确定排名第一的中标候选人为中标人。排名第一的中标候选人放弃中标、因不可抗力不能履行合同、不按照招标文件要求提交履约保证金，或者被查实存在影响中标结果的违法行为等情形，不符合中标条件的，招标人可以按照评标委员会提出的中标候选人名单排序依次确定其他中标候选人为中标人，也可以重新招标。

中标候选人的经营、财务状况发生较大变化或者存在违法行为，招标人认为可能影响其履约能力的，应当在发出中标通知书前由原评标委员会按照招标文件规定的标准和方法审查确认。

7. 签订合同及履约

招标人和中标人应当依照《招标投标法》和《招标投标法实施条例》的规定签订书面合同，合同的标的、价款、质量、履行期限等主要条款应当与招标文件和中标人的投标文件的内容一致。招标人和中标人不得再行订立背离合同实质性内容的其他协议。

招标人最迟应当在书面合同签订后 5 日内向中标人和未中标的投标人退还投标保证金及银行同期存款利息。招标文件要求中标人提交履约保证金的，中标人应当按照招标文件的要求提交。履约保证金不得超过中标合同金额的 10%。

中标人应当按照合同约定履行义务，完成中标项目。中标人不得向他人转让中标项目，也不得将中标项目肢解后分别向他人转让。

中标人按照合同约定或者经招标人同意，可以将中标项目的部分非主体、非关键性工作分包给他人完成。接受分包的人应当具备相应的资格条件，并不得再次分包。中标人应当就分包项目向招标人负责，接受分包的人就分包项目承担连带责任。

（四）投诉与处理

1. 投诉

如果投标人或者其他利害关系人认为招标投标活动不符合法律、行政法规规定，可以自知道或者应当知道之日起 10 日内向有关行政监督部门投诉。投诉应当有明确的请求和必要的证明材料。

2. 处理

行政监督部门应当自收到投诉之日起 3 个工作日内决定是否受理投诉，并自受理投诉之日起 30 个工作日内作出书面处理决定；需要检验、检测、鉴定、专家评审的，所需时间不计算在内。如投诉人捏造事实、伪造材料或者以非法手段取得证明材料进行投诉，行政监督部门应当予以驳回。

三、电子招标投标办法

为了规范电子招标投标活动，促进电子招标投标健康发展，2013 年 2 月 4 日国家发改委、工信部、监察部、住建部、交通运输部、铁道部、水利部、商务部八部委第 20 号令发

建设工程监理实务与案例分析

布了《电子招标投标办法》。它是根据《招标投标法》《招标投标法实施条例》制定的。

《电子招标投标办法》适用在中华人民共和国境内进行的电子招标投标活动。

1. 电子招标投标

电子招标投标活动是指以数据电文形式，依托电子招标投标系统完成的全部或者部分招标投标交易、公共服务和行政监督活动。数据电文形式与纸质形式的招标投标活动具有同等法律效力。

电子招标投标系统就是以网络技术为基础，招标、投标、评标、合同等业务全过程实现数字化、网络化、高度集成化的系统，主要由网络安全系统与网上业务系统两部分组成。这套系统不但要解决招标方关于招标文件的电子发布、传送、招标公告发布、招标文件的下载等方面的问题，而且要解决投标方关于投标文件的投递安全性、投标时间的准确性与有效性，以及不同地域的评标专家能同时对电子标书的阅读、评审、相互之间交流等安全性、准确性等的问题。另外，它还能提供丰富的招标项目历史数据、投标商历史数据、拟招标产品的丰富资料，可以满足不同要求的多种数据仓库、数据挖掘、数据共享、数据查询、数据分析等功能。安全性和可靠性将是此系统的最根本的问题。

2. 电子招标投标系统流程

房屋建筑和市政工程项目电子招标投标系统流程应根据房屋建筑和市政工程项目业务特性制定。房屋建筑和市政工程项目电子招标投标系统流程应包含招标、投标、开标、评标、定标五个环节，各环节间的相互关系应符合图 3-1 的规定。

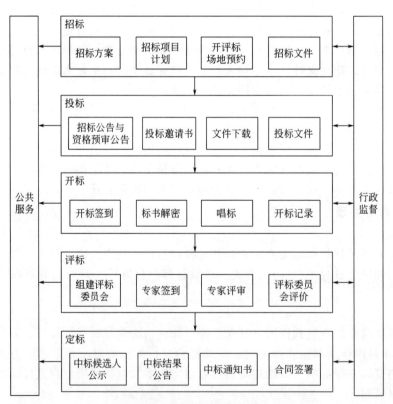

图 3-1　电子招标投标系统流程

各环节中产生的招标项目数据、招标文件、招标公告与资格预审公告、开标记录、评标报告、对评标委员会评价、中标候选人公示、中标结果公示、中标通知书和招标结果通知书应能推送给公共服务平台。各环节中产生的需要备案的信息应能推送给行政监督平台。

3. 电子招标投标系统的特点与作用

和传统的基于书面文件的招标系统相比，基于网络技术的电子招标投标系统具有一个突出的特点就是解决了传统招投标模式中"公平、公正、公开"与"择优、质量、效率"的矛盾。

与其他媒体相比，互联网技术由于其开放性、交互性和普及性更高，因而其公开程度能够得到充分的保证；由于互联网的公开性，可以得到更多的社会监督，公正性也能得到充分的保证；由于能够保证招投标过程的公开性、公正性，公平也得到了保证；由于电子招投标系统能够满足不同要求的多种数据仓库、数据挖掘、数据共享、数据查询、数据分析等功能，可以把评委从繁重的审阅工作中解放出来，因而招标投标工作的"质量"和"效率"得以保证。

电子招标投标系统还有如下作用：

① 能促进招标机构与招标管理部门自身内部的规范化管理。

② 有利于提高招标机构内部资源的利用率。

③ 可以提高招标的公开性和透明度，促进竞争。保证招标的公正与公开。

④ 能提高国内厂商的竞争意识与生存能力，为国内厂商提供更多参与国际竞争的机会，让他们更多地了解国际市场行情和国际技术标准、国际竞争方式，能提高国内厂商的国际竞争水平，提高国内企业的整体水平，提高国产设备在国际市场的竞争能力。

典型案例

1. 四川省绵阳市灾后重建推行招标投标电子化，实现"信息全公开、评标全封闭、过程全监控"，增强了监督合力。

2. 大庆市启用网上招投标投标系统，这是大庆市为遏制围标、串标行为而打出的又一记重拳。

2014年6月19日，大庆市首家独立运行的县级网上招标投标系统上线，记者从市住建局了解到，大庆市首家独立运行的县级网上招标投标管理系统——杜尔伯特县网上招标投标管理系统，经过前期设备环境搭建、系统内部测试及模拟运行，于近日正式上线运行。

据了解，网上招标投标是以网络技术为基础，把传统招标、投标、评标、合同等业务过程全部实现数字化、网络化、高度集成化的新型招投标方式。系统运营之前，杜尔伯特县住建局已经对施工企业等单位进行了培训。同时，该系统在完成服务器、计算机等硬件设备和网络环境安装调试后，进行了系统的内部测试，结果显示系统可靠、稳定，符合用户需求。全部安装测试结束后，系统又进行了模拟运行，经过签到、开标、解密、评标、定标、归档等各环节的实际模拟，达到系统流程检验，权限、模块衔接，数据和要件流转等要求。

杜尔伯特县住建局的工作人员介绍，实施利于监管的网上招标投标模式后，标志该县招标投标管理进入电子化、无纸化时代。该系统上线运行，将为杜尔伯特县建设工程招标投标提供网上交易平台，让招标投标在"阳光"下进行。同时，系统将与市网上招标投标系统联网运行，与"数字建管"系统业务联动和数据交换，实现资源共享。

 **案例分析**

通过本节内容学习，对本节开始的引导性案例内容解答如下：

1. 该投标人运用了三种报价技巧，即多方案报价法、增加建议方案法和突然降价法。

其中，多方案报价法运用不当，因为运用该报价技巧时，必须对原方案（本案例指招标人的工期要求）报价，而该投标人在投标时仅说明了该工期要求难以实现，却并未报出相应的投标价。

增加建议方案法运用得当，通过对两个结构体系方案的技术经济分析和比较，论证了建议方案（框架体系）的技术可行性和经济合理性，对招标人有很强的说服力，并按照框架剪力墙体系和框架体系分别报价。

突然降价法也运用得当，原投标文件的递交时间比规定的投标截止时间仅提前1天多，这既是符合常理的，又为竞争对手调整、确定最终报价留有一定的时间，起到了迷惑竞争对手的作用。若提前时间太多，会引起竞争对手的怀疑，而在开标前1小时突然递交一份补充文件，这时竞争对手已不可能再调整报价了。

2. 招标人对投标人进行资格预审应包括以下内容。

① 投标人签订合同的权利：营业执照和资质证书；

② 投标人履行合同的能力：人员情况、技术装备情况、财务状况等；

③ 投标人目前的状况：投标资格是否被取消、账户是否被冻结等；

④ 近三年情况：是否发生过重大安全事故和质量事故；

⑤ 法律、行政法规规定的其他内容。

3. 该项目招标程序中存在以下不妥之处。

① "招标单位的有关工作人员拒收投标人的补充材料"不妥，因为投标人在投标截止时间之前所递交的任何正式书面文件都是有效文件，都是投标文件的有效组成部分，也就是说，补充文件与原投标文件共同构成一份投标文件，而不是两份相互独立的投标文件。

② "开标会由市招投标办的工作人员主持"不妥，因为开标会应由招标人或招标代理人主持，并宣读投标人名称、投标价格、投标工期等内容。

③ "开标前，市公证处人员对各投标人的资质进行了审查"不妥，因为公证处人员无权对投标人资格进行审查，其到场的作用在于确认开标的公正性和合法性（包括投标文件的合法性），资格审查应在投标之前进行（背景资料说明了该投标人已通过资格预审）。

④ "公证处人员对所有投标文件进行审查"不妥，因为公证处人员在开标时只是检查各投标文件的密封情况，并对整个开标过程进行公证。

⑤ "公证处人员确认所有投标文件均有效"不妥，因为该投标人的投标文件仅有投标单位的公章和项目经理的签字，而无法定代表人或其代理人的签字或盖章，应当作为废标处理。

第二节　建设工程监理投标工作内容和策略

学习目标

熟悉监理投标工作和投标策略，能够解答监理投标问题。

本节概述

监理投标工作是众多投标工作中的一种，有其独特性。本节内容按照投标决策、投标策划、投标文件编制、参加开标及答辩、投标后评估的过程，对相关内容展开讲解。其中，投标决策定量分析方法中的综合评价法和决策树方法，是定量分析的两种主要方法，本书采用例题加习题的方式加强学习者记忆。

引导性案例

某国有资金投资占控股地位的通用建设项目，施工图设计文件已经相关行政主管部门批准，建设单位采用了公开招标方式进行施工招标。

2017年3月1日发布了该工程项目的施工招标公告，其包含内容如下：

① 招标单位的名称和地址；

② 招标项目的内容、规模、工期、项目经理和质量标准要求；

③ 招标项目的实施地点、资金来源和评标标准；

④ 施工单位应具有施工总承包企业资质，并且近三年获得两项以上本市优质工程奖；

⑤ 获取招标文件的时间、地点和费用。

某具有相应资质的承包商经研究决定参与该工程投标。经造价工程师估价，该工程估算成本为1500万元，其中材料费占60%。经研究有高、中、低三个报价方案，其利润率分别为10%、7%、4%，根据过去类似工程的投标经验，相应的中标概率分别为0.3、0.6、0.9。编制投标文件的费用为5万元。该工程业主在投标文件中明确规定采用固定总价合同。据统计，在施工过程中材料费可能平均上涨3%，其发生概率为0.4。

问题：

1. 该工程招标公告中的各项内容是否妥当？对不妥当之处说明理由。

2. 试运用决策树法进行投标决策。相应的不含税报价为多少？

一、建设工程监理投标工作内容

建设工程监理投标是一项复杂的系统性工作，工程监理单位的投标工作内容包括：投标决策、投标策划、投标文件编制、参加开标及答辩、投标后评估等内容。

（一）建设工程监理投标决策

工程监理单位要想中标获得建设工程监理任务并获得预期利润，就需要认真进行投标决策。所谓投标决策，主要包括两方面内容：一是决定是否参与竞标；二是如果参加投标，应采取什么样的投标策略。投标决策的正确与否，关系到工程监理单位能否中标及中标后的经济效益。

1. 投标决策原则

投标决策活动要从工程特点与工程监理企业自身需求之间选择最佳结合点。为实现最优赢利目标，可以参考如下基本原则进行投标决策。

① 充分衡量自身人员和技术实力能否满足工程项目要求，且要根据工程监理单位自身实力、经验和外部资源等因素来确定是否参与竞标。

② 充分考虑国家政策、建设单位信誉、招标条件、资金落实情况等，保证中标后工程项目能顺利实施。

③ 由于目前工程监理单位普遍存在注册监理工程师稀缺、监理人员数量不足的情况，因此在一般情况下，工程监理单位与其将有限人力资源分散到几个小工程投标中，不如集中优势力量参与一个较大建设工程监理投标。

④ 对于竞争激烈、风险特别大或把握不大的工程项目，应主动放弃投标。

2. 投标决策定量分析方法

常用的投标决策定量分析方法有综合评价法和决策树法。

（1）综合评价法　综合评价法是指决策者决定是否参加某建设工程监理投标时，将影响其投标决策的主客观因素用某些具体指标表示出来，并定量地进行综合评价，以此作为投标决策依据。

1）确定影响投标的评价指标。不同工程监理单位在决定是否参加某建设工程监理投标时所应考虑的因素是不同的，但一般都要考虑到企业人力资源、技术力量、投标成本、经验业绩、竞争对手实力、企业长远发展等多方面因素，考虑的指标一般有总监理工程师能力、监理团队配置、技术水平、合同支付条件、同类工程经验、可支配的资源条件、竞争对手数量和实力、竞争对手投标积极性、项目利润、社会影响、风险情况等。

2）确定各项评价指标权重。上述各项指标对工程监理单位参加投标的影响程度是不同的，为了在评价中能反映各项指标的相对重要程度，应当对各项指标赋予不同权重。各项指标权重为 W_i，各 W_i 之和应当等于1。

3）各项评价指标评分。针对具体工程项目，衡量各项评价指标水平，可划分为好、较好、一般、较差、差五个等级，各等级赋予定量数值，如可按 1.0、0.8、0.6、0.4、0.2 进行打分。

4）计算综合评价总分。将各项评价指标权重与等级评分相乘后累加，即可求出建设工程监理投标机会总分。

5）决定是否投标。将建设工程监理投标机会总分与过去其他投标情况进行比较或者与工程监理单位事先确定的可接受的最低分数相比较，决定是否参加投标。

表 3-1 是某工程运用综合评价法辅助建设工程监理投标决策示例。

表 3-1　某建设工程监理投标综合评价法决案

投标考虑的因素集	权重 W	等级 u					指标得分 $W \times u$
		好	较好	一般	较差	差	
总监理工程师能力	0.10			0.6			0.06
监理团队配置	0.10	1.0					0.10
技术水平	0.10	1.0					0.10

续表

投标考虑的因素集	权重 W	等级 u					指标得分 W×u
		好	较好	一般	较差	差	
合同支付条件	0.10	1.0					0.10
同类工程经验	0.10				0.4		0.04
可支配的资源条件	0.10				0.4		0.04
竞争对手数量和实力	0.10		0.8				0.08
竞争对手投标积极性	0.05			0.6			0.03
项目利润	0.10	1.0					0.10
社会影响	0.05		0.8				0.04
风险情况	0.05	1.0					0.05
其他	0.05	1.0					0.05
总计							0.79

在实际操作过程中，投标考虑的因素及其权重、等级可由工程监理单位投标决策机构组织企业经营、生产、人事等有投标经验的人员，以及外部专家进行综合分析、评估后确定。综合评价法也可用于工程监理单位对多个类似工程监理投标机会的选择，综合评价分值最高者将作为优先投标对象。

（2）决策树法 工程监理单位有时会同时收到多个不同或类似建设工程监理投标邀请书，而工程监理单位的资源是有限的，若不分重点地将资源平均分布到各个投标工程，则每一个工程中标的概率都很低。为此，工程监理单位应针对每项工程特点进行分析，比选不同方案，以期选出最佳投标对象。这种多项目多方案的选择，通常可以应用决策树法进行定量分析。

1）适用范围。决策树分析法是适用于风险型决策分析的一种简便易行的实用方法，其特点是用一种树状图表示决策过程，通过事件出现的概率和损益期望值的计算比较，帮助决策者对行动方案作出抉择。当工程监理单位不考虑竞争对手的情况（投标时往往事先不知道参与投标的竞争对手），仅根据自身实力决定某些工程是否投标及如何报价时，则是典型的风险型决策问题，适用决策树法进行分析。

2）基本原理。决策树是模拟树木成长过程，从出发点（称决策点）开始不断分枝来表示所分析问题的各种发展可能性，并以分枝的期望值中最大（或最小）者作为选择依据。从决策点分出的枝称为方案枝，从方案枝分出的枝称为概率分枝。方案枝分出的各概率分枝的分叉点及概率分枝的分叉点，称为自然状态点。概率分枝的终点称为损益值点。

绘制决策树时，自左向右，形成树状，其分枝使用直线，决策点、自然状态点、损益值点分别使用不同的符号表示。其画法如下：

① 画一个方框作为决策点，并编号；

② 从决策点向右引出若干条直（折）线，形成方案枝，每条线段代表一个方案，方案名称一般直接标注在线段的上（下）方；

③ 每个方案枝末端画一个圆圈，代表自然状态点。圆圈内编号，与决策点一起顺序排列；

④ 从自然状态点引出若干条直（折）线，形成概率分枝，发生的概率一般直接标注在线段的上方（多数情况下标注在括号内）；

⑤ 如果问题只需要一级决策，则概率分枝末端画一个"△"，表示终点。终点右侧标出

该自然状态点的损益值。如还需要进行第二阶段决策，则用决策点"□"代替终点"A"，再重复上述步骤画出决策树。

3）决策过程。用决策树法分析，其决策过程如下：

① 先根据已知情况绘出决策树；

② 计算期望值。一般从终点逆向逐步计算。每个自然状态点处的损益期望值 E_i 按公式（3-1）计算：

$$E_i = \sum P_i \times B_i \tag{3-1}$$

式中，P_i 和 B_i 分别表示概率分枝的概率和损益值。

一般将计算出的 E_i 值直接标注于该自然状态点的下面。

③ 确定决策方案。各方案枝端点自然状态点的损益期望值即为各方案的损益期望值。在比较方案时，若考虑的是收益值，则取最大期望值；若考虑的是损失值，则取最小期望值。根据计算出的期望值和决策者的才智与经验来分析，作出最后判断。

4）决策树示例。某工程监理单位拥有的资源有限，只能在 A 和 B 两项大型工程中选其一进行投标，或均不参加投标。若投标，根据过去投标经验，对两项工程各有高、低报价两种策略。投高价标，中标机会为 30%；投低价标，中标机会为 50%。

这样，该工程监理单位共有 A高、A低、不投标、B高、B低 五种方案。

工程监理单位根据过去承担过的类似工程数据进行分析，得到每种方案的利润和出现概率见表 3-2。如果投标未果，则会损失 5 万元（投标准备费）。

表 3-2 投标方案、利润和出现概率

方案	效果	可能的利润/万元	出现概率
A高	优	500	0.3
	一般	100	0.5
	赔	−300	0.2
A低	优	400	0.2
	一般	50	0.6
	赔	−400	0.2
不投标		0	1.0
B高	优	700	0.3
	一般	200	0.5
	赔	−300	0.2
B低	优	600	0.3
	一般	100	0.6
	赔	−100	0.1

根据上述情况，可画出决策树如图 3-2 所示。

计算各自然状态点损益期望值。以方案为例，说明损益期望值的计算：

① 自然状态点"⑦"的损益期望值 $E_7 = 0.3 \times 500 + 0.5 \times 100 + 0.2 \times (-300)$（万元）；将 $E_7 = 140$ 万元标在"⑦"上面（或下面）。

② 自然状态点"②"的损益期望值 $E_2 = 0.3 \times 140 + 0.7 \times (-5) = 38.5$（万元）；同理，可分别求得自然状态点"⑧""③""④""⑨""⑤""⑩""⑥"的损益期望值，如图 3-2。

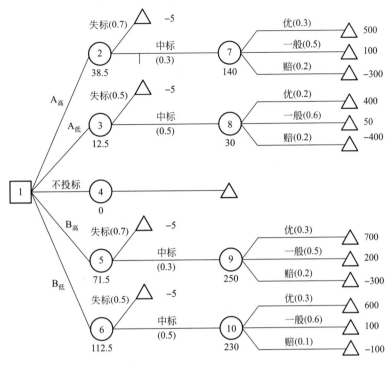

图 3-2　建设工程监理投标决策树

至此，工程监理单位可以作出决策。如投 A 工程，宜投高价标；如投 B 工程，则应投低价标，而且从损益期望值角度看，选定 B 工程投低价标更为有利。

（二）建设工程监理投标策划

建设工程监理投标策划是指从总体上规划建设工程监理投标活动的目标、组织、任务分工等，通过严格的管理过程，提高投标效率和效果。

① 明确投标目标，决定资源投入。一旦决定投标，首先要明确投标目标，投标目标决定了企业层面对投标过程的资源支持力度。

② 成立投标小组并确定任务分工。投标小组要由有类似建设工程监理投标经验的项目负责人全面负责收集信息，协调资源，作出决策，并组织参与资格审查、购买标书、编写质疑文件、进行质疑和现场踏勘、编制投标文件、封标、开标和答辩、标后总结等。同时，需要落实各参与人员的任务和职责，做到界面清晰，人尽其职。

（三）建设工程监理投标文件编制

建设工程监理投标文件反映了工程监理单位的综合实力和完成监理任务的能力，是招标人选择工程监理单位的主要依据之一。投标文件编制质量的高低，直接关系到中标可能性的大小，因此，如何编制好建设工程监理投标文件是工程监理单位投标的首要任务。

1．投标文件编制原则

（1）响应招标文件，保证不被废标　建设工程监理投标文件编制的前提是要按招标文件要求的条款和内容格式编制，必须在满足招标文件要求的基本条件下，尽可能精益求精，响应招标文件实质性条款，防止废标发生。

（2）认真研究招标文件，深入领会招标文件意图　一本规范化的招标文件少则十余页，多则几十页，甚至上百页，只有全部熟悉并领会各项条款要求，事先发现不理解或前后矛盾、表述不清的条款，应通过标前答疑会，解决所有发现的问题，防止因不熟悉招标文件导致"失之毫厘，差之千里"的后果发生。

（3）投标文件要内容详细、层次分明、重点突出　完整、规范的投标文件，应尽可能将投标人的想法、建议及自身实力叙述详细，做到内容深入而全面。为了尽可能让招标人或评标专家在很短的评标时间内了解投标文件内容及投标单位实力，就要在投标文件的编制上下功夫，做到层次分明，表达清楚，重点突出。投标文件体现的内容要针对招标文件评分办法的重点得分内容，如企业业绩、人员素质及监理大纲中建设工程目标控制要点等，要有意识地说明和标设，并在目录上专门列出或在编辑包装中采用装饰手法等，力求起到加深印象的作用，这样做会起到事半功倍的效果。

2. 投标文件编制依据

（1）国家及地方有关建设工程监理投标的法律法规及政策　必须以国家及地方有关建设工程监理投标的法律法规及政策为准绳编制建设工程监理投标文件，否则，可能会造成投标文件的内容与法律法规及政策相抵触，甚至造成废标。

（2）建设工程监理招标文件　工程监理投标文件必须对招标文件作出实质性响应，而且其内容尽可能与建设单位的意图或建设单位的要求相符合。越是能够贴切满足建设单位需求的投标文件，则越会受到建设单位的青睐，其获取中标的概率也相对较高。

（3）企业现有的设备资源　编制建设工程监理投标文件时，必须考虑工程监理单位现有的设备资源。要根据不同监理标的具体情况进行统一调配，尽可能将工程监理单位现有可动用的设备资源编入建设工程监理投标文件，提高投标文件的竞争实力。

（4）企业现有的人力及技术资源　工程监理单位现有的人力及技术资源主要表现为有精通所招标工程的专业技术人员和具有丰富经验的总监理工程师、专业监理工程师、监理员；有工程项目管理、设计及施工专业特长，能帮助建设单位协调解决各类工程技术难题的能力；拥有同类建设工程监理经验；在各专业有一定技术能力的合作伙伴，必要时可联合向建设单位提供咨询服务。此外，应当将工程监理单位内部现有的人力及技术资源优化组合后编入监理投标文件中，以便在评标时获得较高的技术标得分。

（5）企业现有的管理资源　建设单位判断工程监理单位是否能胜任建设工程监理任务，在很大程度上要看工程监理单位在日常管理中有何特长，类似建设工程监理经验如何，针对本工程有何具体管理措施等。为此，工程监理单位应当将其现有的管理资源充分展现在投标文件中，以获得建设单位的注意，从而最终获取中标。

3. 监理大纲的编制

建设工程监理投标文件的核心是反映监理服务水平高低的监理大纲，尤其是针对工程具体情况制订的监理对策，以及向建设单位提出的原则性建议等。

监理大纲一般应包括以下主要内容：

（1）工程概述　根据建设单位提供和自己初步掌握的工程信息，对工程特征进行简要描述，主要包括：工程名称、工程内容及建设规模；工程结构或工艺特点；工程地点及自然条件概况；工程质量、造价和进度控制目标等。

（2）监理依据和监理工作内容

1）监理依据：法律法规及政策；工程建设标准〔包括《建设工程监理规范》（GB/T 50319—2013）〕；工程勘察设计文件；建设工程监理合同及相关建设工程合同等。

2）监理工作内容：一般包括质量控制、造价控制、进度控制、合同管理、信息管理、组织协调、安全生产管理的监理工作等。

（3）建设工程监理实施方案　建设工程监理实施方案是监理评标的重点。根据监理招标文件的要求，针对建设单位委托监理工程特点，拟定监理工作指导思想、工作计划；主要管理措施、技术措施以及控制要点；拟采用的监理方法和手段；监理工作制度和流程；监理文件资料管理和工作表式；拟投入的资源等。建设单位一般会特别关注工程监理单位资源的投入：一方面是项目监理机构的设置和人员配备，包括监理人员（尤其是总监理工程师）素质、监理人员数量和专业配套情况；另一方面是监理设备配置，包括检测、办公、交通和通信等设备。

（4）建设工程监理难点、重点及合理化建议 建设工程监理难点、重点及合理化建议是整个投标文件的精髓。工程监理单位在熟悉招标文件和施工图的基础上，要按实际监理工作的开展和部署进行策划，既要全面涵盖"三控两管一协调"和安全生产管理职责的内容，又要有针对性地提出重点工作内容、分部分项工程控制措施和方法以及合理化建议，并说明采纳这些建议将会在工程质量、造价、进度等方面产生的效益。

4. 编制投标文件的注意事项

建设工程监理招标、评标注重对工程监理单位能力的选择。因此，工程监理单位在投标时应在体现监理能力方面下工夫，应着重解决下列问题：

① 投标文件应对招标文件内容作出实质性响应。

② 项目监理机构的设置应合理，要突出监理人员素质，尤其是总监理工程师人选，将是建设单位重点考察的对象。

③ 应有类似建设工程监理经验。

④ 监理大纲能充分体现工程监理单位的技术、管理能力。

⑤ 监理服务报价应符合国家收费规定和招标文件对报价的要求，以及建设工程监理成本-利润测算。

⑥ 投标文件既要响应招标文件要求，又要巧妙回避建设单位的苛刻要求，同时还要避免为提高竞争力而盲目扩大监理工作范围，否则会给合同履行留下隐患。

（四）参加开标及答辩

1. 参加开标

参加开标是工程监理单位需要认真准备的投标活动，应按时参加开标，避免废标情况发生。

2. 答辩

工程监理单位要充分做好答辩前准备工作，强化工程监理人员答辩能力，提高答辩信心，积累相关经验，提升监理队伍的整体实力，包括仪表、自信心、表达力、知识储备等。平时要有计划地培训学习，逐步提高整体实战能力，并形成一整套可复制的模拟实战方案，这样才能实现专业技术与管理能力同步，做到精心准备与快速反应有机结合。答辩前，应拟定答辩的基本范围和纲领，细化到人和具体内容，组织演练，相互提问。另外，要了解对手，知己知彼，了解竞争对手的实力和拟定安排的总监理工程师及团队，完善自己的团队，发挥自身优势。在各组织成员配齐后，总监理工程师就可以担当答辩的组织者，以团队精神强化心理准备，有了内容心里就有了底，再调整每个人的情绪，以饱满的精神沉着应对。

（五）投标后评估

投标后评估是对投标全过程的分析和总结，对一个成熟的工程监理企业，无论建设工程监理投标成功与否，投标后评估不可缺少。投标后评估要全面评价投标决策是否正确，影响因素和环境条件是否分析全面，重难点和合理化建议是否有针对性，总监理工程师及项目监理机构成员人数、资历及组织机构设置是否合理，投标报价预测是否准确，参加开标和总监理工程师答辩准备是否充分，投标过程组织是否到位等。投标过程中任何导致成功与失败的细节都不能放过，这些细节是工程监理单位在随后投标过程中需要注意的问题。

二、建设工程监理投标策略

建设工程监理投标策略的合理制订和成功实施的关键在于对影响投标因素的深入分析、招标文件的把握和深刻理解、投标策略的针对性选择、项目监理机构的合理设置、合理化建议的重视以及答辩的有效组织等环节。

（一）深入分析影响监理投标的因素

深入分析影响投标的因素是制订投标策略的前提。针对建设工程监理特点，结合中国监理行业现状，可将影响投标决策的因素大致分为"正常因素"和"非正常因素"两大类。其中，"非正常因素"主要指受各种人为因素影响而出现的"假招标""权力标""陪标""低价抢标""保护性招标"等，这均属于违法行为，应予以禁止，此处不讨论。对于"正常因素"，根据其性质和作用，可归纳为以下四类。

1. 分析建设单位（买方）

招投标是一种买卖交易，在当今建筑市场属于买方市场的情况下，工程监理单位要想中标，分析建设单位（买方）因素是至关重要的。

① 分析建设单位对中标人的要求和建设单位提供的条件。目前，我国建设工程监理招标文件里都有综合评分标准及评分细则，它集中反映了建设单位需求。工程监理单位应对照评分标准逐一进行自我测评，做到心中有数。特别要分析建设单位在评分细则中关于报价的分值比重，这会影响工程监理单位的投标策略。

建设单位提供的条件在招标文件中均有详细说明，工程监理单位应一一认真分析，特别是建设单位的授权和监理费用的支付条件等。

② 分析建设单位对于工程建设资金的落实和筹措情况。

③ 分析建设单位领导层核心人物及下层管理人员资质、能力、水平、素质等，特别是对核心人物的心理分析更为重要。

④ 如果在建设工程监理招标时，施工单位事先已经被选定，建设单位与施工单位的关系也是工程监理单位应关心的问题之一。

2. 分析投标人（卖方）自身

（1）根据企业当前经营状况和长远经营目标，决定是否参加建设工程监理投标　如果企业经营管理不善或因其他政治经济环境变化，造成企业生存危机，就应考虑"生存型"投标，即使不盈利甚至赔本也要投标；如果企业希望开拓市场、打入新的地区（或领域），可以考虑"竞争型"投标，即使低盈利也可投标；如果企业经营状况很好，在某些地区已打开局面，对建设单位有较好的名牌效应，信誉度较高时，可以采取"盈利型"投标，即使难度大，困难多，也可以参与竞争，以获取丰厚利润和社会经济效益。

（2）根据自身能力，量力而行　就我国目前情况看，相当多的工程监理单位或多或少处于任务不饱满的状况，有鉴于此，应尽可能积极参与投标，特别是接到建设单位邀请的项目。这主要是基于以下四点：第一，参加投标项目多，中标机会就多；第二，经常参加投标，在公众面前出现的机会就多，起到了广告宣传作用；第三，通过参加投标，积累经验，掌握市场行情，收集信息，了解竞争对手惯用策略；第四，当建设单位邀请时，如果不参加（或不响应），于情于理不容，有可能破坏信誉度，从而失去开拓市场的机会。

（3）采用联合体投标，可以扬长补短　在现代建筑越来越大、越来越复杂的情况下，多大的企业也不可能是万能的，因此，联合是必然的，特别是加入 WTO 之后，中外监理企业的联合更是"双赢"的需要，这种情况下，就需要对联合体合作伙伴进行深入了解和分析。

3. 分析竞争对手

商场即战场，一方的取胜就意味着另一方的失败，要击败对手，就必然要对竞争者进行分析。综合起来，要从以下几个方面分析对手：

① 分析竞争对手的数量和实际竞争对手以往同类工程投标竞争的结果、竞争对手的实力等。

② 分析竞争对手的投标积极性。如果竞争对手面临生存危机，势必采用"生存型"投标策略；如果竞争者是作为联合体投标，势必采用"盈利型"投标策略。总之，要分析竞争对手的发展目标、经营策略、技术实力、以往投标资料、社会形象及目前建设工程监理任务饱满度等，判断其投标积极性，进而调整自己的投标策略。

③ 了解竞争对手决策者情况。在分析竞争对手的同时，详细了解竞争对手决策者年龄、文化程度、心理状态、性格特点及其追求目标，从而可以推断其在投标过程中的应变能力和谈判技巧，根据其在建设单位心目中留下的印象，调整自己的投标策略和技巧。

4. 分析环境和条件

① 要分析施工单位。施工单位是建设工程监理最直接、至关重要的环境条件，如果一个信誉不好、技术力量薄弱、管理水平低下的施工单位作为被监理对象，不仅管理难度大、费人费时，而且由工程监理单位来承担其工作失误所带来的风险也就比较大，如果这类施工单位再与建设单位关系暧昧，建设工程监理工作难度将大幅增加。此外，要特别注意了解施工单位履行合同的能力，从而制订有针对性的监理策略和措施。

② 要分析工程难易程度。

③ 要分析水文、气候、地形地貌等自然条件及工作环境的艰苦程度。

④ 要分析设计单位的水平和人员素质。

⑤ 要分析工程所在地社会文化环境，特别是当地政府与人民群众的态度等。

⑥ 要分析工程条件和环境风险。

项目监理机构设置、人员配备、交通和通信设备的购置、工作生活的安置以及所需费用列支，都离不开对上述环境和条件的分析。

（二）把握和深刻理解招标文件精神

招标文件是建设单位对所需服务提出的要求，是工程监理单位编制投标文件的依据。因此，把握和深刻理解招标文件精神是制订投标策略的基础。工程监理单位必须详细研究招标文件，吃透其精神，才能在编制投标文件中全面、最大程度、实质性地响应招标文件的要求。

在领取招标文件时，应根据招标文件目录仔细检查其是否有缺页、字迹模糊等情况。若有，应立即或在招标文件规定的发售时间内，向招标人换取完整无误的招标文件。

研究招标文件时，应先了解工程概况、工期、监理工作范围与内容、监理目标要求等。如对招标文件有疑问需要解释的，要按招标文件规定的时间和方式，及时向招标人提出询问。招标文件的书面修改也是招标文件的组成部分，投标单位也应予以重视。

（三）选择有针对性的监理投标策略

由于招标内容不同、投标人不同，所采取的投标策略也不相同，下面介绍几种常用的投标策略，投标人可根据实际情况进行选择。

1. 以信誉和口碑取胜

工程监理单位依靠其在行业和客户中长期形成的良好信誉和口碑，争取招标人的信任和支持，不参与价格竞争，这个策略适用于特大型、有代表性或有重大影响力的工程，这类工程的招标人注重工程监理单位的服务品质，对于价格因素不是很敏感。

2. 以缩短工期等承诺取胜

工程监理单位如对于某类工程的工期很有信心，可作出对于招标人有利的保证，靠此吸引招标人的注意。同时，工程监理单位需向招标人提出保证措施和惩罚性条款，确保承诺的可实施性。此策略适用于建设单位对工期等因素比较敏感的工程。

3. 以附加服务取胜

目前，随着建设工程复杂性程度的加大，招标人对于前期配套、设计管理等外延的服务需求越来越强烈，但招标人限于工程概算的限制，没有额外的经费聘请能提供此类服务的项目管理单位，如工程监理单位具有工程咨询、工程设计、招标代理、造价咨询及其他相关的资质，可在投标过程中向招标人推介此项优势。此策略适用于工程项目前期建设较为复杂，招标人组织结构不完善，专业人才和经验不足的工程。

4. 适应长远发展的策略

其目的不在于当前招标工程上获利，而着眼于发展，争取将来的优势，如为了开辟新市场、参与某项有代表意义的工程等，宁可在当前招标工程中以微利甚至无利价格参与竞争。

（四）充分重视项目监理机构的合理设置

充分重视项目监理机构的设置是实现监理投标策略的保证。由于监理服务性质的特殊性，监理服务的优劣不仅依赖于监理人员是否遵循规范化的监理程序和方法，更取决于监理人员的业务素质，经验，分析问题、判断问题和解决问题的能力以及风险意识。因此，招标人会特别注重项目监理机构的设置和人员配备情况。工程监理单位必须选派与工程要求相适应的总监理工程师，配备专业齐全、结构合理的现场监理人员。具体操作中应特别注意：

① 项目监理机构成员应满足招标文件要求。有必要的话，可提交一份工程监理单位拟支撑本工程工作开展的专家名单。

② 项目监理机构人员名单应明确每一位监理人员的姓名、性别、年龄、专业、职称、拟派职务、资格等，并以横道图形式明确每一位监理人员拟派驻现场及退场时间。

③ 总监理工程师应具备同类建设工程监理经验，有良好的组织协调能力。若工程项目复杂或者考虑特殊管理需求，可考虑配备总监理工程师代表。

④ 对总监理工程师及其他监理人员的能力和经验介绍要尽量做到翔实，重点说明现有人员配备对完成建设工程监理任务的适应性和针对性等。

（五）重视提出合理化建议

招标人往往会比较关心投标人此部分内容，借此了解投标人的专业技术能力、管理水平以及投标人对工程的熟悉程度和关注程度等，从而提升招标人对工程监理单位承担和完成监理任务的信心。因此，重视提出合理化建议是促进投标策略实现的有力措施。

（六）有效地组织项目监理团队答辩

项目监理团队答辩的关键是总监理工程师的答辩，而总监理工程师答辩是否成功已成为招标人和评标委员会选择工程监理单位的重要依据。因此，有效地组织总监理工程师及项目监理团队答辩已成为促进投标策略实现的有力措施，可以大大提升工程监理单位的中标率。

总监理工程师参加答辩会，应携带答辩提纲和主要参考资料。另外，还应带上笔和笔记本，以便将专家提出的问题记录下来。在进行充分准备的基础上，要树立信心，消除紧张慌乱心理，才能在答辩时有良好表现。答辩时要集中注意力，认真聆听，并将问题略记在笔记本上，仔细推敲问题的要害和本质，切忌未弄清题意就匆忙作答。要充满自信地以流畅的语言和肯定的语气将自己的见解讲述出来。回答问题，一要抓住要害，简明扼要；二要力求客观、全面、辩证，留有余地；三要条理清晰，层次分明。如果对问题中有些概念不太理解，可以请提问专家给出解释，或者将自己对问题的理解表达出来，并问清是不是该意思，得到确认后再作回答。

建设工程监理投标策略总结见表 3-3。

表 3-3　建设工程监理投标策略总结

	非正常因素	假招标、权力标、陪标、低价抢标、保护性招标	
深入分析影响监理投标的因素是制订投标策略的前提	正常因素	1. 分析建设单位（买方）	
		2. 分析投标人（卖方）自身	①决定是否参加建设工程监理投标：生存型、竞争型、盈利型。②应尽可能积极参与投标，特别是接到建设单位邀请的项目。③采用联合体投标，可以扬长补短
		3. 分析竞争对手	
		4. 分析环境和条件	①要分析施工单位。施工单位是建设工程监理最直接、至关重要的环境条件。②要分析工程难易程度。③要分析水文、气候、地形地貌等自然条件及工作环境的艰苦程度。④要分析设计单位的水平和人员素质。⑤要分析工程所在地社会文化环境，特别是当地政府与人民群众的态度等。⑥要分析工程条件和环境风险
把握和深刻理解招标文件精神是制订投标策略的基础			
选择有针对性的监理投标策略	1. 以信誉和口碑取胜	适用于特大型、有代表性或有重大影响力的工程	
	2. 以缩短工期等承诺取胜	适用于建设单位对工期等因素比较敏感的工程	
	3. 以附加服务取胜	适用于工程项目前期建设较为复杂，招标人组织结构不完善，专业人才和经验不足的工程	
	4. 适应长远发展的策略	着眼于发展，争取将来的优势，宁可在当前招标工程中以微利甚至无利价格参与竞争	
充分重视项目监理机构的合理设置是实现监理投标策略的保证			
重视提出合理化建议是促进投标策略实现的有力措施			
有效地组织项目监理团队答辩——已成为促进投标策略实现的有力措施，可以大大提升中标率			

 案例分析

通过本节内容学习，对本节开始的引导性案例内容解答如下：

问题 1 答案：

（1）招标单位的名称和地址妥当。

（2）招标项目的内容、规模和工期妥当。

（3）招标项目的项目经理和质量标准要求不妥，招标公告的作用只是告知工程招标的信息，而项目经理和质量标准的要求涉及工程的组织安排和技术标准，应在招标文件中提出。

（4）招标项目的实施地点和资金来源妥当。

（5）招标项目的评标标准不妥，评标标准是为了比较投标文件并据此进行评审的标准，故不出现在招标公告中，应是招标文件中的重要内容。

（6）施工单位应具有二级及其以上施工总承包企业资质妥当。

（7）施工单位应在近三年获得两项以上本市优秀奖不妥当，因为有的施工企业可能具有很强的管理和技术实力，虽然在其他省市获得了工程奖项，但没有在本市获奖，所以是否在本市获奖为条件来评价施工单位的水平是不公平的，是对潜在投标人的歧视限制条件。

（8）获取招标文件的时间、地点和费用妥当。

问题2答案：

（1）计算各投标方案的利润：

① 投高标材料不涨价时的利润：$1500 \times 10\% = 150$（万元）

② 投高标材料涨价时的利润：$150 - 1500 \times 60\% \times 3\% = 123$（万元）

③ 投中标材料不涨价时的利润：$1500 \times 7\% = 105$（万元）

④ 投中标材料涨价时的利润：$105 - 1500 \times 60\% \times 3\% = 78$（万元）

⑤ 投低标材料不涨价时的利润：$1500 \times 4\% = 60$（万元）

⑥ 投低标材料涨价时的利润：$60 - 1500 \times 60\% \times 3\% = 33$（万元）

注：亦可先计算因材料涨价而增加的成本额度 $[1500 \times 60\% \times 3\% = 27（万元）]$，再分别从高、中、低三个报价方案的预期利润中扣除。

将以上计算结果列于表3-4。

表3-4　各投标方案的利润

方案	效果	概率	利润/万元
高标	好	0.6	150
	差	0.4	123
中标	好	0.6	105
	差	0.4	78
低标	好	0.6	60
	差	0.4	33

（2）画出决策树，标明各方案的概率和利润，如图3-3所示。

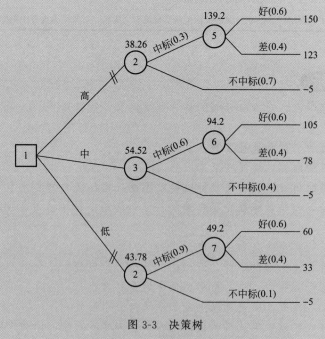

图3-3　决策树

（3）计算图 3-3 中各机会点的期望值（将计算结果标在各机会点上方）。

机会点"⑤"的期望利润：$150×0.6＋123×0.4＝139.2$（万元）

机会点"⑥"的期望利润：$105×0.6＋78×0.4＝94.2$（万元）

机会点"⑦"的期望利润：$60×0.6＋33×0.4＝49.2$（万元）

机会点"②"的期望利润：$139.2×0.3－5×0.7＝38.26$（万元）

机会点"③"的期望利润：$94.2×0.6－5×0.4＝54.52$（万元）

机会点"④"的期望利润：$49.2×0.9－5×0.1＝43.78$（万元）

（4）决策。因为机会点"③"的期望利润最大，故应投中标。

相应的不含税报价为 $1500×（1＋7\%）＝1605$（万元）

第三节　建设工程监理合同管理

 学习目标

熟悉《建设工程监理合同（示范文本）》相关条款，指导其从事相关监理工作，解决相关监理问题。

 本节概述

《建设工程监理合同（示范文本）》（GF—2012—0202），是住房和城乡建设部以及原国家工商行政管理总局共同制定的，是具有最高权威的监理合同文件，其中的第一部分协议书采取让学生填写的方式掌握，专用条件和通用条件结合施工现场案例讲解，可让学生加深记忆。

 引导性案例

某住宅工程，在施工图设计阶段招标委托监理，按《建设工程监理合同（示范文本）》（GF—2012—0202）签订了工程监理合同，该合同未委托相关服务工作，实施中发生以下事件：

事件一：建设单位要求监理单位参与项目设计管理和施工招标工作，提出要监理单位尽早编制监理规划，与施工图设计同时进行，要求在施工招标前向建设单位报送监理规划。

事件二：总监理工程师委托总监理工程师代表组织编制监理规划，要求项目监理机构中专业监理工程师和监理员全员参与编制，并要求由总监理工程师代表审核批准后尽快报送建设单位。

事件三：编制的监理规划中提出"四控制"的基本工作任务，分别设有"工程质量控制""工程造价控制""工程进度控制"和"安全生产控制"的章节内容；并提出对危险性较大的分部分项工程，应按照当地工程安全生产监督机构的要求，编制《安全监理专项方案》。

事件四：在深基坑开挖工程准备会议上，建设单位要求项目监理机构尽早提交《深基坑工程监理实施细则》，并要求施工单位根据该细则尽快编制《深基坑工程施工方案》。

事件五：工程某部位大体积混凝土工程施工前，土建专业监理工程师编制了《大体积混凝土工程监理实施细则》，经总监理工程师审批后实施。实施中由于外部条件变化，土建专业监理工程师对监理实施细则进行了补充，考虑到总监理工程师比较繁忙，拟报总监理工程师代表审批后继续实施。

问题：

1. 事件一中，建设单位的要求有何不妥？说明理由。

2. 事件二中，总监理工程师的做法有何不妥？说明理由。

3. 指出事件三中监理规划的不正确之处，写出正确做法。

4. 事件四中，建设单位的做法是否妥当？说明理由。

5. 指出事件五中项目监理机构做法的不妥之处？说明理由。

一、建设工程监理合同订立

（一）建设工程监理合同及其特点

建设工程监理合同是指委托人（建设单位）与监理人（工程监理单位）就委托的建设工程监理与相关服务内容签订的明确双方义务和责任的协议。其中，委托人是指委托工程监理与相关服务的一方，及其合法的继承人或受让人；监理人是指提供监理与相关服务的一方，及其合法的继承人。

建设工程监理合同是一种委托合同，除具有委托合同的共同特点外，还具有以下特点：

① 建设工程监理合同当事人双方应是具有民事权利能力和民事行为能力、具有法人资格的企事业单位及其他社会组织，个人在法律允许的范围内也可以成为合同当事人。接受委托的监理人必须是依法成立、具有工程监理资质的企业，其所承担的工程监理业务应与企业资质等级和业务范围相符合。

② 建设工程监理合同委托的工作内容必须符合法律法规、有关工程建设标准、工程设计文件、施工合同及物资采购合同。建设工程监理合同是以对建设工程项目目标实施控制并履行建设工程安全生产管理法定职责为主要内容，因此，建设工程监理合同必须符合法律法规和有关工程建设标准，并与工程设计文件、施工合同及材料设备采购合同相协调。

③ 建设工程监理合同的标的是服务。工程建设实施阶段所签订的勘察设计合同、施工合同、物资采购合同、委托加工合同的标的物是产生新的信息成果或物质成果，而监理合同的履行不产生物质成果，而是由监理工程师凭借自己的知识、经验、技能受委托人委托为其所签订的施工合同、物资采购合同等的履行实施监督管理。

（二）《建设工程监理合同（示范文本）》（GF—2012—0202）的结构

建设工程监理合同的订立，意味着委托关系的形成，委托人与监理人之间的关系将受到合同约束。为了规范建设工程监理合同，住房和城乡建设部和原国家工商行政管理总局于2012年3月发布了《建设工程监理合同（示范文本）》（GF—2012—0202），该合同示范文本由"协议书""通用条件""专用条件"附录A和附录B组成。

1. 协议书

协议书不仅明确了委托人和监理人，而且明确了双方约定的委托建设工程监理与相关服务的工程概况（工程名称、工程地点、工程规模、工程概算投资额或建筑安装工程费）；总监理工程师（姓名、身份证号、注册号）；签约酬金（监理酬金、相关服务酬金）；服务期限（监理期限、相关服务期限）；双方对履行合同的承诺及合同订立的时间、地点、份数等。

协议书还明确了建设工程监理合同的组成文件：

1）协议书；

2）中标通知书（适用于招标工程）或委托书（适用于非招标工程）；

3）投标文件（适用于招标工程）或监理与相关服务建议书（适用于非招标工程）；

4）专用条件；

5）通用条件；

6）附录，即：

①附录 A——相关服务的范围和内容；

②附录 B——委托人派遣的人员和提供的房屋、资料、设备。

建设工程监理合同签订后，双方依法签订的补充协议也是建设工程监理合同文件的组成部分。

协议书是一份标准的格式文件，经当事人双方在空格处填写具体规定的内容并签字盖章后，即发生法律效力。

2. 通用条件

通用条件涵盖了建设工程监理合同中所用的词语定义与解释，监理人的义务，委托人的义务，签约双方的违约责任，酬金支付，合同的生效、变更、暂停、解除与终止，争议解决及其他诸如外出考察费用、检测费用、咨询费用、奖励、守法诚信、保密、通知、著作权等方面的约定。通用文件适用于各类建设工程监理，各委托人、监理人都应遵守通用条件中的规定。

3. 专用条件

由于通用条件适用于各行业、各专业建设工程监理，因此，其中的某些条款规定得比较笼统，需要在签订具体建设工程监理合同时，结合地域特点、专业特点和委托监理的工程特点，对通用条件中的某些条款进行补充、修改。

所谓"补充"，是指通用条件中的条款明确规定，在该条款确定的原则下，专用条件中的条款需进一步明确具体内容，使通用条件、专用条件中相同序号的条款共同组成一条内容完备的条款。如通用条件 2.2.1 规定，监理依据包括：

① 适用的法律、行政法规及部门规章；

② 与工程有关的标准；

③ 工程设计及有关文件；

④ 本合同及委托人与第三方签订的与实施工程有关的其他合同。

双方根据建设工程的行业和地域特点，在专用条件中具体约定监理依据。

于是，就具体建设工程监理而言，委托人与监理人就需要根据工程的行业和地域特点，在专用条件中相同序号（2.2.1）条款中明确具体的监理依据。

所谓"修改"，是指通用条件中规定的程序方面的内容，如果双方认为不合适，可以协议修改。如通用条件 3.4 中规定，"委托人应授权一名熟悉工程情况的代表，负责与监理人联系。委托人应在双方签订本合同后 7 天内，将委托人代表的姓名和职责书面告知监理人。当委托人更换委托人代表时，应提前 7 天通知监理人。"如果委托人或监理人认为 7 天的时间太短，经双方协商达成一致意见后，可在专用条件相同序号条款中写明具体的延长时间，如改为 14 天等。

4. 附录

附录包括两部分，即附录 A 和附录 B。

① 附录 A。如果委托人委托监理人完成相关服务时，应在附录 A 中明确约定委托的工

建设工程监理实务与案例分析

作内容和范围。委托人根据工程建设管理需要，可以自主委托全部内容，也可以委托某个阶段的工作或部分服务内容。如果委托人仅委托建设工程监理，则不需要填写附录 A。

② 附录 B。委托人为监理人开展正常监理工作派遣的人员和无偿提供的房屋、资料、设备，应在附录 B 中明确约定派遣或提供的对象、数量和时间。

二、建设工程监理合同（示范文本）

目前采用的是《建设工程监理合同（示范文本）》（GF—2012—0202），GF 的意思是国家示范文本，下面是示范文本中合同第一部分协议书的内容。

委托人（全称）：＿＿＿＿＿＿＿＿＿＿＿＿＿＿＿＿＿＿＿

监理人（全称）：＿＿＿＿＿＿＿＿＿＿＿＿＿＿＿＿＿＿＿

根据《中华人民共和国合同法》《中华人民共和国建筑法》及其他有关法律、法规，遵循平等、自愿、公平和诚信的原则，双方就下述工程委托监理与相关服务事项协商一致，订立本合同。

一、工程概况

1. 工程名称：＿＿＿＿＿＿＿＿＿＿＿＿＿＿＿＿＿＿；

2. 工程地点：＿＿＿＿＿＿＿＿＿＿＿＿＿＿＿＿＿＿；

3. 工程规模：＿＿＿＿＿＿＿＿＿＿＿＿＿＿＿＿＿＿；

4. 工程概算投资额或建筑安装工程费：＿＿＿＿＿＿。

二、词语限定

协议书中相关词语的含义与通用条件中的定义与解释相同。

三、组成本合同的文件

1. 协议书；

2. 中标通知书（适用于招标工程）或委托书（适用于非招标工程）；

3. 投标文件（适用于招标工程）或监理与相关服务建议书（适用于非招标工程）；

4. 专用条件；

5. 通用条件；

6. 附录，即：

附录 A　相关服务的范围和内容

附录 B　委托人派遣的人员和提供的房屋、资料、设备

本合同签订后，双方依法签订的补充协议也是本合同文件的组成部分。

四、总监理工程师

总监理工程师姓名：＿＿＿＿＿，身份证号码：＿＿＿＿＿＿，注册号：＿＿＿＿＿。

五、签约酬金

签约酬金（大写）：＿＿＿＿＿＿＿＿＿＿＿（¥＿＿＿＿＿）。

包括：

1. 监理酬金：＿＿＿＿＿＿＿＿＿＿＿＿＿＿＿。

2. 相关服务酬金：＿＿＿＿＿＿＿＿＿＿＿＿＿。

其中：

(1) 勘察阶段服务酬金：＿＿＿＿＿＿＿＿＿＿。

(2) 设计阶段服务酬金：＿＿＿＿＿＿＿＿＿＿。

(3) 保修阶段服务酬金：＿＿＿＿＿＿＿＿＿＿。

088

（4）其他相关服务酬金：＿＿＿＿＿＿＿＿＿＿＿＿＿＿＿＿＿＿＿。

六、期限

1. 监理期限：

自＿＿＿年＿＿月＿＿日始，至＿＿＿＿年＿月＿日止。

2. 相关服务期限：

（1）勘察阶段服务期限自＿＿＿＿年＿月＿日始，至＿＿＿＿年＿月＿日止。

（2）设计阶段服务期限自＿＿＿＿年＿月＿日始，至＿＿＿＿年＿月＿日止。

（3）保修阶段服务期限自＿＿＿＿年＿月＿日始，至＿＿＿＿年＿月＿日止。

（4）其他相关服务期限自＿＿＿＿年＿月＿日始，至＿＿＿＿年＿月＿日止。

七、双方承诺

1. 监理人向委托人承诺，按照本合同约定提供监理与相关服务。

2. 委托人向监理人承诺，按照本合同约定派遣相应的人员，提供房屋、资料、设备，并按本合同约定支付酬金。

八、合同订立

1. 订立时间：＿＿＿＿＿＿年＿＿＿月＿＿＿日。

2. 订立地点：＿＿＿＿＿＿＿＿＿＿＿＿＿＿＿＿＿＿＿＿。

3. 本合同一式＿＿＿份，具有同等法律效力，双方各执＿＿＿＿份。

委托人：＿（盖章）＿　　　　　监理人：＿（盖章）＿

住所：＿＿＿＿＿＿＿＿＿　　　　住所：＿＿＿＿＿＿＿＿＿

邮政编码：＿＿＿＿＿＿＿　　　　邮政编码：＿＿＿＿＿＿＿

法定代表人或其授权　　　　　　　法定代表人或其授权

的代理人：（签字）＿＿＿＿　　　的代理人：（签字）＿＿＿＿

开户银行：＿＿＿＿＿＿＿　　　　开户银行：＿＿＿＿＿＿＿

账号：＿＿＿＿＿＿＿＿＿　　　　账号：＿＿＿＿＿＿＿＿＿

电话：＿＿＿＿＿＿＿＿＿　　　　电话：＿＿＿＿＿＿＿＿＿

传真：＿＿＿＿＿＿＿＿＿　　　　传真：＿＿＿＿＿＿＿＿＿

电子邮箱：＿＿＿＿＿＿＿　　　　电子邮箱：＿＿＿＿＿＿＿

案例分析

本案例依据《建设工程监理规范》（GB/T 50319—2013）作答。主要考核监理工作的主要内容、监理规划的编制与审核要求、监理实施细则的编制等内容。

1. 建设单位要求监理单位参与项目设计管理和施工招标工作不妥，因为该工作内容属于相关服务范围，而工程监理合同未委托相关服务工作；建设单位提出编制监理规划与施工图设计同时进行不妥，因监理规划应针对建设工程实际情况编制，故应在收到工程设计文件后开始编制监理规划。

2. 总监理工程师委托总监理工程师代表组织编制监理规划不妥，因为违反《建设工程监理规范》（GB/T 50319—2013）对总监理工程师职责的规定；由总监理工程师代表审核批准监理规划不妥，根据《建设工程监理规范》（GB/T 50319—2013），监理规划应在总监理工程师签字后由监理单位技术负责人审核批准，方可报送建设单位。

3. 监理规划中"四控制"的提法不妥，"安全生产控制"的章节名称不正确，应为"安

建设工程监理实务与案例分析

全生产管理的监理工作"；监理规划中"安全监理"的提法不妥，针对危险性较大的分部分项工程，编制《安全监理专项方案》的做法不正确，应按《建设工程监理规范》（GB/T 50319—2013）的要求，编制监理实施细则。

4. 建设单位要求项目监理机构先于施工单位专项施工方案编制监理实施细则的做法不妥，因为专项施工方案是监理实施细则的编制依据之一。

5. 项目监理机构对监理实施细则进行了补充后，拟报总监理工程师代表审批后继续实施的考虑不妥。根据《建设工程监理规范》（GB/T 50319—2013），总监理工程师不得将审批监理实施细则的职责委托给总监理工程师代表，监理实施细则补充、修改后，仍应由总监理工程师审批后方可实施。

第四节　建设工程施工合同

熟悉《建设工程施工合同（示范文本）》相关条款，指导其从事相关监理工作，解决相关监理问题。

《建设工程施工合同（示范文本）》（GF—2017—0201），是住房和城乡建设部以及原国家工商行政管理总局共同制定的，是具有最高权威的施工合同文件，其中的第一部分合同协议书采取让学生填写的方式掌握，专用条款和通用条款结合施工现场案例讲解，可让学生加深记忆。

引导性案例

某业主与某施工单位就某住宅楼施工工程签订了施工总承包合同，该工程采用边设计边施工的方式进行，合同的部分条款如下：

××工程施工合同书（节选）

一、协议书

1. 工程概况

该工程位于某市的××路段，建筑面积3000m²，砌体结构住宅楼（其他概况略）。

2. 承包范围

承包范围为该工程施工图所包括的土建工程。

3. 合同工期

合同工期为2015年2月22日—2015年9月30日，合同总工期为220天。

4. 合同价款

本工程采用总价合同形式，合同总价为：人民币贰佰叁拾肆万元整（￥234.00万元）。

5. 质量标准

本工程质量标准要求达到承包商最优的工程质量。

6. 质量保修

施工单位在该项目的设计规定的使用年限内承担全部保修责任。

7. 工程款支付

在工程基本竣工时，支付全部合同价款，为确保工程如期竣工，乙方不得因甲方资金的暂时不到位而停工和拖延工期。

二、其他补充协议

(1) 乙方在施工前不允许将工程分包，只可以转包。

(2) 甲方不负责提供施工场地的工程地质和地下主要管网线路资料。

(3) 乙方应按项目经理批准的施工组织设计组织施工。

(4) 涉及质量标准的变更由乙方自行解决。

(5) 合同变更时，按有关程序确定变更工程价款。

问题：

1. 该项工程施工合同协议书中有哪些不妥之处？说明理由。

2. 该项工程施工合同其他补充协议中有哪些不妥之处？说明理由。

3. 确定变更合同价款的程序是什么？

目前采用的是《建设工程施工合同（示范文本）》（GF—2017—0201），GF 的意思是国家示范文本，下面是示范文本中第一部分合同协议书的内容。

发包人（全称）： ＿＿＿＿＿＿＿＿＿＿＿＿＿＿

承包人（全称）： ＿＿＿＿＿＿＿＿＿＿＿＿＿＿

根据《中华人民共和国合同法》《中华人民共和国建筑法》及有关法律规定，遵循平等、自愿、公平和诚实信用的原则，双方就＿＿＿＿＿＿＿＿＿＿工程施工及有关事项协商一致，共同达成如下协议：

一、工程概况

1. 工程名称：＿＿＿＿＿＿＿＿＿＿＿＿＿＿。

2. 工程地点：＿＿＿＿＿＿＿＿＿＿＿＿＿＿。

3. 工程立项批准文号：＿＿＿＿＿＿＿＿＿＿。

4. 资金来源：＿＿＿＿＿＿＿＿＿＿＿＿＿＿。

5. 工程内容：＿＿＿＿＿＿＿＿＿＿＿＿＿＿。

群体工程应附《承包人承揽工程项目一览表》（附件1）。

6. 工程承包范围：

＿＿＿＿＿＿＿＿＿＿＿＿＿＿＿＿＿＿＿＿＿＿＿＿＿＿＿＿＿＿＿＿＿＿＿＿＿＿。

二、合同工期

计划开工日期：＿＿＿＿年＿＿月＿＿日。

计划竣工日期：＿＿＿＿年＿＿月＿＿日。

工期总日历天数：＿＿＿＿＿天。工期总日历天数与根据前述计划开竣工日期计算的工期天数不一致的，以工期总日历天数为准。

三、质量标准

工程质量符合＿＿＿＿＿＿＿＿＿＿＿＿＿＿＿＿＿标准。

四、签约合同价与合同价格形式

1. 签约合同价为：

人民币（大写）_____ （¥_____元）；

其中：

(1) 安全文明施工费：

人民币（大写）_____ （¥_____元）；

(2) 材料和工程设备暂估价金额：

人民币（大写）_____ （¥_____元）；

(3) 专业工程暂估价金额：

人民币（大写）_____ （¥_____元）；

(4) 暂列金额：

人民币（大写）_____ （¥_____元）。

2. 合同价格形式：_____。

五、项目经理

承包人项目经理：_____。

六、合同文件构成

本协议书与下列文件一起构成合同文件：

(1) 中标通知书（如果有）；

(2) 投标函及其附录（如果有）；

(3) 专用合同条款及其附件；

(4) 通用合同条款；

(5) 技术标准和要求；

(6) 图纸；

(7) 已标价工程量清单或预算书；

(8) 其他合同文件。

在合同订立及履行过程中形成的与合同有关的文件均构成合同文件组成部分。

上述各项合同文件包括合同当事人就该项合同文件所作出的补充和修改，属于同一类内容的文件，应以最新签署的为准。专用合同条款及其附件须经合同当事人签字或盖章。

七、承诺

1. 发包人承诺按照法律规定履行项目审批手续、筹集工程建设资金并按照合同约定的期限和方式支付合同价款。

2. 承包人承诺按照法律规定及合同约定组织完成工程施工，确保工程质量和安全，不进行转包及违法分包，并在缺陷责任期及保修期内承担相应的工程维修责任。

3. 发包人和承包人通过招投标形式签订合同的，双方理解并承诺不再就同一工程另行签订与合同实质性内容相背离的协议。

八、词语含义

本协议书中词语含义与第二部分通用合同条款中赋予的含义相同。

九、签订时间

本合同于_____年____月____日签订。

十、签订地点

本合同在_____签订。

十一、补充协议

合同未尽事宜，合同当事人另行签订补充协议，补充协议是合同的组成部分。

十二、合同生效

本合同自 _____ 生效。

十三、合同份数

本合同一式____份，均具有同等法律效力，发包人执____份，承包人执____份。

发包人：（公章）　　　　　　　　　承包人：（公章）

法定代表人或其委托代理人：　　　　法定代表人或其委托代理人：

（签字）　　　　　　　　　　　　　（签字）

组织机构代码：_____　　　　组织机构代码：_____

地　　址：_____　　　　　　地　　址：_____

邮政编码：_____　　　　　　邮政编码：_____

法定代表人：_____　　　　　法定代表人：_____

委托代理人：_____　　　　　委托代理人：_____

电　　话：_____　　　　　　电　　话：_____

传　　真：_____　　　　　　传　　真：_____

电子信箱：_____　　　　　　电子信箱：_____

开户银行：_____　　　　　　开户银行：_____

账　　号：_____　　　　　　账　　号：_____

 案例分析

　　1. 该项工程施工合同协议书的不妥之处及理由具体如下：

　　不妥之处①：承包范围为该工程施工图所包括的土建工程。理由：在总承包的情况下，施工单位应将一项工程的土建、装饰、水暖电作为一个标包来承包，不能将其分解。因此，承包范围应该为施工图所包括的土建、装饰、水暖电等全部工程。

　　不妥之处②：工程采用总价合同形式。理由：该工程采用边设计边施工的方式进行，对工程总价不能很好地估算，应采用单价合同。

　　不妥之处③：工程质量标准要求达到承包商最优的工程质量。理由：应以《建筑工程施工质量验收统一标准》（GB 50300—2013）中规定的质量标准作为该工程的质量标准。

　　不妥之处④：施工单位在该项目的设计规定的使用年限内承担全部保修责任。理由：保修期限不符合《建设工程质量管理条例》的规定。

　　不妥之处⑤：在工程基本竣工时，支付全部合同价款。理由：应明确具体的时间。

　　不妥之处⑥：为确保工程如期竣工，乙方不得因甲方资金的暂时不到位而停工和拖延工期。理由：应说明甲方资金不到位时，在什么期限内乙方不得停工和拖延工期。

　　2. 该项工程施工合同的其他补充协议中的不妥之处及理由具体如下：

　　不妥之处①：乙方在施工前不允许将工程分包，只可以转包。理由：按有关规定，不允许转包，可以分包。

　　不妥之处②：甲方不负责提供施工场地的工程地质和地下主要管网线路资料。理由：如果不提供施工场地的工程地质和地下主要管网线路资料，将会严重影响施工单位正常施工，因此甲方应负责提供施工场地的工程地质和地下主要管网线路资料。

不妥之处③：乙方应按项目经理批准的施工组织设计组织施工。理由：乙方应按监理人和发包人批准的施工组织设计组织施工。

不妥之处④：涉及质量标准的变更由乙方自己解决。理由：质量标准变更应符合相关规范、标准的要求，而且要得到监理人和发包人的批准。

3. 确定变更合同价款的程序：

(1) 变更发生后的 14 天内，承包方提出变更价款报告，经发包方确认后调整合同价。

(2) 若变更发生后 14 天内，承包方不提出变更价，款报告，则视为该变更不涉及价款变更。

(3) 发包方自收到变更价款报告日起 14 天内应对其予以确认；若无正当理由不确认时，自收到报告时算起 14 天后该报告视为已被认可。

? 技能训练题

一、选择题（有 A、B、C、D 四个选项的是单项选择题，有 A、B、C、D、E 五个选项的是多项选择题）

1. 建设工程监理（   ）是工程监理单位明确监理和相关服务义务、履行监理与相关服务职责的重要保证。

A. 质量管理　　　　　B. 信息管理　　　　　C. 合同管理　　　　　D. 招投标管理

2. 采用邀请招标方式选择工程监理单位时，建设单位的正确做法是（   ）。

A. 只需发布招标公告，不需要进行资格预审

B. 不仅需要发布招标公告，而且需要进行资格预审

C. 既不需要发布招标公告，也不进行资格预审

D. 不需要发布招标公告，但需要进行资格预审

3. 建设工程监理招标方案中需要明确的内容有（   ）。

A. 监理招标组织　　　　　　　　　　B. 监理标段划分

C. 监理投标人条件　　　　　　　　　D. 监理招标工作进度

E. 监理招标程序

4. 建设工程监理招标的标的是（   ）。

A. 监理酬金　　　　　B. 监理设备　　　　　C. 监理人员　　　　　D. 监理服务

5. 采用定量综合评估法进行建设工程监理评标的优点有（   ）。

A. 可减少评标过程中的相互干扰　　　　B. 可增强评标的科学性

C. 可增强评标委员之间的深入交流　　　D. 可集中体现各个评标委员的意见

E. 可增强评标的公正性

6. 建设工程监理投标常用的投标决策定量分析方法有（   ）。

A. 目标树法　　　　　　　　　　　　B. 决策树法

C. 问题树法　　　　　　　　　　　　D. 综合评价法

E. 加权平均法

7. 工程监理单位编制投标文件应遵守的原则有（   ）。

A. 明确监理任务分工　　　　　　　　　　B. 响应监理招标文件要求

C. 调查研究竞争对手投标策略　　　　　　D. 深入领会招标文件意图

E. 尽可能使投标文件内容深入而全面

8. 建设工程监理投标文件的核心是（　　　　）。

A. 监理实施细则　　　　　　　　　　　　B. 监理大纲

C. 监理服务报价单　　　　　　　　　　　D. 监理规划

9. 建设工程监理合同的标的是（　　　　）。

A. 监理酬金　　　　B. 监理设备　　　　C. 监理人员　　　　D. 监理服务

10. 根据《建设工程监理合同（示范文本）》（GF—2012—0202），需要在协议书中约定的内容有（　　　　）。

A. 监理合同文件组成　　　　　　　　　　B. 总监理工程师

C. 监理与相关服务酬金支付方式　　　　　D. 合理化建议奖励金额的确定方法

E. 监理与相关服务期限

11.《建设工程监理合同（示范文本）》（GF—2012—0202）的附录A是用来明确约定（　　　　）的。

A. 相关服务工作内容和范围　　　　　　　B. 项目监理机构改人员及其职责

C. 项目监理设备配置数量和时间　　　　　D. 监理服务酬金及支付时间

12. 根据《建设工程监理合同（示范文本）》（GF—2012—0202），对于非招标的监理工程，除专用条件另有约定外，下列合同文件解释顺序正确的是（　　　　）。

A. 通用条件—协议书—委托书　　　　　　B. 委托书—通用条件—协议书

C. 委托书—协议书—通用条件　　　　　　D. 协议书—委托书—通用条件

13. 按照《建设工程监理合同（示范文本）》（GF—2012—0202）的规定，合同生效后，如果实际情况发生变化使得监理人不能完成全部或部分工作时，监理人应立即通知委托人。除不可抗力外，其善后工作以及恢复服务的准备工作应为（　　　　）。

A. 正常工作　　　　B. 本职工作　　　　C. 额外工作　　　　D. 附加工作

14. 根据《建设工程监理合同（示范文本）》（GF—2012—0202）监理人需要完成的基本工作内容有（　　　　）。

A. 主持工程竣工验收　　　　　　　　　　B. 编制工程竣工结算报告

C. 检查施工承包人的试验室　　　　　　　D. 验收隐蔽工程、分部分项工程

E. 主持召开第一次工地会议

15. 根据《建设工程监理合同（示范文本）》（GF—2012—0202），工程监理单位需要更换总监理工程师时，应提前（　　　　）天书面报告建设单位。

A. 3　　　　　　　　B. 5　　　　　　　　C. 7　　　　　　　　D. 14

16. 监理人遇到超过授权范围的变更事项，书面通知委托人并提出处理建议请其作出决定。委托人代表在专用条件约定的时间内未给予任何答复，则（　　　　）。

A. 视为委托人已同意变更处理意见

B. 视为委托人不同意变更处理意见

C. 应修改变更处理的建议再次提交给委托人作出决定

D. 应与委托人、承包人共同协商后由委托人发布变更指令

17. 按《建设工程监理合同（示范文本）》（GF—2012—0202），以下属于监理人未正确履行合同义务的过错行为的有（　　　　）。

A. 未按规范程序进行监理　　　　　　　　B. 无正当理由单方解除合同

C. 未完成合同约定范围内的工作　　　　D. 无正当理由不履行合同约定的义务

E. 发出错误指令，导致工程受到损失

18. 按照《建设工程监理合同（示范文本）》，委托人对监理人提交的阶段支付酬金申请书内的附加工作酬金有异议时，按照通用条件的规定，该阶段的酬金支付应为（　　　）。

A. 将支付申请书退回监理人，要求提供有效证明材料后再行支付

B. 将支付申请书退回监理人，要求重新计算正确后再行提交

C. 按支付证书要求的款额支付，异议部分留待后续再解决

D. 对无异议部分按时支付，有异议部分暂不支付

二、简答题

1. 建设工程监理招标有哪些方式？各有何特点？

2. 建设工程监理招标程序中包括哪些工作内容？

3. 建设工程监理招标文件包括哪些内容？

4. 建设工程监理评标内容和方法各有哪些？

5. 建设工程监理投标决策应遵循哪些基本原则？

6. 建设工程监理投标决策方法有哪些？其基本原理是什么？

7. 编制建设工程监理投标文件应注意哪些事项？

8. 影响建设工程监理投标的因素有哪些？

9. 建设工程监理投标策略有哪些？

10. 总监理工程师参加答辩时应注意哪些事项？

11. 工程监理合同有何特点？

12. 《建设工程监理合同（示范文本）》（GF—2012—0202）的通用条件与专用条件有何关系？

13. 《建设工程监理合同（示范文本）》（GF—2012—0202）双方当事人的义务、责任各有哪些？

14. 《建设工程监理合同（示范文本）》（GF—2012—0202）中规定的监理人的基本工作内容有哪些？

三、招标案例

某学校超市现招商经营者，超市招标公告如下：

1. 项目概况

超市建筑面积约 100 平方米，目前室内有货架若干，两台结账机，主要为在校学生提供生活服务，具体日用品、文具、食品、生鲜果蔬等服务项目由投标人自行确定。目前在校生约 4500 人，实际消费人数由投标人自行测算。超市租金为每年收益的 20%。现招标经营者。

2. 投标方资格要求

报名时须提供下列证件原件并同时提交经加盖公章后的复印件，证件包括：年检营业执照、组织机构代码证及税务登记证、法定代表人的身份证明及身份证，法人授权委托书（若为法人前来报名可不提供）及授权人本人身份证。

3. 投标书文件

包括：商务标、技术标、资信标。

4. 投标截止时间及地点

投标截止时间：2019 年 1 月 24 日上午 8 时 50 分

地点：学校图书馆四楼第四会议室

5. 开标时间、地点

时间：2019 年 1 月 24 日上午 9 时 00 分

地点：学校图书馆四楼第四会议室

6. 联系方式

联系人：尹××

联系电话：139×××××××××

7. 投标书模板

超市投标书

1. 资信标

(1) 三证：营业执照，税务登记证，卫生许可证。

(2) 其他：烟草证，健康证，食品流通许可证，消防证。

2. 商务标

① 经营项目范围及特色。② 年成本。③ 年营业额。④ 年利润。⑤ 上交学校收益比例。

3. 技术标

① 营业时间。② 设备清单。③ 运营管理人员安排。④ 防盗方案。⑤ 送货服务方案。⑥ 绘制超市平面图，标出顾客进出路线图，货物放置位置，摄像头位置，结账位置，以及特色产品放置位置。

问题：请参照上述投标书模板内容，制作属于你的个性化标书。

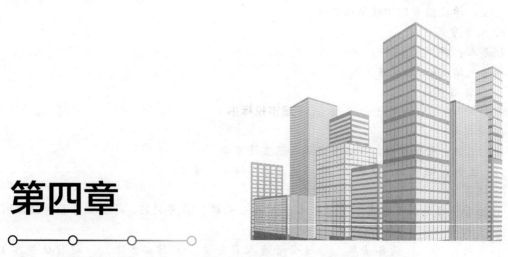

第四章

监理规划与监理实施细则

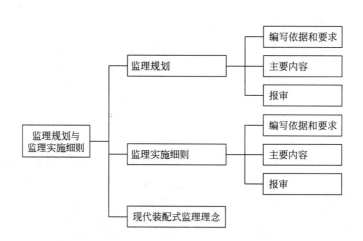

监理规划是项目监理机构全面开展建设工程监理工作的指导性文件，监理实施细则是在监理规划的基础上，针对工程项目中某一专业或某一方面监理工作编制的操作性文件。监理规划和监理实施细则的内容全面具体，而且需要按程序报批后才能实施。

第一节　监理规划

学习目标

　　了解监理规划基本内容，掌握其中的编写要点，学会编制项目的监理规划。

本节概述

　　监理规划是监理单位投标文件的重要组成部分，决定着是否中标。其中监理机构组织形式结合前面章节内容展开介绍，监理工作制度也依据前面章节内容展开，旨在让学生把握监理规划精髓。

引导性案例

　　某实施监理的市政工程，分成A、B两个施工标段。工程监理合同签订后，监理单位将项目监理机构组织形式、人员构成和对总监理工程师的任命书面通知建设单位。该总监理工程师担任总监理工程师的另一工程项目尚有一年方可竣工。根据工程专业特点，市政工程A、B两个标段分别设置了总监理工程师代表甲和乙。甲、乙均不是注册监理工程师，但甲具有高级专业技术职称，在监理岗位任职15年；乙具有中级专业技术职称，已取得了建造师执业资格证书尚未注册，有5年施工管理经验，1年前经培训开始在监理岗位就职。工程实施中发生以下事件：

　　事件一：建设单位同意对总监理工程师的任命，但认为甲、乙二人均不是注册监理工程师，不同意二人担任总监理工程师代表。

　　事件二：工程质量监督机构以同时担任另一项目的总监理工程师，有可能"监理不到位"为由，要求更换总监理工程师。

　　事件三：监理单位对项目监理机构人员进行了调整，安排乙担任专业监理工程师。

　　事件四：总监理工程师考虑到身兼两项工程比较忙，委托总监理工程师代表开展若干项工作，包括组织召开监理例会、组织审查施工组织设计、签发工程款支付证书、组织审查和处理工程变更、组织分部工程验收。

　　事件五：总监理工程师在安排工程计量工作时，要求监理员进行具体计量，由专业监理工程师进行复核检查。

　　问题：

　　1. 事件一中，建设单位不同意甲、乙担任总监理工程师代表的理由是否正确？甲和乙是否可以担任总监理工程师？分别说明理由。

　　2. 事件二中，工程质量监督机构的要求是否妥当？说明理由。

　　3. 事件三中，监理单位安排乙担任专业监理工程师是否妥当？说明理由。

　　4. 指出事件四中总监理工程师对所列工作的委托，哪些是正确的？哪些不正确？

　　5. 事件五中，总监理工程师的做法是否妥当？说明理由。

一、监理规划编写依据和要求

（一）监理规划编写依据

1. 工程建设法律法规和标准

（1）国家层面工程建设有关法律、法规及政策　无论在任何地区或任何部门进行工程建设，都必须遵守国家层面工程建设相关法律法规及政策。

（2）工程所在地或所属部门颁布的工程建设相关法规、规章及政策　建设工程必然是在某一地区实施的，有时也由某一部门归口管理，这就要求工程建设必须遵守工程所在地或所属部门颁布的工程建设相关法规、规章及符合政策。

（3）工程建设标准　工程建设必须遵守相关标准、规范及规程等工程建设技术标准和管理标准。

2. 建设工程外部环境调查研究资料

（1）自然条件方面的资料　包括建设工程所在地点的地质、水文、气象、地形以及自然灾害发生情况等方面的资料。

（2）社会和经济条件方面的资料　包括建设工程所在地人文环境、社会治安、建筑市场状况、相关单位（政府主管部门、勘察和设计单位、施工单位、材料设备供应单位、工程咨询和工程监理单位）、基础设施（交通设施、通信设施、公用设施、能源设施）、金融市场情况等方面的资料。

3. 政府批准的工程建设文件

包括：

① 政府发展改革部门批准的可行性研究报告、立项批文；

② 政府规划土地、环保等部门确定的规划条件、土地使用条件、环境保护要求、市政管理规定。

4. 建设工程监理合同文件

建设工程监理合同的相关条款和内容是编写监理规划的重要依据，主要包括监理工作范围和内容，监理与相关服务依据，工程监理单位的义务和责任，建设单位的义务和责任等。

建设工程监理投标书是建设工程监理合同文件的重要组成部分，工程监理单位在监理大纲中明确的内容，主要包括项目监理组织计划，拟投入主要监理人员，工程质量、造价、进度控制方案，安全生产管理的监理工作，信息管理和合同管理方案，与工程建设相关单位之间关系的协调方法等，均是监理规划的编制依据。

5. 建设工程合同

在编写监理规划时，也要考虑建设工程合同（特别是施工合同）中关于建设单位和施工单位义务和责任的内容，以及建设单位对于工程监理单位的授权。

6. 建设单位的合理要求

工程监理单位应竭诚为客户服务，在不超出合同职责范围的前提下，工程监理单位应最大限度地满足建设单位的合理要求。

7. 工程实施过程中输出的有关工程信息

主要包括方案设计、初步设计、施工图设计、工程实施状况、工程招标投标情况、重大工程变更、外部环境变化等。

（二）监理规划编写要求

1. 监理规划的基本构成内容应当力求统一

监理规划在总体内容组成上应力求做到统一，这是监理工作规范化、制度化、科学化的要求。

监理规划基本构成内容主要取决于工程监理制度对于工程监理单位的基本要求。根据建设工程监理的基本内涵，工程监理单位受建设单位委托，需要控制建设工程质量、造价、进度三大目标，需要进行合同管理和信息管理，协调有关单位间的关系，还需要履行安全生产管理的法定职责。工程监理单位的前述基本工作内容决定监理规划的基本构成内容，而且由于监理规划对于项目监理机构全面开展监理工作的指导性作用，对整个监理工作的组织、控制及相应的方法和措施的规划等也成为监理规划必不可少的内容。为此，监理规划的基本构成内容应包括项目监理组织及人员岗位职责，监理工作制度，工程质量、造价、进度控制，安全生产管理的监理工作，合同与信息管理，组织协调等。

就某一特定建设工程而言，监理规划应根据建设工程监理合同所确定的监理范围和深度编制，但其主要内容应力求体现上述内容。

2. 监理规划的内容应具有针对性、指导性和可操作性

监理规划作为指导项目监理机构全面开展监理工作的纲领性文件，其内容应具有很强的针对性、指导性和可操作性。每个项目的监理规划既要考虑项目自身特点，也要根据项目监理机构的实际状况，在监理规划中应明确规定项目监理机构在工程实施过程中各个阶段的工作内容、工作人员、工作时间和地点、工作的具体方式方法等。只有这样，监理规划才能起到有效的指导作用，真正成为项目监理机构进行各项工作的依据。监理规划只要能够对有效实施建设工程监理做好指导工作，使项目监理机构能圆满完成所承担的建设工程监理任务，就是一个合格的监理规划。

3. 监理规划应由总监理工程师组织编制

《建设工程监理规范》（GB/T 50319—2013）明确规定，总监理工程师应组织编制监理规划。当然，真正要编制一份合格的监理规划，还要充分调动整个项目监理机构中专业监理工程师的积极性，广泛征求各专业监理工程师和其他监理人员的意见，并使水平较高的专业监理工程师共同参与编写。

监理规划的编写还应听取建设单位的意见，以便能最大限度满足其合理要求，使监理工作得到有关各方的理解和支持，为进一步做好监理服务奠定基础。

4. 监理规划应把握工程项目运行脉搏

监理规划是针对具体工程项目编写的，而工程项目的动态性决定了监理规划的具体可变性。监理规划要把握工程项目运行脉搏，是指其可能随着工程进展进行不断的补充、修改和完善。在工程项目运行过程中，内外因素和条件不可避免地要发生变化造成工程实际情况偏离计划，往往需要调整计划乃至目标，这就可能造成监理规划在内容上也要进行相应调整。

5. 监理规划应有利于建设工程监理合同的履行

监理规划是针对特定的一个工程的监理范围和内容来编写的，而建设工程监理范围和内容是由工程监理合同来明确的。项目监理机构应充分了解工程监理合同中建设单位、工程监理单位的义务和责任，对完成工程监理合同目标控制任务的主要影响因素进行分析，制订具体的措施和方法，确保工程监理合同的履行。

6. 监理规划的表达方式应当标准化、格式化

监理规划的内容需要选择最有效的方式和方法来表示，图、表和简单的文字说明应当是基本方法。规范化、标准化是科学管理的标志之一。所以，编写监理规划应当采用什么表格、图示以及哪些内容需要采用简单的文字说明应作出统一规定。

7. 监理规划的编制应充分考虑时效性

监理规划应在签订建设工程监理合同及收到工程设计文件后由总监理工程师组织编制，并应在召开第一次工地会议7天前报建设单位。监理规划报送前还应由监理单位技术负责人审核签字。因此，监理规划的编写还要留出必要的审查和修改时间。为此，应当对监理规划的编写时间事先作出明确规定，以免编写时间过长，从而耽误监理规划对监理工作的指导，使监理工作陷于被动和无序。

8. 监理规划经审核批准后方可实施

监理规划在编写完成后需进行审核并经批准。监理单位的技术管理部门是内部审核单位，技术负责人应当签认，同时，还应当按工程监理合同约定提交给建设单位，由建设单位确认。

二、监理规划主要内容

《建设工程监理规范》（GB/T 50319—2013）明确规定，监理规划的内容包括：工程概况；监理工作的范围、内容、目标；监理工作依据；监理组织形式、人员配备及进退场计划、监理人员岗位职责；监理工作制度；工程质量控制；工程造价控制；工程进度控制；安全生产管理的监理工作；合同与信息管理；组织协调；监理工作设施。

（一）工程概况

工程概况包括：

① 工程项目名称。

② 工程项目建设地点。

③ 工程项目组成及建设规模（表 4-1）。

表 4-1　工程项目组成及建设规模

序号	工程名称	承建单位	工程数量

④ 主要建筑结构类型（表 4-2）。

表 4-2　主要建筑结构类型

工程名称	基础	主体结构	设备	…	装修

⑤ 工程概算投资额或建安工程造价。

⑥ 工程项目计划工期，包括开、竣工日期。

⑦ 工程质量目标。

⑧ 设计单位及施工单位情况、项目负责人（表 4-3 和表 4-4）。

表 4-3　设计单位情况

设计单位	设计内容	负责人

表 4-4　施工单位情况

施工单位	承包工程内容	负责人

⑨ 工程项目结构图、组织关系图和合同结构图。

⑩ 工程项目特点。

⑪ 其他说明。

（二）监理工作的范围、内容和目标

1. 监理工作范围

工程监理单位所承担的建设工程监理任务，可能是全部工程项目，也可能是某单位工程，也可能是某专业工程，监理工作范围虽然已在建设工程监理合同中明确，但需要在监理规划中列明并作进一步说明。

2. 监理工作内容

建设工程监理基本工作内容包括：工程质量、造价、进度三大目标控制，合同管理和信息管理，组织协调，以及履行建设工程安全生产管理的法定职责。监理规划中需要根据建设工程监理合同约定进一步细化监理工作内容。

3. 监理工作目标

监理工作目标是指工程监理单位预期达到的工作目标。通常以建设工程质量、造价、进度三大目标的控制值来表示。

① 工程质量控制目标：工程质量合格及建设单位的其他要求。

② 工程造价控制目标：以____年预算为基价，静态投资为____（万元）。

③ 工期控制目标：____个月或自____年____月—____月____日。

在建设工程监理实际工作中，应进行工程质量、造价、进度目标的分解，运用动态控制原理对分解的目标进行跟踪检查，对实际值与计划值进行比较、分析和预测，发现问题时，及时采取组织、技术、经济和合同等措施进行纠偏和调整，以确保工程质量、造价、进度目标的实现。

（三）监理工作依据

依据《建设工程监理规范》（GB/T 50319—2013），实施建设工程监理的依据主要包括法律法规及工程建设标准、建设工程勘察设计文件、建设工程监理合同及其他合同文件等。编制特定工程的监理规划，不仅要以上述内容为依据，而且还要收集有关资料作为编制依据，见表4-5。

表 4-5　监理规划的编制依据

编制依据	文件资料名称	
反映工程特征的资料	勘察设计阶段监理相关服务	（1）可行性研究报告或设计任务书； （2）项目立项批文； （3）规划红线范围； （4）用地许可证； （5）设计条件通知书； （6）地形图
	施工阶段监理	设计图纸和施工说明书（地形图），施工合同及其他建设工程合同
反映建设单位对项目监理要求的资料	监理合同（反映监理工作范围和内容）、监理大纲、监理投标文件	
反映工程建设条件的资料	当地气象资料和工程地质及水文资料； 当地建筑材料供应状况的资料； 当地勘察设计和土建安装力量的资料； 当地交通、能源和市政公用设施的资料； 检测、监测、设备租赁等其他工程参建方的资料	

续表

编制依据	文件资料名称
反映当地工程建设法规及政策方面的资料	工程建设程序; 招投标和工程监理制度; 工程造价管理制度等; 有关法律法规及政策
工程建设法律、法规及标准	法律法规,部门规章,建设工程监理规范,勘察、设计、施工、质量评定、工程验收等方面的规范、规程、标准等

(四）监理组织形式、人员配备及进退场计划、监理人员岗位职责

1. 项目监理机构组织形式

工程监理单位派驻施工现场的项目监理机构的组织形式和规模,应根据建设工程监理合同约定的服务内容、服务期限,以及工程特点、规模、技术复杂程度、环境等因素确定。项目监理机构组织形式可用项目组织机构图来表示。图 4-1 为某项目监理机构组织示例。在监理规划的组织机构图中可注明各相关部门所任职监理人员的姓名。

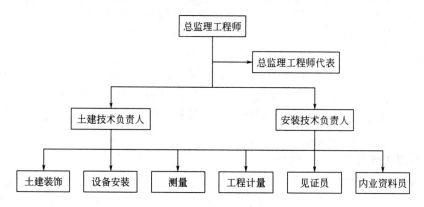

图 4-1　某项目监理机构组织示例

2. 项目监理机构人员配备计划

项目监理机构监理人员应由总监理工程师、专业监理工程师和监理员组成,且专业配套、数量应满足建设工程监理工作需要,必要时可设总监理工程师代表。

项目监理机构配备的监理人员应与监理投标文件或监理项目建议书的内容一致,并详细注明职称及专业等,可按表 4-6 格式填报,要求填入真实到位人数。对于某些兼职监理人员,要说明参加本建设工程监理的确切时间,以便核查,以免名单开列数与实际数不相符而发生纠纷,这是监理工作中易出现的问题,必须避免。

表 4-6　项目监理机构人员配备计划表

序号	姓名	性别	年龄	职称或职务	本工程拟担任岗位	专业特长	以往承担过的主要工程及岗位	进场时间	退场时间
1									
...									

项目监理机构人员配备计划应根据建设工程监理进程合理安排,可用表 4-7 或表 4-8 等形式表示。

表 4-7　项目监理机构人员配备计划

月份/月	3	4	5	···	12
专业监理工程师/人	8	9	10		6
监理员/人	24	26	30		20
文秘人员/人	3	4	4		4

表 4-8　某工程项目监理机构人员配备计划

月份/月	3	4	5	6	7	8	9	10	11	12		合计/人
总监理工程师	★	★	★	★	★	★	★	★	★	★		18
总监理工程师代表	★			★	★	★		★				9
土建监理工程师	★	★	★	★	★		★					10
机电监理工程师				★	★	★	★	★	★	★		8
造价监理工程师	★	★	★	★	★	★	★	★	★	★		18
造价监理员	★	★	★	★	★		★		★			10
土建监理员	★	★	★	★	★	★	★			★		11
机电监理员							★		★	★		9
资料员	★	★	★	★	★	★	★	★	★	★		18
……												
合计/人	7	6	6	6	8	8	9	5	7	6		101

3. 项目监理人员岗位职责

项目监理机构监理人员分工及岗位职责应根据监理合同约定的监理工作范围和内容以及《建设工程监理规范》（GB/T 50319—2013）规定，由总监理工程师安排和明确。总监理工程师应督促和考核监理人员职责的履行。必要时，可设总监理工程师代表，行使部分总监理工程师的岗位职责。

总监理工程师应根据项目监理机构监理人员的专业、技术水平、工作能力、实践经验等细化和落实相应的岗位职责。

（五）监理工作制度

为全面履行建设工程监理职责，确保建设工程监理服务质量，监理规划中应根据工程特点和工作重点明确相应的监理工作制度。主要包括项目监理机构现场监理工作制度、项目监理机构内部工作制度及相关服务工作制度（必要时）。

1. 项目监理机构现场监理工作制度

① 图纸会审及设计交底制度；

② 施工组织设计审核制度；

③ 工程开工、复工审批制度；

④ 整改制度，包括签发监理通知单和工程暂停令等；

⑤ 平行检验、见证取样、巡视检查和旁站制度；

⑥ 工程材料、半成品质量检验制度；

⑦ 隐蔽工程验收、分项（部）工程质量验收制度；

⑧ 单位工程验收、单项工程验收制度；

⑨ 监理工作报告制度；

⑩ 安全生产监督检查制度；

⑪ 质量安全事故报告和处理制度；

⑫ 技术经济签证制度；

⑬ 工程变更处理制度；

⑭ 现场协调会及会议纪要签发制度；

⑮ 施工备忘录签发制度；

⑯ 工程款支付审核、签认制度；

⑰ 工程索赔审核、签认制度等。

2. 项目监理机构内部工作制度

① 项目监理机构工作会议制度，包括监理交底会议、监理例会、监理专题会、监理工作会议等；

② 项目监理机构人员岗位职责制度；

③ 对外行文审批制度；

④ 监理工作日志制度；

⑤ 监理周报、月报制度；

⑥ 技术、经济资料及档案管理制度；

⑦ 监理人员教育培训制度；

⑧ 监理人员考勤、业绩考核及奖惩制度。

3. 相关服务工作制度

如果提供相关服务时，还需要建立以下制度：

① 项目立项阶段：包括可行性研究报告评审制度和工程估算审核制度等。

② 设计阶段：包括设计大纲、设计要求编写及审核制度，设计合同管理制度，设计方案评审办法，工程概算审核制度，施工图纸审核制度，设计费用支付签认制度，设计协调会制度等。

③ 施工招标阶段：包括招标管理制度，标底或招标控制价编制及审核制度，合同条件拟订及审核制度，组织招标实务有关规定等。

（六）工程质量控制

工程质量控制重点在于预防，即在既定目标的前提下，遵循质量控制原则，制订总体质量控制措施、专项工程预控方案，以及质量事故处理方案，具体包括：

1. 工程质量控制目标描述

① 施工质量控制目标；

② 材料质量控制目标；

③ 设备质量控制目标；

④ 设备安装质量控制目标；

⑤ 质量目标实现的风险分析。项目监理机构宜根据工程特点、施工合同、工程设计文件及经过批准的施工组织设计对工程质量目标控制进行风险分析，并提出防范性对策。

2. 工程质量控制主要任务

① 审查施工单位现场的质量保证体系，包括质量管理组织机构、管理制度及专职管理人员和特种作业人员的资格；

② 审查施工组织设计、（专项）施工方案；

③ 审查工程使用的新材料、新工艺、新技术、新设备的质量认证材料和相关验收标准的适用性；

④ 检查、复核施工控制测量成果及保护措施；

⑤ 审核分包单位资格，检查施工单位为本工程提供服务的试验室；

⑥ 审查施工单位用于工程的材料、构配件、设备的质量证明文件，并按要求对用于工程的材料进行见证取样、平行检验，对施工质量进行平行检验；

⑦ 审查影响工程质量的计量设备的检查和检定报告；

⑧ 采用旁站、巡视检查、平行检验等方式对施工过程进行检查监督；

⑨ 对隐蔽工程、检验批、分项工程和分部工程进行验收；

⑩ 对质量缺陷、质量问题、质量事故及时进行处置和检查验收；

⑪ 对单位工程进行竣工验收，并组织工程竣工预验收；

⑫ 参加工程竣工验收，签署建设工程监理意见。

3. 工程质量控制工作流程与措施

（1）工程质量控制工作流程　依据分解的目标编制质量控制工作流程图（略）。

（2）工程质量控制的具体措施

① 组织措施：建立健全项目监理机构，完善职责分工，制定有关质量监督制度，落实质量控制责任。

② 技术措施：协助完善质量保证体系；严格事前、事中和事后的质量监督检查。

③ 经济措施及合同措施：严格进行质量检查和验收，不符合合同规定质量要求的，拒付工程款；达到建设单位特定质量目标要求的，按合同支付工程质量补偿金或奖金。

4. 旁站方案（略）

5. 工程质量目标状况动态分析（略）

6. 工程质量控制表格（略）

（七）工程造价控制

项目监理机构应全面了解工程施工合同文件、工程设计文件、施工进度计划等内容，熟悉合同价款的计价方式、施工投标报价及组成、工程预算等情况，明确工程造价控制的目标和要求，制订工程造价控制工作流程、方法和措施，以及针对工程特点确定工程造价控制的重点和目标值，将工程实际造价控制在计划造价范围内。

1. 工程造价控制的目标分解

① 按建设工程费用组成分解；

② 按年度、季度分解；

③ 按建设工程实施阶段分解。

2. 工程造价控制工作内容

① 熟悉施工合同及约定的计价规则，复核、审查施工图预算；

② 定期进行工程计量，复核工程进度款申请，签署进度款付款签证；

③ 建立月完成工程量统计表，对实际完成量与计划完成量进行比较分析，发现偏差的，应提出调整建议，并报告建设单位；

④ 按程序进行竣工结算款审核，签署竣工结算款支付证书。

3. 工程造价控制主要方法

在工程造价目标分解的基础上，依据施工进度计划、施工合同等文件，编制资金使用计划。此"计划"可列表编制（表4-9），并运用动态控制原理，对工程造价进行动态分析、比较和控制。

表 4-9　资金使用计划表

工程名称	××年度			××年度			××年度			总额

工程造价动态比较的内容包括：

① 工程造价目标分解值与造价实际值的比较；

② 工程造价目标值的预测分析。

4．工程造价目标实现的风险分析

项目监理机构宜根据工程特点、施工合同、工程设计文件及经过批准的施工组织设计对工程造价目标控制进行风险分析，并提出防范性对策。

5．工程造价控制工作流程与措施

（1）工程造价控制工作流程　依据工程造价目标分解编制工程造价控制工作流程图（略）。

（2）工程造价控制具体措施

① 组织措施：包括建立健全项目监理机构，完善职责分工及有关制度，落实工程造价控制责任。

② 技术措施：对材料、设备采购，通过质量价格比选，合理确定生产供应单位；通过审核施工组织设计和施工方案，使施工组织合理化。

③ 经济措施：包括及时进行计划费用与实际费用的分析比较；对原设计或施工方案提出合理化建议并被采用，由此产生的投资节约按合同规定予以奖励。

④ 合同措施：按合同条款支付工程款，防止过早、过量的支付；减少施工单位的索赔，正确处理索赔事宜等。

6．工程造价控制表格（略）

（八）工程进度控制

项目监理机构应全面了解工程施工合同文件、施工进度计划等内容，明确施工进度控制的目标和要求，制订施工进度控制工作流程、方法和措施，以及针对工程特点确定工程进度控制的重点和目标值，将工程实际进度控制在计划工期范围内。

1．工程总进度目标分解

① 年度、季度进度目标；

② 各阶段的进度目标；

③ 各子项目进度目标。

2．工程进度控制工作内容

① 审查施工总进度计划和阶段性施工进度计划；

② 检查、督促施工进度计划的实施；

③ 进行进度目标实现的风险分析，制订进度控制的方法和措施；

④ 预测实际进度对工程总工期的影响，分析工期延误原因，制订对策和措施，并报告工程实际进展情况。

3．工程进度控制方法

① 加强施工进度计划的审查，督促施工单位制订切实可行的施工计划。

② 运用动态控制原理进行进度控制。施工进度计划在实施过程中受各种因素的影响可能会出现偏差，项目监理机构应对施工进度计划的实施情况进行动态检查，对照施工实际进度和计划进度，判定实际进度是否出现偏差。发现实际进度严重滞后且影响合同工期时，应签发监理通知单，召开专题会议，要求施工单位采取调整措施加快施工进度，并督促施工单位按调整后被批准的施工进度计划实施。

工程进度动态比较的内容包括：

a. 工程进度目标分解值与进度实际值的比较；

b. 工程进度目标值的预测分析。

4. 工程进度控制工作流程与措施

（1）工程进度控制工作流程　编制工程进度控制工作流程图（略）

（2）工程进度控制的具体措施

① 组织措施：落实进度控制的责任，建立进度控制协调制度。

② 技术措施：建立多级网络计划体系，监控施工单位的实施作业计划。

③ 经济措施：对工期提前者实行奖励；对应急工程实行较高的计件单价；确保资金的及时供应等。

④ 合同措施：按合同要求及时协调有关各方的进度，以确保建设工程的形象进度。

5. 工程进度控制表格（略）

（九）安全生产管理的监理工作

项目监理机构应根据法律法规、工程建设强制性标准，履行建设工程安全生产管理的监理职责。项目监理机构应根据工程项目的实际情况，加强对施工组织设计中涉及安全技术措施的审核，加强对专项施工方案的审查和监督，加强对现场安全事故隐患的检查，发现问题及时处理，防止和避免安全事故的发生。

1. 安全生产管理的监理工作目标

履行法律法规赋予工程监理单位的法定职责，尽可能防止和避免施工安全事故的发生。

2. 安全生产管理的监理工作内容

① 编制建设工程监理实施细则，落实相关监理人员；

② 审查施工单位现场安全生产规章制度的建立和实施情况；

③ 审查施工单位安全生产许可证及施工单位项目经理、专职安全生产管理人员和特种作业人员的资格，核查施工机械和设施的安全许可验收手续；

④ 审查施工承包人提交的施工组织设计，重点审查其中的质量安全技术措施、专项施工方案与工程建设强制性标准的符合性；

⑤ 审查包括施工起重机械和整体提升脚手架、模板等自升式架设设施在内的施工机械和设施的安全许可验收手续情况；

⑥ 巡视、检查危险性较大的分部分项工程专项施工方案实施情况；

⑦ 对施工单位拒不整改或不停止施工时，应及时向有关主管部门报送监理报告。

3. 专项施工方案的编制、审查和实施的监理要求

（1）专项施工方案编制要求　实行施工总承包的，专项施工方案应当由总承包施工单位组织编制。其中，起重机械安装拆卸工程、深基坑工程、附着式升降脚手架等专业工程实行分包的，其专项施工方案可由专业分包单位组织编制；实行施工总承包的，专项施工方案应当由总承包施工单位技术负责人及相关专业分包单位技术负责人签字。对于超过一定规模的危险性较大的分部分项工程专项施工方案应当由施工单位组织召开专家论证会。

（2）专项施工方案监理审查要求

① 对编制的程序进行符合性审查；

② 对实质性内容进行符合性审查。

（3）专项施工方案实施要求　施工单位应当严格按照专项方案组织施工，安排专职安全管理人员实施管理，不得擅自修改、调整专项施工方案。如因设计、结构、外部环境等因素发生变化确需修改的，应及时报告项目监理机构，修改后的专项施工方案应当按相关规定重新审核。

4. 安全生产管理的监理方法和措施

① 通过审查施工单位现场安全生产规章制度的建立和实施情况，督促施工单位落实安全技术措施和应急救援预案，加强风险防范意识，预防和避免安全事故发生。

② 通过项目监理机构安全管理责任风险分析，制订监理实施细则，落实监理人员，加强日常巡视和安全检查，发现安全事故隐患时，项目监理机构应当履行监理职责，采取会议、告知、通知、停工、报告等措施向施工单位管理人员指出，预防和避免安全事故发生。

5. 安全生产管理监理工作表格（略）

（十）合同管理与信息管理

1. 合同管理

合同管理主要是对建设单位与施工单位、材料设备供应单位等签订的合同进行管理，从合同执行等各个环节进行管理，督促合同双方履行合同，并维护合同订立双方的正当权益。

（1）合同管理的主要工作内容

① 处理工程暂停工及复工、工程变更、索赔及施工合同争议、解除等事宜；

② 处理施工合同终止的有关事宜。

（2）合同结构　结合项目结构图和项目组织结构图，以合同结构图形式表示，并列出项目合同目录一览表（表4-10）。

表 4-10　项目合同目录一览表

序号	合同编号	合同名称	施工单位	合同价	合同工期	质量要求

（3）合同管理工作流程与措施

① 工作流程图（略）；

② 合同管理具体措施（略）。

（4）合同执行状况的动态分析（略）。

（5）合同争议调解与索赔处理程序（略）。

（6）合同管理表格（略）。

2. 信息管理

信息管理是建设工程监理的基础性工作，通过对建设工程形成的信息进行收集、整理、处理、存储、传递与运用，保证能够及时、准确地获取所需要的信息。具体工作包括监理文件资料的管理内容，监理文件资料的管理原则和要求，监理文件资料的管理制度和程序，监理文件资料的主要内容，监理文件资料的归档和移交等。

（1）信息分类表　见表4-11。

表 4-11　信息分类表

序号	信息类别	信息名称	信息管理要求	责任人

（2）项目监理机构内部信息流程图（略）。

（3）信息管理工作流程与措施

① 工作流程图（略）；

② 信息管理具体措施（略）。

（4）信息管理表格（略）。

（十一）组织协调

组织协调工作是指监理人员通过对项目监理机构内部人与人之间、机构与机构之间，以及监理组织与外部环境组织之间的工作进行协调与沟通，从而使工程参建各方相互理解、步调一致。工作内容具体包括编制工程项目组织管理框架、明确组织协调的范围和层次，制订项目监理机构内、外协调的范围、对象和内容，制订监理组织协调的原则、方法和措施，明确处理危机关系的基本要求等。

1. 组织协调的范围和层次

（1）组织协调的范围　项目组织协调的范围包括建设单位、工程建设参与各方（政府管理部门）之间的关系。

（2）组织协调的层次　包括：

① 协调工程参与各方之间的关系；

② 工程技术协调。

2. 组织协调的主要工作

（1）项目监理机构的内部协调

① 总监理工程师牵头，做好项目监理机构内部人员之间的工作关系协调；

② 明确监理人员分工及各自的岗位职责；

③ 建立信息沟通制度；

④ 及时交流信息、处理矛盾，建立良好的人际关系。

（2）与工程建设有关单位的外部协调

① 建设工程系统内的单位：进行建设工程系统内的单位协调重点分析，主要包括建设单位、设计单位、施工单位、材料和设备供应单位、资金提供单位等。

② 建设工程系统外的单位：进行建设工程系统外的单位协调重点分析，主要包括政府建设行政主管机构、政府其他有关部门、工程毗邻单位、社会团体等。

3. 组织协调方法和措施

（1）组织协调方法

① 会议协调：监理例会、专题会议等方式；

② 交谈协调：面谈、电话、网络等方式；

③ 书面协调：通知书、联系单、月报等方式；

④ 访问协调：走访或约见等方式。

（2）不同阶段组织协调措施

① 开工前的协调：如第一次工地例会等；

② 施工过程中协调;

③ 竣工验收阶段协调。

4. 协调工作程序

① 工程质量控制协调程序;

② 工程造价控制协调程序;

③ 工程进度控制协调程序;

④ 其他方面工作协调程序。

5. 协调工作表格(略)

(十二)监理设施

① 制定监理设施管理制度;

② 根据建设工程类别、规模、技术复杂程度、建设工程所在地的环境条件,按建设工程监理合同约定,配备满足监理工作需要的常规检测设备和工具;

③ 落实场地、办公、交通、通信、生活等设施,配备必要的影像设备;

④ 项目监理机构应将拥有的常规检测设备和工具(如计算机、设备、仪器、工具、照相机、摄像机等)列表(表4-12),注明数量、型号和使用时间,并指定专人负责管理。

表4-12　常规检测设备和工具

序号	仪器设备名称	型号	数量	使用时间	备注
1					
2					
3					
4					
5					
6					
…					

三、监理规划报审

(一)监理规划报审程序

依据《建设工程监理规范》(GB/T 50319—2013),监理规划应在签订建设工程监理合同及收到工程设计文件后编制,在召开第一次工地会议前报送建设单位。监理规划报审程序的时间节点安排、各节点工作内容及负责人见表4-13。

表4-13　监理规划报审程序

序号	时间节点安排	工作内容	负责人
1	签订监理合同及收到工程设计文件后	编制监理规划	总监理工程师组织专业监理工程师参与
2	监理规划编制完成、总监签字后	监理规划审批	监理单位技术负责人审批
3	第一次工地会议前	报送建设单位	总监理工程师报送
4	设计文件、施工组织计划和施工方案等发生重大变化时	调整监理规划	总监理工程师组织专业监理工程师参与技术负责人审批监理单位
		重新审批监理规划	监理单位技术负责人重新审批

（二）监理规划的审核内容

监理规划在编写完成后需要进行审核并经批准。监理单位技术管理部门是内部审核单位，其技术负责人应当签认。监理规划审核的内容主要包括以下几个方面：

1. 监理范围、工作内容及监理目标的审核

依据监理招标文件和建设工程监理合同，审核是否理解建设单位的工程建设意图，监理范围、监理工作内容是否已包括全部委托的工作任务，监理目标是否与建设工程监理合同要求和建设意图相一致。

2. 项目监理机构的审核

（1）组织机构方面　组织形式、管理模式等是否合理，是否已结合工程实施特点，是否能够与建设单位的组织关系和施工单位的组织关系相协调等。

（2）人员配备方面　人员配备方案应从以下几个方面审查：

① 派驻监理人员的专业满足程度。应根据工程特点和建设工程监理任务的工作范围，不仅考虑专业监理工程师如土建监理工程师、安装监理工程师等是否能够满足开展监理工作的需要，而且还要看其专业监理人员是否覆盖了工程实施过程中的各种专业要求，以及高、中级职称和年龄结构的组成。

② 人员数量的满足程度。主要审核从事监理工作人员在数量和结构上的合理性。按照我国已完成监理工作的工程资料统计测算，在施工阶段，大中型建设工程每年完成 100 万元的工程量所需监理人员为 0.6~1 人，专业监理工程师、一般监理人员和行政文秘人员的结构比例为 0.2：0.6：0.2。专业类别较多的工程的监理人员数量应适当增加。

③ 专业人员不足时采取的措施是否恰当。大中型建设工程由于技术复杂、涉及的专业面宽，当工程监理单位的技术人员不足以满足全部监理工作要求时，对拟临时聘用的监理人员的综合素质应认真审核。

④ 派驻现场人员计划表。对于大中型建设工程，不同阶段对所需要的监理人员在人数和专业等方面的要求不同，应对各阶段所派驻现场监理人员的专业、数量计划是否与建设工程进度计划相适应进行审核。还应考虑正在其他工程上执行监理业务的人员是否能按照预定计划进入本工程参加监理工作。

3. 工作计划的审核

在工程进展过程中各个阶段的工作实施计划是否合理、可行，审查其在每个阶段中如何控制建设工程目标以及组织协调方法。

4. 工程质量、造价、进度控制方法的审核

对三大目标控制方法和措施应重点审查，看其如何应用组织、技术、经济、合同措施保证目标的实现，方法是否科学、合理、有效。

5. 对安全生产管理监理工作内容的审核

主要是审核安全生产管理的监理工作内容是否明确；是否制订了相应的安全生产管理实施细则；是否建立了对施工组织设计、专项施工方案的审查制度；是否建立了对现场安全隐患的巡视检查制度；是否建立了安全生产管理状况的监理报告制度；是否制定了安全生产事故的应急预案等。

6. 监理工作制度的审核

主要审查项目监理机构内、外工作制度是否健全、有效。

案例分析

本案例依据《建设工程监理规范》（GB/T 50319—2013）作答。主要考核监理人员的任职资格、主要职责等内容。

1. 根据《建设工程监理规范》（GB/T 50319—2013）规定，总监理工程师代表可由具有工程类注册执业资格的人员担任，也可由具有中级及以上专业技术职称、3 年及以上工程监理经验的人员担任，所以，建设单位不同意的理由不正确。甲符合任职条件，可担任总监理工程师代表；乙的建造师资格证书未注册，且仅有 1 年工程监理经验，不符合任职条件，不能担任总监理工程师代表。

2. 工程质量监督机构的要求不妥。理由：根据《建设工程监理规范》（GB/T 50319—2013）规定，经建设单位同意，一名注册监理工程师可同时担任不超过三个项目的总监理工程师。

3. 监理单位安排乙担任专业监理工程师妥当。因为《建设工程监理规范》（GB/T 50319—2013）规定，专业监理工程师可由具有中级及以上专业技术职称、2 年及以上工程经验并经监理业务培训的人员担任。乙符合该条件。

4. 根据《建设工程监理规范》（GB/T 50319—2013）规定，总监理工程师委托其代表组织召开监理例会、组织审查和处理工程变更、组织分部工程验收正确；委托其代表组织审查施工组织设计、签发工程款支付证书不正确。

5. 根据《建设工程监理规范》（GB/T 50319—2013）规定应由专业监理工程师进行工程计量，监理员复核工程计量有关数据。故总监理工程师的做法不妥。

第二节　监理实施细则

 学习目标

了解监理实施细则基本内容，掌握其中的编写要点，学会编制项目的监理实施细则。

 本节概述

监理实施细则是监理规划的深入和细化，是监理单位投标文件的重要组成部分，决定着是否中标。其中，监理机构组织形式结合施工现场项目展开介绍，监理工作制度也依据施工现场项目展开，旨在让学生把握监理实施细则精髓，学会编制监理实施细则。

 引导性案例

某实施监理的工程，甲施工单位选择乙施工单位分包基坑支护及土方开挖工程。

施工过程中发生如下事件：

事件一：为赶工期，甲施工单位调整了土方开挖方案，并按规定程序进行了报批。

总监理工程师在现场发现乙施工单位未按调整后的土方开挖方案施工并造成围护结构变形超限，立即向甲施工单位签发《工程暂停令》，同时报告了建设单位。乙施工单位未执行指令仍继续施工，总监理工程师及时报告了有关主管部门。后因围护结构变形过大引发了基坑局部坍塌事故。

　　事件二：甲施工单位凭施工经验，未经安全验算就编制了高大模板工程专项施工方案，经项目经理签字后报总监理工程师审批的同时，就开始搭设高大模板，施工现场安全生产管理人员则由项目总工程师兼任。

　　事件三：甲施工单位为便于管理，将施工人员的集体宿舍安排在本工程尚未竣工验收的地下车库内。

　　问题：

　　1. 根据《建设工程安全生产管理条例》，分析事件一中甲、乙施工单位和监理单位对基坑局部坍塌事故应承担的责任，说明理由。

　　2. 指出事件二中甲施工单位的做法有哪些不妥，写出正确做法。

　　3. 指出事件三中甲施工单位的做法是否妥当，说明理由。

一、监理实施细则编写依据和要求

　　监理实施细则是在监理规划的基础上，当落实了各专业监理责任和工作内容后，由专业监理工程师针对工程具体情况制定出更具实施性和操作性的业务文件，其作用是具体指导监理业务的实施。

（一）监理实施细则编写依据

　　《建设工程监理规范》（GB/T 50319—2013）规定了监理实施细则编写的依据：

　　① 已批准的建设工程监理规划；

　　② 与专业工程相关的标准、设计文件和技术资料；

　　③ 施工组织设计、（专项）施工方案。

　　除了《建设工程监理规范》（GB/T 50319—2013）中规定的相关依据，监理实施细则在编制过程中，还可以融入工程监理单位的规章制度和经认证发布的质量体系，以达到监理内容的全面、完整，有效提高建设工程监理自身的工作质量。

（二）监理实施细则编写要求

　　《建设工程监理规范》（GB/T 50319—2013）规定，采用新材料、新工艺、新技术、新设备的工程，以及专业性较强、危险性较大的分部分项工程，应编制监理实施细则。对于工程规模较小、技术较为简单且有成熟监理经验和施工技术措施的情况下，可以不必编制监理实施细则。

　　监理实施细则应符合监理规划的要求，并应结合工程专业特点，做到详细具体、具有可操作性。监理实施细则可随工程进展编制，但应在相应工程开始由专业监理工程师编制完成，并经总监理工程师审批后实施。可根据建设工程实际情况及项目监理机构工作需要增加其他内容。当工程发生变化导致监理实施细则所确定的工作流程、方法和措施需要调整时，专业监理工程师应对监理实施细则进行补充、修改。

　　从监理实施细则目的角度，监理实施细则应满足以下三方面要求：

　　1. 内容全面

　　监理工作包括"三控两管一协调"与安全生产管理的监理工作，监理实施细则作为指导监理工作的操作性文件应涵盖这些内容。在编制监理实施细则前，专业监理工程师应依据建

建设工程监理实务与案例分析

设工程监理合同和监理规划确定的监理范围和内容，结合需要编制监理实施细则的专业工程特点，对工程质量、造价、进度主要影响因素以及安全生产管理的监理工作的要求，制订内容细致、翔实的监理实施细则，确保监理目标的实现。

2. 针对性强

独特性是工程项目的本质特征之一，没有两个完全一样的项目。因此，监理实施细则应在相关依据的基础上，结合工程项目实际建设条件、环境、技术、设计、功能等进行编制，确保监理实施细则的针对性。为此，在编制监理实施细则前，各专业监理工程师应组织本专业监理人员熟悉本专业的设计文件、施工图纸和施工方案，应结合工程特点，分析本专业监理工作的难点、重点及其主要影响因素，制订有针对性的组织、技术、经济和合同措施。同时，在监理工作实施过程中，监理实施细则要根据实际情况进行补充、修改和完善。

3. 可操作性强

监理实施细则应有可行的操作方法、措施，详细、明确的控制目标值和全面的监理工作计划。

二、监理实施细则主要内容

《建设工程监理规范》（GB/T 50319—2013）明确规定了监理实施细则应包含的内容，即专业工程特点、监理工作流程、监理工作控制要点以及监理工作方法及措施。

（一）专业工程特点

专业工程特点是指需要编制监理实施细则的工程专业特点，而不是简单的工程概述。专业工程特点应对专业工程施工的重点和难点、施工范围和施工顺序、施工工艺、施工工序等内容进行有针对性的阐述，体现出工程施工的特殊性、技术和复杂性，以及与其他专业的交叉和衔接以及各种环境约束条件。

除了专业工程外，新材料、新工艺、新技术以及对工程质量、造价、进度应加以重点控制等特殊要求也需要在监理实施细则中体现。

（二）监理工作流程

监理工作流程是结合工程相应专业制订的具有可操作性和可实施性的流程图。不仅涉及最终产品的检查验收，更多地还涉及施工中各个环节及中间产品的监督检查与验收。

监理工作涉及的流程包括开工审核工作流程、施工质量控制流程、进度控制流程、造价（工程量计量）控制流程、安全生产和文明施工监理流程、测量监理流程、施工组织设计审核工作流程、分包单位资格审核流程、建筑材料审核流程、技术审核流程、工程质量问题处理审核流程、旁站检查工作流程、隐蔽工程验收流程、工程变更处理流程、信息资料管理流程等。

某建筑工程预制混凝土空心管桩分项工程监理工作流程如图4-2所示。

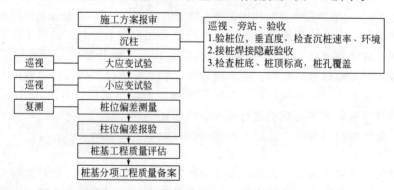

图 4-2　某建筑工程预制混凝土空心管桩分项工程监理工作流程

（三）监理工作控制要点

监理工作控制要点及目标值是对监理工作流程中工作内容的增加和补充，应将流程图设置的相关监理控制点和判断点进行详细而全面的描述。将监理工作目标和检查点的控制指标、数据和频率等阐释清楚。

例如，某建筑工程预制混凝土空心管桩分项工程监理工作要点如下：

① 预制桩进场检验：保证资料、外观检查（管桩壁厚、内外平整度）。

② 压桩顺序：宜按中间向四周、中间向两端、先长后短、先高后低的原则确定压桩顺序。

③ 桩机就位：桩架龙口必须垂直。确保桩机桩架、桩身在同一轴线上，桩架要坚固、稳定，并有足够刚度。

④ 桩位：放样后认真复核，控制吊桩就位准确。

⑤ 桩垂直度：第一节管桩起吊就位插入地面时的垂直度用长条水准尺或两台经纬仪随时校正，垂直度偏差不得大于桩长的 0.5%，必要时拔出重插，每次接桩应用长条水准尺测垂直度，偏差控制在 0.5% 内。在静压过程中，桩机桩架、桩身的中心线应重合。当桩身倾斜超过 0.8% 时，应找出原因并设法校正；当桩尖进入硬土层后，严禁用移动桩架强行回扳的方法纠偏。

⑥ 沉桩前，施工单位应提交沉桩先后顺序和每日班沉桩数量。

⑦ 管桩接头焊接：管桩入土部分桩头高出地面 0.5～1.0m 时接桩。接桩时，上节桩应对直，轴向错位不得大于 2mm。采用焊接接桩时，上下节桩之间的空隙用铁片填实焊牢，结合面的间隙不得大于 2mm。焊接坡口表面用铁刷子刷干净，露出金属光泽。焊接时宜先在坡口圆周上对称点焊 6 点，待上下桩节固定后拆除导向箍再分层施焊。施焊宜由 2～3 名焊工对称进行，焊缝应连续饱满，焊接层数不少于三层，内层焊渣必须清理干净以后方能施焊外一层，焊好后的桩必须自然冷却 5 分钟方可施打，严禁用水冷却后立即施压。

⑧ 送桩：当桩顶打至地面需要送桩时，应测出桩垂直度并检查桩顶质量，合格后立即送桩，用送桩器将桩送入设计桩顶位置。送桩时，送桩器应保证与压入的桩垂直一致，送桩器下端与桩顶断面应平整接触，以免桩顶面受力不均匀而发生偏位或桩顶破碎。

⑨ 截桩头：桩头截除应采用锯桩器截割，严禁用大锤横向敲击或强行扳拉截桩，截桩后桩顶标局偏差不得大于 10cm。

（四）监理工作方法及措施

监理规划中的方法是针对工程总体概括要求的方法和措施，监理实施细则中的监理工作方法和措施是针对专业工程而言的，应更具体、更具有可操作性和可实施性。

1. 监理工作方法

监理工程师通过旁站、巡视、见证取样、平行检测等监理方法，对专业工程全面监控，对每一个专业工程的监理实施细则而言，其工作方法必须详尽阐明。

除上述四种常规方法外，监理工程师还可采用指令文件、监理通知、支付控制手段等方法实施监理。

2. 监理工作措施

各专业工程的控制目标要有相应的监理措施以保证控制目标的实现。制订监理工作措施通常有两种方式。

（1）根据措施实施内容不同，可将监理工作措施分为技术措施、经济措施、组织措施和合同措施。例如，某建筑工程钻孔灌注桩分项工程监理工作组织措施和技术措施如下：

1）组织措施。根据钻孔灌注桩工艺和施工特点，对项目监理机构人员进行合理分工，现场专业监理人员分2班（8：00—20：00和20：00—次日8：00，每班1人），进行全程巡视、旁站、检查和验收。

2）技术措施。

① 组织所有监理人员全面阅读图纸等技术文件，提出书面意见，参加设计交底，制订详细的监理实施细则。

② 详细审核施工单位提交的施工组织设计；严格审查施工单位现场质量管理体系的建立和实施。

③ 研究分析钻孔灌注桩施工质量风险点，合理确定质量控制关键点，包括桩位控制、桩长控制、桩径控制、桩身质量控制和桩端施工质量控制。

（2）根据措施实施时间不同，可将监理工作措施分为事前控制措施、事中控制措施及事后控制措施。事前控制措施是指为预防发生差错或问题而提前采取的措施；事中控制措施是指监理工作过程中，及时获取工程实际状况信息，以供及时发现问题、解决问题而采取的措施；事后控制措施是指发现工程相关指标与控制目标或标准之间出现差异后而采取的纠偏措施。例如，某建筑工程预制混凝土空心管桩分项工程监理工作措施包括：

1）工程质量事前控制。

① 认真学习和审查工程地质勘察报告，掌握工程地质情况。

② 认真学习和审查桩基设计施工图纸，并进行图纸会审，组织或协助建设单位组织技术交底（技术交底主要内容为地质情况、设计要求、操作规程、安全措施和监理工作程序及要求等）。

③ 审查施工单位的施工组织设计、技术保障措施、施工机械配置的合理性及完好率、施工人员到位情况、施工前期情况、材料供应情况并提出整改意见。

④ 审查预制桩生产厂家的资质情况、生产工艺、质量保证体系、生产能力产品合格证、各种原材料的试验报告、企业信誉，并提出审查意见（若条件允许，监理人员应到生产厂家进行实地考察）。

⑤ 审查桩机备案情况，检查桩机的显著位置标注的单位名称、机械备案编号。进入施工现场时机长及操作人员必须备齐基础施工机械备案卡及上岗证，供项目监理机构、安全监管机构、质量监督机构检查。未经备案的桩机不得进入施工现场施工。

⑥ 要求施工单位在桩基平面布置图上对每根桩进行编号。

⑦ 要求施工单位设专职测量人员，按桩基平面布置图测放轴线及桩位，其尺寸允许偏差应符合《建筑地基基础工程施工质量验收规范》（GB 50202）要求。

⑧ 建筑物四大角轴线必须引测到建筑物外并设置龙门桩或采用其他固定措施，压桩前应复核测量轴线、桩位及水准点，确保无误，且须经签认验收后方可压桩。

⑨ 要求施工单位提出书面技术交底资料，出具预制桩的配合比、钢筋、水泥出厂合格证及试验报告，提供现场相关人员操作上岗证资料供监理审查，并留复印件备案，各种操作人员均须持证上岗。

⑩ 检查预制桩的标志、产品合格证书等。

⑪ 施工现场准备情况的检查：施工场地的平整情况；场区测量检查；检查压桩设备及起重工具；铺设水电管网，进行设备架立组装、调试和试压；在桩架上设置标尺，以便观测桩身入土深度；检查桩质量。

2）工程质量事中控制。

① 确定合理的压桩程序。按尽量避免各工程桩相互挤压而造成桩位偏差的原则，根据

地基土质情况，桩基平面布置，桩的尺寸、密集程度、深度，桩机移动方向以及施工现场情况等因素确定合理的压桩程序。定期复查轴线控制桩、水准点是否有变化，应使其不受压桩及运输的影响。复查周期每 10 天不少于 1 次。

② 管桩数量及位置应严格按照设计图纸要求确定，施工单位应详细记录试桩施工过程中沉降速度及最后压桩力等重要数据，作为工程桩施工过程中的重要数据，并借此校验压桩设备、施工工艺以及技术措施是否适宜。

③ 经常检查各工程桩定位是否准确。

④ 开始沉桩时应注意观察桩身、桩架等是否垂直一致，确认垂直后，方可转入正常压桩。桩插入时的垂直度偏差不得超过 0.5%。在施工过程中，应密切注意桩身的垂直度，如发现桩身不垂直要督促施工方设法纠正，但不得采用移动桩架的方法纠正（因为这样做会造成桩身弯曲，继续施压易发生桩身断裂）。

⑤ 按设计图纸要求，进行工程桩标高和压力桩的控制。

⑥ 在沉桩过程中，若遇桩身突然下沉且速度较快及桩身回弹时，应立即通知设计人员及有关各方人员到场，确定处理方案。

⑦ 当桩顶标高较低，须送桩入土时应用钢制送桩器放于桩头上，将桩送入土中。

⑧ 若需接桩时，常用接头方式有焊接、法兰盘连接及硫黄胶泥锚接。前两种方式可用于各类土层，硫黄胶泥锚接适用于软土层。

⑨ 接桩用焊条或半成品硫黄胶泥应有产品质量合格证书，或送有关部门检验，半成品硫黄胶泥应每 100 千克做一组试件（3 件）；重要工程应对焊接接头做 10% 的探伤检查。

⑩ 应经常检查压力、桩垂直度、接桩间歇时间、桩的连接质量及压入深度；检查已施压的工程桩有无异常情况，如桩顶水平位移或桩身上升等，如有异常情况应通知有关各方人员到现场确定处理意见。

⑪ 工程桩按设计要求和《建筑地基基础工程施工质量验收规范》（GB 50202）进行承载力和桩身质量检验，检验标准应按《建筑工程基桩检测技术规范》（JGJ 106—2003）的规定执行。

⑫ 预制桩的质量检验标准应符合《建筑地基基础工程施工质量验收规范》（GB 50202）要求。

⑬ 认真做好压桩记录。

3）工程质量事后控制（验收）。工程质量验收，均应在施工单位自检合格的基础上进行。施工单位确认自检合格后提出工程验收申请，由项目监理机构进行验收。

三、监理实施细则报审

（一）监理实施细则报审程序

《建设工程监理规范》（GB/T 50319—2013）规定，"监理实施细则可随工程进展编制，但必须在相应工程施工前完成，并经总监理工程师审批后实施。"监理实施细则报审程序见表 4-14。

表 4-14 监理实施细则报审程序

序号	节点	工作内容	负责人
1	相应工程施工前	编制监理实施细则	专业监理工程师编制
2	相应工程施工前	监理实施细则审批、批准	专业监理工程师送审，总监理工程师批准
3	工程施工过程中	若发生变化，监理实施细则中工作流程与方法措施调整	专业监理工程师调整，总监理工程师批准

（二）监理实施细则的审核内容

监理实施细则由专业监理工程师编制完成后，需要报总监理工程师批准后方能实施。监理实施细则审核的内容主要包括以下几个方面：

1. 编制依据、内容的审核

监理实施细则的编制是否符合监理规划的要求，是否符合专业工程相关的标准，是否符合设计文件的内容，与提供的技术资料是否相符合，是否与施工组织设计、（专项）施工方案使用的规范、标准、技术要求相一致。监理的目标、范围和内容是否与监理合同和监理规划相一致，编制的内容是否涵盖专业工程的特点、重点和难点，内容是否全面、翔实、可行，是否能确保监理工作质量等。

2. 项目监理人员的审核

（1）组织方面　组织方式、管理模式是否合理，是否结合了专业工程的具体特点，是否便于监理工作的实施，制度、流程上是否能保证监理工作进行，是否与建设单位和施工单位相协调等。

（2）人员配备方面　人员配备的专业满足程度、数量等是否满足监理工作的需要、专业人员不足时采取的措施是否恰当、是否有操作性较强的现场人员计划安排表等。

3. 监理工作流程、监理工作要点的审核

监理工作流程是否完整、翔实，节点检查验收的内容和要求是否明确，监理工作流程是否与施工流程相衔接，监理工作要点是否明确、清晰，目标值控制点设置是否合理、可控等。

4. 监理工作方法和措施的审核

监理工作方法是否科学、合理、有效，监理工作措施是否具有针对性、可操作性、安全可靠，是否能确保监理目标的实现等。

5. 监理工作制度的审核

针对专业建设工程监理，其内、外监理工作制度是否能有效保证监理工作的实施，监理记录、检查表格是否完备等。

 案例分析

1. 事件一中：

（1）乙施工单位未按批准的施工方案施工是本次生产安全事故的主要责任方。

（2）按照总、分包的合同的规定，甲施工单位直接对建设单位承担分包工程的质量和安全责任，负责协调、监督、管理分包工程的施工。因此，甲施工单位应承担本次事故的连带责任。

（3）监理单位在现场对乙施工单位未按调整后的土方开挖方案施工的行为及时向甲施工单位签发《工程暂停令》，同时报告了建设单位，已履行了应尽的职责。按照《建设工程安全生产管理条例》和合同约定，对本次安全生产事故不承担责任。

2. 事件二中：

（1）高大模板工程施工属于危险性较大的工程，需要在施工组织设计中编制专项施工方案。因此，甲施工单位未经安全验算凭施工经验施工不妥，应经安全验算并附验算结果。

（2）专项施工方案应经甲施工单位技术负责人审查签字后报总监理工程师审批，仅经项目经理签字后即报总监理工程师审批不妥。

（3）按照《建设工程安全生产管理条例》的规定，"六类危险性较大工程的专项施工方案编制后，需经 5 人以上专家论证后才可以实施。"因此，高大模板工程施工方案经专家论证、评审不妥，应由甲施工单位组织专家进行论证和评审。

（4）按照合同规定的管理程序，施工组织设计和专项施工方案应经总监理工程师签字后才可以实施，因此，甲施工单位在专项施工方案报批的同时开始搭设高大模板不妥。

（5）在施工单位项目部的组织中，应安排专职安全生产管理人员，因此，安全生产管理人员由项目总工程师兼任不妥。

3. 事件三中：

《建设工程安全生产管理条例》明确规定，"不得在尚未竣工的建筑物内设置员工集体宿舍。"因此，甲施工单位将施工人员的集体宿舍安排在尚未竣工验收的地下车库内不妥。

第三节　现代装配式监理理念

学习目标

简单了解装配式建筑，熟悉现代装配式监理理念，解决装配式建筑施工过程中的监理问题。

本节概述

装配式建筑是最近非常火的建筑形式，国家陆续出台相关的规章制度，也出台了相应的装配式监理要求。本节内容以装配式建筑的发展现状及定义为基础，详细讲述了装配式构件加工生产过程及施工过程，涉及了装配式建筑的低成本管控，最后站在监理人一方对装配式监理提出了要求。

引导性案例

项目为城投远大建筑工业化材料研发、生产基地办公楼，建筑面积 5000 平方米，位于成都的郫县，是城投远大产业化基地内的一个项目。

本项目有几个特点：第一是装配式技术的运用，是将钢结构和 PC 进行整合的尝试；第二是从建筑创作语言体现了筑境相融的设计理念；第三是园林式办公；第四是绿色三星；第五是全生命周期的 BIM 设计。如图 4-3 所示。

此项目的一大特点是 PC 钢结构和混凝土结构的混合，整个竖向构件是采用了钢结构，包括梁也是钢结构，板是叠合板，内、外墙采用的是成品墙板或者预制混凝土外墙挂板。设计上体现筑境相融的理念，建筑就像从自然环境中长出来一样，草坡自然地导向建筑的形体，同时在建筑下部进行了架空处理，利于自然通风。

几乎在每一个厂区的办公楼里面人们都希望拥有一种比较人性化的办公的环境。在这个项目里面，首层的局部架空结合周边的草坡，以及一些预制的挡墙，建筑群体分布合理，营造出一个内向的、隔绝厂区生产干扰的人性化的环境。这个环境内部呈现出一种游走的园林化的状态，营造游憩的空间。不仅场地上是园林化的，而且结合空中的阳台、退台设计也形成了园林化的景观。

同样，在营造内部办公环境的同时，也希望建造的效率得以保证，柱网统一成6.6m和7.2m两个不同的尺寸，这也使整个空间达到标准化，包括楼梯尺寸等都是标准化的设计。这种柱网尺寸的标准化从圆形中心投射出来的外挂板的尺寸也会是一个标准的尺寸，只不过高度上略有不同。宽度上可以依循模块、模数自由地排布出所需要外立面的效果，这个效果也会考虑室内空间对景观和光线的需求。柱网尺寸如图4-4所示。

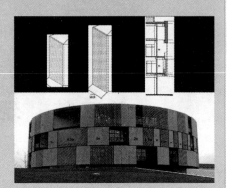

图4-3　城投远大建筑工业化材料研发、
生产基地办公楼外观图

图4-4　柱网尺寸

这个项目经专家打分，装配率是76.6%，项目建成后呈现的效果比较理想。由于它是钢结构为主竖向结构的体系，所以在外在表现上希望突出钢结构本身比较轻盈的特质，故采取了外挂板和铝合金隔栅结合，让整个建筑感觉漂浮起来，这也是设计强调的建筑外观的呈现应该和所采用的技术体系和材料相一致。

问题：该装配式建筑物有什么特点？

一、我国装配式建筑的典型构成

近几年，随着装配式建筑鼓励政策频出，国家和住建部在装配式建筑标准及图集编制方面也积极推进，《装配式混凝土建筑技术标准》《装配式钢结构建筑技术标准》《装配式木结构建筑技术标准》《装配式建筑工程消耗量定额》四种国家标准已经颁布实施，国标《装配式建筑评价标准》已报批，即将实施。

再加上之前已经实施的《装配式混凝土结构技术规程》《装配式混凝土结构建筑设计示例》《装配式混凝土结构连接节点构造》《预制混凝土剪力墙外墙板》《预制混凝土剪力墙内墙板》《桁架钢筋混凝土叠合板》《预制钢筋混凝土板式楼体》《预制钢筋混凝土阳台板、空调板及女儿墙》以及各地区编制实施的地方标准，形成了支撑装配式建筑项目实施的标准体系。目前，在编的装配式建筑相关行业标准、地方标准以及学会、协会标准上百项，相信会对装配式建筑全产业链发展起到很好的规范和导向作用。

装配式建筑以标准化设计、工厂化生产、装配化施工、一体化装修、信息化管理和智能化应用为六大典型特征，装配式建筑典型构成示意图解读如图4-5所示。

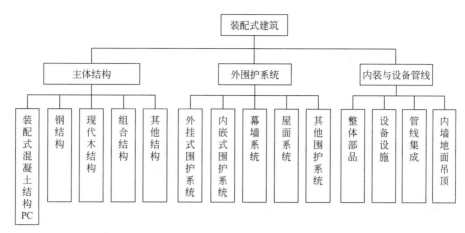

图 4-5 装配式建筑典型构成

二、装配式建筑技术

1. 装配式建筑的定义

装配式建筑是什么？和搭乐高积木一样，装配式建筑是将部分或所有构件在工厂预制完成，然后运到施工现场进行组装。"组装"不只是"搭"，预制构件运到施工现场后，会进行钢筋混凝土的搭接和浇筑，所以拼装房很安全。所以，这种"产业化""工业化"的建筑在欧美国家及日本已经广泛采用。

装配式建筑的定义：装配式建筑是指把传统建造方式中的大量现场作业工作转移到工厂进行，在工厂加工制作好建筑用构件和配件（如楼板、墙板、楼梯、阳台等），运输到建筑施工现场，通过可靠的连接方式在现场装配安装而成的建筑。

装配式建筑主要包括预制装配式混凝土结构、钢结构、现代木结构建筑等，因为采用标准化设计、工厂化生产、装配化施工、信息化管理、智能化应用，是现代工业化生产方式的代表。

2. 装配式建筑的优点

首先是有利于提高施工质量，装配式构件是在工厂里预制的，能最大限度地改善墙体开裂、渗漏等质量通病，并提高住宅整体安全等级、防火性和耐久性。其次是有利于加快工程进度，"效率即回报"，装配式建筑比传统方式建造的建筑进度快 30％左右。第三是有利于提高建筑品质，可使建筑产品长久不衰、永葆青春，室内精装修工厂化以后，可实现在家收快递，即拆即装，又快又好。第四是有利于调节供给关系，提高楼盘上市速度，减缓市场供给不足的现状，买房从此不用彻夜排队。行业应用普及以后，可以降低建造成本，可有效抑制房价。第五是有利于文明施工、安全管理。传统作业现场有大量的工人，现在把大量工地作业移到工厂，现场只需留小部分工人即可，大大减少了现场安全事故发生率。最后，有利于环境保护、节约资源。现场原始现浇作业极少，健康不扰民，从此告别"灰蒙蒙"。此外，钢模板等重复利用率提高，垃圾、损耗、能耗都能减少一半以上。

3. 装配式构件加工生产过程

以装配式建筑板为例，生产工序：钢模制作→钢筋绑扎（图 4-6，图 4-7）→混凝土浇筑（图 4-8）→脱模（图 4-9）。

图 4-6　钢筋绑扎的时候需预留孔洞

图 4-7　钢筋绑扎时预埋吊钩

图 4-8　混凝土浇筑，流水线作业

图 4-9　PC 叠合板脱模

脱模后成品装配式板制作完成，暂时在工厂分类堆放，即可准备运往施工现场（图 4-10）。

图 4-10　装配式构件的运输

4. 装配式建筑的施工流程

以预制框架结构为例，一层施工完毕后，先吊装上一层柱子，接着上主梁、次梁、楼板。预制构件吊装全部结束后，就开始绑扎连接部位钢筋，最后进行节点和梁板现浇层的浇筑（图 4-11）。

图 4-11　装配式建筑的施工流程图

　　装配式建筑的施工流程中技术要求最高是装配式构件的吊装。为了确保吊装顺利进行，装配式构件运到现场后，需要合理安排堆放场地，方便吊装。与搬家类似，通常都会安排好物品搬运顺序，以合理减少工作量。最重要的吊装步骤如图 4-12～图 4-15 所示。

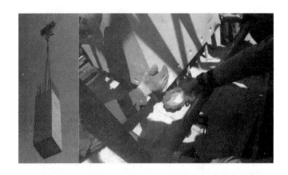

图 4-12　装配式柱吊装

图 4-13　装配式叠合板吊装（一）

　　图 4-12 的梳妆镜是为装配式柱吊装准备的。由于下部空间狭小，不便于观察，通过小小梳妆镜的反射的原理，方便下层预留钢筋与上层装配式柱孔洞的插接。

图 4-14　装配式叠合板吊装（二）

图 4-15　装配式叠合板吊装（三）

装配式叠合板吊装（图4-13、图4-14）。对于吊装难度较大的部位，还可以在现场进行预拼装或建造装配式展示区，起到示范作用。

吊装完毕，绑扎好现浇层的钢筋（图4-16），准备浇筑现浇层混凝土。为了增加装配式构件和现浇层之间的连接，确保结构的可靠性和安全性，装配式构件表面都留有键槽或已进行毛糙处理。装配式构件之间可以有多种连接方式，目前楼板连接通常采用"7＋8"的形式（70mm厚预制楼板＋80mm厚现浇层）。图4-17～图4-19为以主、次梁连接节点为例，展示装配式构件之间连接种处理方式的多样性。

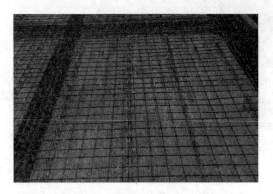

图4-16　现浇层钢筋绑扎

图4-17　主梁预留槽口

图4-18　主梁预留后浇段

图4-19　主梁设置牛腿

图4-20　拥有独一无二编号的构件

工厂每天都会生产很多构件，为了不让构件混乱，工人们会给装配式构件编号。为了确保工人不出错，减少施工错误、加快工程进度，可给每个构件都编号（图4-20），使其拥有自己独一无二的"ID"号，方便对号入座。

5. 装配式建筑的成本管控

成本控制和设计管理是装配式建筑实施过程的画龙点睛之处。装配式建筑有两个重要指标——装配率和预制率。装配率＝实施装配面积÷地上总计容面积。预制率＝装配式构件总体积÷总的混凝土体积。预制率越高成本付出越高，初步统计，预制率每增加10％，成本增量在150元左右。

成本控制是装配式建筑实施过程的把控重点之一。首先，装配式范围要尽量避免选择在首开区。针对出让合同中关于装配面积的要求，可以通过分期开发来平衡项目周期。由于预制构件要提前和工厂配合，且这些工厂的产能有限，对首期开发的时间成本造成很大的压力。其次，需要对结构构件进行拆分，选择预制构件重复率高的单体。一般构件重复率建议要大于100件，重复越多越划算。

装配式构件数量巨大，拆分选择是关键，应该遵循以下原则：

① 预制构件尺寸要遵循少规格、多组合的原则；

② 外立面的外围护构件尽量单开间拆分；

③ 预制剪力墙接缝位置选择结构受力较小处；

④ 长度较大的构件拆分时可考虑对称居中拆开；

⑤ 考虑现场脱模、堆放、运输、吊装的影响，要求单构件重量尽量接近，一般不超过6吨，高度不宜跨越层高，长度不宜超过6m。

与传统现浇建筑相比，装配式房屋对设计、建造及各专业的配合度要求更高，需要以下各专业尽早参与配合（图4-21）。

（1）建筑专业　要考虑对外立面风格、保温形式、降板区域、楼梯面层做法、预埋窗框、瓷砖、石材反打等方面的影响。

（2）设备专业　涉及预制构件的预留洞、预埋管，图纸细化工作量非常大。

（3）内装专业　涉及机电点位提资，介入时间大大提前。

（4）施工方　需要总包方、吊装单位、构件生产厂家都提前介入。

图4-21　装配式建筑各专业配合图

同时，在设计过程中，通过BIM模拟，考虑装配式构件预留钢筋与现浇部位钢筋的位置关系和连接，大大减少现场施工过程中构件的错位和碰撞。装配式建筑对很多现有的建筑做法都有不同的影响，其中对外墙保温做法和石材立面做法的影响最为明显。

三、现代装配式监理工作

近年来，我国针对装配式结构的相关研究持续深入，也在很大程度上推动了装配式建筑的发展。然而与西方发达国家比起来，国内装配式住宅建筑在实际施工作业中依旧存在一些管理方面的问题，进而直接影响到整个建筑的稳定性与安全性，所以在实际施工活动中必须要强化监理工作，确保装配式住宅建筑的质量。

（一）装配式住宅工程监理工作的目标、重点及难点

针对工程项目监理工作来说，其主要管控目标在于保证预制构件的生产以及安装作业质量能够满足设计要求和相关标准。所以装配式住宅工程监理关键在于对预制构建的生产（模具精度控制、进场施工材料管理、钢筋加工作业管控、砼浇筑、预制构件养护工作等）、运输以及安装活动的全流程管控；其主要难点在于钢筋混凝土预制构件的标准精度、预制构

件的吊装孔以及安装螺钉预备孔的定位要保证准确无误。如果出现差错，预制构件难以顺利拼接，会导致错缝的产生。现场监理与承包商的现场管控，可以有效保障预制构件的质量。

（二）装配式住宅建筑施工过程中的监理要点

1. 前期工作的监理

（1）应当充分掌握施工图纸内容

① 熟悉各个组件的类型、规格以及连接方法；

② 了解各个节点的具体结构尺寸和嵌入方式；

③ 实施施工图纸审查活动，找出设计过程中可能存在的失误；

④ 如果对施工图纸存在异议，应当积极会同设计单位消除疑虑；

⑤ 施工作业中碰到技术性问题要第一时间和设计人员沟通。

（2）对施工组织设计实施审查。

① 查看预制构件的堆放以及场地转弯平面布置（场地面积、承载能力以及道路回转半径都需要符合建筑项目施工要求）；

② 检查起重机械选择是否合理及布局是否妥当（施工机械的起重能力以及回转半径必须要符合起重与安装部件要求）；

③ 检查预制构件安装作业的各个环节（确保其能够严格按照组装顺序进行规范安装）；

④ 对工程施工作业质量予以严格把关；

⑤ 审查子项目所选择的施工工艺方法；

⑥ 查看组件产品在运输、存储的过程中是否有相应的保护手段；

⑦ 审查技术措施，保证建筑工程施工安全性和稳定性。

2. 施工部件的监理

混凝土构件进入施工作业现场后，总承包商、监理单位以及构件厂商必须要共同制定满足文件与构件质量验收要求的标准，严格按照装配式建筑混凝土质量验收规范来设计。混凝土构件的管控通常需要包含对部件尺寸和门窗尺寸进行检查，对嵌入部件具体位置和混凝土构件的质量进行检查，另外还需要对工厂的质量保证文件材料实施审查。检查产品表面标记，针对存在的轻微质量问题，需要让制造厂商返回现场维修；针对检查过程中发现的严重质量问题，或者由于装载、运输过程中发生的损坏，应及时撤回，禁止其应用于实际施工中。当组件检验合格后，应做好存储管理工作，以确保其得到充分保护。

3. 施工现场组件堆放和成品的监理

（1）检查 PC 组件堆场中钢支架的垂直存放是否保证稳定，底部柔性保护方法（黄沙垫层以及地毯铺设）与组件的分离。

（2）为避免部件存储过程中出现各种不稳定性因素，从而对部件外观质量带来较大影响，或部件在装卸活动中相互碰撞发生摩擦。注重检查嵌入式部件的铝合金窗框是否设置了完善有效的保护措施，确保其不会受到外部力量的冲击与影响，防止出现窗框变形或者损坏的情况，进而容易造成渗水问题，影响到室内空间的气密性，对后期实际使用带来一定的影响。

（3）针对边缘相对窄的构件来说，需要在正式起吊之前对其实施加固，避免其在起吊活动中损坏。

（4）对堆叠组建分类实施审查，但要保证墙板的垂直以及独立存放。实际施工作业中应注意上下保持在相同垂直线附近；堆叠、层叠规范，避免堆叠超高或不科学进行支点设置，造成部件断裂的问题发生。

4.施工构件吊装的监理

（1）吊装准备的监理要点　吊装装备时，设计人员必须要给出完善的设计方案，监理要点应当始终根据施工作业顺序以及施工进度来调整，检查吊装准备的构件能否满足工程施工标准。监理人员需要根据工程单位的要求实施监督管理，若监管过程中发现零件损坏或施工作业中存在问题，必须要第一时间予以处理。为促进作业人员质量管理意识的提升，应查看作业现场是否配置了充足的吊索，指挥人员、作业人员以及相关施工设备设施是否到齐。确保作业人员规范佩戴安全防护设备，针对作业现场的安全设置，必须要检查是否有围栏以及安全防护网，检查吊装区是否设置警戒线以及安全警告标志。除了定期实施维护之外，起重机械设备、吊钩以及环链葫芦等在投入使用之前还应当做好安全检查，保证施工设备都能够处在最好的准备状态，从而促进设备使用效率的提升，尽可能降低安全风险因素。作业人员和管理人员必须责任到人，同时禁止作业人员在吊装线路下穿越或行走。

（2）吊装施工中的安全监理工作　部件的吊装属于施工安全监理的关键一环，其也在很大程度上决定了吊装活动是否可以有序开展，决定了整个工程项目施工的安全性。在作业过程中应当检查各项安全措施是否齐备，当发现问题后必须第一时间找出责任人予以解决。专职安全监理人员需要对部件吊装实施专项检查，查看吊装区域是否设置了清楚明显的警戒线；在起重作业前需要对吊具进行检查，同时查看作业人员防护设备是否齐全。应保证拐角位置的连接安全稳定，同时在提升活动中无需人为移除，应借助于安装墙板来拆除组建安装，避免在多件拆卸以及没有安全防护设备的情况下，安装作业人员不会受到较大的安全威胁；查看组建安装位置外侧设置，开展好风险管控工作，督促作业人员能够正确使用安全防护设备，进一步减小安全事故发生概率。查看部件施工的顺序是否规范，按照PC部件安装施工组织设计和之前制定的施工方案来进行吊装作业。

（3）装配式住宅建筑验收监理工作　装配式住宅建筑施工作业结束之后，施工单位应当对其质量实施审查，保证整个工程不存在安全风险因素，同时还需要加强基本防护工作。监理工作人员需要结合具体情况对安全防护方案予以设计，保证工程质量符合相关标准，如装配式住宅建筑重要部位的连接状况以及住宅沉降量等，确保这些指标都控制在设计范围，让其不会对住宅的使用带来较大影响。

图4-22～图4-28是装配式房屋施工过程图。

 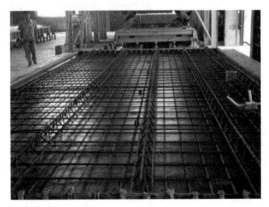

图4-22　叠合楼板生产流水线（一）　　图4-23　叠合楼板生产流水线（二）

图 4-24 流水线-墙板混凝土浇筑

图 4-25 构件现场堆放（一）

图 4-26 构件现场堆放（二）

图 4-27 框架结构构件吊装

图 4-28 装配式样板展示区

 案例分析

该项目有以下几个特点：

第一是装配式技术的运用，是将钢结构和 PC 进行整合的尝试；第二是从建筑创作语言体现了筑境相融的一个设计理念；第三是园林式办公；第四是绿色三星；第五是全生命周期的 BIM 设计。

技能训练题

一、选择题（有 A、B、C、D 四个选项的是单项选择题，有 A、B、C、D、E 五个选项的是多项选择题）

1. 下列监理文件中，需要由总监理工程师组织编制，并由监理单位技术负责人审核签字的是（　　）。

A. 监理规划　　　　　B. 监理细则　　　　　C. 监理日志　　　　　D. 监理月报

2. 根据《建设工程监理规范》（GB/T 50319—2013），监理规划应在（　　）编制。

A. 接到监理中标通知书及签订建设工程监理合同后

B. 签订建设工程监理合同及递交监理投标文件前

C. 接到监理投标邀请书及递交监理投标文件前

D. 签订建设工程监理合同及收到工程设计文件后

3. 监理规划中明确的工程进度控制技术措施有（　　）。

A. 建立多级网络计划体系　　　　　　　B. 严格审核施工组织设计

C. 建立进度控制协调制度　　　　　　　D. 按施工合同条款及时支付工程款

E. 监控施工单位的实施作业计划

4. 监理规划中质量控制的组织措施包括（　　）。

A. 严格质量检查与监督　　　　　　　　B. 拒付不合格工程的款项

C. 落实质量控制责任　　　　　　　　　D. 完善监理人员职责分工

E. 制定质量监督管理制度

5. 监理规划中，建立健全项目监理机构，完善职责分工，落实质量控制责任，属于质量控制的（　　）措施。

A. 技术　　　　　　　B. 经济　　　　　　　C. 合同　　　　　　　D. 组织

6. 根据《建设工程监理规范》，监理规划应（　　）。

A. 在签订委托监理合同后开始编制，并应在召开第一次工地会议前报送建设单位

B. 在签订委托监理合同后开始编制，并应在工程开工前报送建设单位

C. 在签订委托监理合同及收到设计文件后开始编制，并应在召开第一次工地会议前报送建设单位

D. 在签订委托监理合同及收到设计文件后开始编制，并应在工程开工前报送建设单位

7. 审核监理规划时，对监理组织机构审核的内容包括（　　）。

A. 是否理解了业主的工程建设意图　　　B. 是否包括了全部委托的工作任务

C. 是否与工程实施特点相结合　　　　　D. 是否与建设单位的组织关系相协调

E. 是否与施工单位的组织关系相协调

8. 审核监理规划时，重点审核的内容有（　　）。

A. 监理组织形式和管理模式是否合理

B. 监理工作计划是否符合工程建设强制性标准

C. 监理工作制度是否健全完善

D. 监理工作内容是否已包括监理合同委托的全部工作任务

E. 监理设施是否满足监理工作需要

9. 根据《建设工程监理规范》（GB/T 50319—2013），下列文件资料中，可作为监理实施细则编制依据的是（　　）。

A. 工程质量评估报告
B. 专项施工方案
C. 已批准的可行性研究报告
D. 监理月报

10. 监理实施细则须经（　　）审批后实施。

A. 总监理工程师代表
B. 工程监理单位技术负责人
C. 总监理工程师
D. 相应专业监理工程师

11. 根据《建设工程监理规范》（GB/T 50319—2013），监理实施细则包含的内容有（　　）。

A. 监理实施依据
B. 监理组织形式
C. 监理工作流程
D. 监理工作要点
E. 监理工作方法

12. 审核监理细则时，对监理组织方面审核的内容包括（　　）。

A. 是否符合专业工程相关的标准
B. 是否与施工单位的组织关系相协调
C. 是否与专业工程的具体特点相结合
D. 是否与建设单位的组织关系相协调
E. 是否与施工组织设计使用的规范、标准、技术要求相一致

二、简答题

1. 监理规划、监理实施细则两者之间的关系是什么？
2. 监理规划、监理实施细则的编制依据和要求分别是什么？
3. 编制监理规划、监理实施细则的主要内容有哪些？
4. 项目监理机构需要制定哪些工作制度？
5. 项目监理机构控制建设工程三大目标的工作内容有哪些？
6. 建设工程安全生产管理的监理工作内容有哪些？
7. 监理规划、监理实施细则的报审程序和审核内容分别是什么？

三、案例分析

收集一个具体项目的监理规划及监理实施细则，按照本章所学内容梳理每项内容，并按照学校毕业论文要求格式进行修改，打印上交。

第五章

建设工程监理主要方式和工作内容

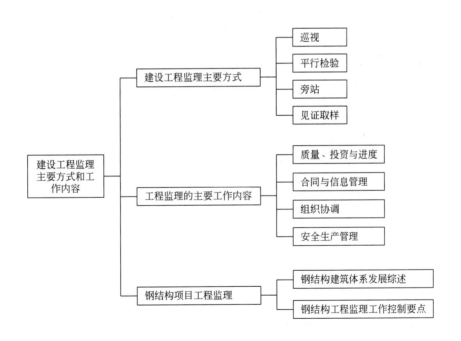

第一节　建设工程监理主要方式

了解建设工程监理主要方式：巡视、平行检验、旁站、见证取样。

 **本节概述**

　　巡视是指项目监理机构监理人员对施工现场进行定期或不定期的检查活动。平行检验是项目监理机构在施工单位自检的同时，按照有关规定、建设工程监理合同约定对同一检验项目进行的检测试验活动。旁站是指项目监理机构对工程的关键部位或关键工序的施工质量进行的监督活动。见证取样是指项目监理机构对施工单位进行的涉及结构安全的试块、试件及工程材料现场取样、封样、送检工作的监督活动。

 引导性案例

　　某工程，工程实施中发生如下事件：

　　事件一： 一批工程材料进场后，施工单位审查了材料供应商提供的质量证明文件，并按规定进行了检验，确认材料合格后，施工单位项目技术负责人在"工程材料、构配件、设备报审表"中签署意见后，连同质量证明文件一起报送项目监理机构审查。

　　事件二： 工程开工后不久，施工项目经理与施工单位解除劳动合同后离职，致使施工现场的实际管理工作由项目副经理负责。

　　事件三： 项目监理机构审查施工单位报送的分包单位资格报审材料时发现，其《分包单位资格报审表》附件仅附有分包单位的营业执照、安全生产许可证和类似工程业绩，随即要求施工单位补充报送分包单位的其他相关资格证明材料。

　　事件四： 施工单位编制了高大模板工程专项施工方案，并组织专家论证、审核后报送项目监理机构审批。总监理工程师审核签字后即交由施工单位实施。

　　施工过程中，专业监理工程师巡视发现，施工单位未按专项施工方案组织施工，且存在安全事故隐患，便立刻报告了总监理工程师。总监理工程师随即与施工单位进行沟通，施工单位解释：为保证施工工期，调整了原专项施工方案中确定的施工顺序，保证不存在安全问题。总监理工程师现场察看后认可施工单位的解释，故未要求施工单位采取整改措施。结果，由上述隐患导致发生了安全事故。

　　问题：

　　1. 针对事件一中施工单位的不妥之处，写出正确做法。

　　2. 针对事件二，项目监理机构和建设单位应如何处置？

　　3. 事件三中，施工单位还应补充报送分包单位的哪些资格证明材料？

　　4. 针对事件四中的不妥之处，写出正确做法。

　　项目监理机构应根据建设工程监理合同约定，采用巡视、平行检验、旁站、见证取样等方式对建设工程实施监理，巡视、平行检验、旁站、见证取样是建设工程监理的主要方式。

一、巡视

　　巡视是指项目监理机构监理人员对施工现场进行定期或不定期的检查活动。

（一）巡视的作用

　　巡视是监理人员针对现场施工质量和施工单位安全生产管理情况进行的检查工作。监理人员通过巡视检查，能够及时发现施工过程中出现的各类质量、安全问题，对不符合要求的情况及时要求施工单位进行纠正并督促整改，使问题消灭在萌芽状态。

（二）巡视工作内容和职责

项目监理机构应在监理规划的相关章节中编制体现巡视工作的方案、计划、制度等相关内容，以及在监理实施细则中明确巡视要点、巡视频率和措施，并明确巡视检查记录表。

在监理过程中，监理人员应按照监理规划及监理实施细则中规定的频次进行现场巡视，巡视检查内容以现场施工质量、生产安全事故隐患为主，且不限于工程质量、安全生产方面的内容。将发现的问题及时、准确地记录在巡视检查记录表中。

总监理工程师应根据经审核批准的监理规划和监理实施细则对现场监理人员进行交底，明确巡视检查要点、巡视频率和采取措施及采用的巡视检查记录表；合理安排监理人员进行巡视检查工作；督促监理人员按照监理规划及监理实施细则的要求开展现场巡视检查工作；检查监理人员巡视的工作成果，与监理人员就当日巡视检查工作进行沟通，对发现的问题及时采取相应处理措施。

1. 巡视内容

监理人员在巡视检查时，应主要关注施工质量、安全生产两个方面的情况。

（1）施工质量方面

① 天气情况是否适合施工作业，如不适合，是否已采取相应措施；

② 施工人员作业情况，是否按照工程设计文件、工程建设标准和批准的施工组织设计（专项）施工方案施工；

③ 使用的工程材料、设备和构配件是否已检测合格；

④ 施工单位主要管理人员到岗履职情况，特别是施工质量管理人员是否到位；

⑤ 施工机具、设备的工作状态，周边环境是否有异常情况等。

（2）安全生产方面

① 施工单位安全生产管理人员到岗履职情况、特种作业人员持证情况；

② 施工组织设计中的安全技术措施和专项施工方案落实情况；

③ 安全生产、文明施工的相应制度、措施落实情况；

④ 危险性较大分部分项工程施工情况，重点关注是否按方案施工；

⑤ 大型起重机械和自升式架设设施运行情况；

⑥ 施工临时用电情况；

⑦ 其他安全防护措施是否到位，工人违章情况；

⑧ 施工现场存在的事故隐患，以及按照项目监理机构的指令整改实施情况；

⑨ 项目监理机构签发的"工程暂停令"执行情况等。

2. 巡视发现问题的处理

监理人员应按照监理规划及监理实施细则的要求开展巡视检查工作。在巡视检查中发现问题，应及时采取相应处理措施（比如：巡视监理人员发现个别施工人员在砌筑作业中砂浆饱满度不够，可口头要求施工人员加以整改）；巡视监理人员认为发现的问题自己无法解决或无法判断是否能够解决时，应立即向总监理工程师汇报；在监理巡视检查记录表中及时、准确、真实地记录巡视检查情况；对已采取相应处理措施的质量问题、生产安全事故隐患，检查施工单位的整改落实情况，并反映在巡视检查记录表中。

监理文件资料管理人员应及时将巡视检查记录表归档，同时，注意巡视检查记录与监理日志、监理通知单等其他监理资料的呼应关系。

监理人员应按照监理规划及监理实施细则的要求开展巡视检查工作。在巡视检查中发现问题，应及时采取相应处理措施；巡视监理人员认为发现的问题自己无法解决或无法判断是否能够解决时，应立即向总监理工程师汇报；在监理巡视检查记录表中及时、准确、真实地记录巡视检查情况；对已采取相应处理措施的质量问题、生产安全事故隐患，检查施工单位的整改落实情况，并反映在巡视检查记录表中。

监理文件资料管理人员应及时将巡视检查记录表归档，同时，注意巡视检查记录与监理日志、监理通知单等其他监理资料的呼应关系。

二、平行检验

平行检验是项目监理机构在施工单位自检的同时，按照有关规定、建设工程监理合同约定对同一检验项目进行的检测试验活动。平行检验的内容包括工程实体量测（检查、试验、检测）和材料检验等内容。

1. 平行检验的作用

监理人员不应只根据施工单位自己的检查、验收情况填写验收结论，而应该在施工单位检查、验收的基础之上进行平行检验。同样，对于原材料、设备、构配件以及工程实体质量等，也应在见证取样或施工单位委托检验的基础上进行平行检验。

2. 平行检验工作内容和职责

项目监理机构首先应依据建设工程监理合同编制符合工程特点的平行检验方案，明确平行检验的方法、范围、内容、频率等，并设计各平行检验记录表式。建设工程监理实施过程中，应根据平行检验方案的规定和要求，开展平行检验工作。对平行检验不符合规范、标准的检验项目，应分析原因后按照相关规定进行处理。

三、旁站

旁站是指项目监理机构对工程的关键部位或关键工序的施工质量进行的监督活动。关键部位、关键工序应根据工程类别、特点及有关规定确定。

1. 旁站的作用

可以起到及时发现问题、第一时间采取措施、防止偷工减料、确保施工工艺和工序按施工方案进行，避免其他干扰正常施工的因素发生等作用。

2. 旁站工作内容

项目监理机构在编制监理规划时，应制订旁站方案，明确旁站的范围、内容、程序和旁站人员职责等。旁站方案是监理人员在充分了解工程特点及监控重点的基础上，确定必须加以重点控制的关键工序、特殊工序，并以此制订的旁站作业指导方案。现场监理人员必须按此执行并根据方案的要求，有针对性地进行检查，将可能发生的工程质量问题和出现的隐患加以消除。

旁站应在总监理工程师的指导下，由现场监理人员负责具体实施。在旁站实施前，项目监理机构应根据旁站方案和相关的施工验收规范，对旁站人员进行技术交底。

监理人员实施旁站时，发现施工单位有违反工程建设强制性标准行为的，有权责令施工单位立即整改；发现其施工活动已经或者可能危及工程质量的，应当及时向监理工程师或者总监理工程师报告，由总监理工程师下达局部暂停施工指令或者采取其他应急措施。

旁站记录是监理工程师或者总监理工程师依法行使有关签字权的重要依据。对于需要旁站的关键部位、关键工序施工，凡没有实施旁站或者没有旁站记录的，专业监理工程师或者总监理工程师不得在相应文件上签字。在工程竣工验收后，工程监理单位应当将旁站记录存档备查。

项目监理机构应按照规定的关键部位、关键工序实施旁站。建设单位要求项目监理机构超出规定的范围实施旁站的，应当另行支付监理费用。具体费用标准由建设单位与工程监理单位在合同中约定。

3. 旁站工作职责

旁站人员的主要工作职责包括但不限于以下内容：

① 检查施工单位现场质量管理人员到岗、特殊工种人员持证上岗以及施工机械、建筑材料准备情况；

② 在现场跟班监督关键部位、关键工序的施工单位执行施工方案以及工程建设强制性标准情况；

③ 核查进场建筑材料、建筑构配件、设备和商品混凝土的质量检验报告等，并可在现场监督施工单位进行检验或者委托具有资格的第三方进行复验；

④ 做好旁站记录和监理日记，保存旁站原始资料。

旁站人员应当认真履行职责，对需要实施旁站的关键部位、关键工序在施工现场跟班监督，及时发现和处理旁站过程中出现的质量问题，如实准确地做好旁站记录。凡旁站监理人员未在旁站记录上签字的，不得进行下一道工序施工。

总监理工程师应当及时掌握旁站工作情况，并采取相应措施解决旁站过程中发现的问题。监理文件资料管理人员应妥善保管旁站方案、旁站记录等相关资料。

四、见证取样

见证取样是指项目监理机构对施工单位进行的涉及结构安全的试块、试件及工程材料现场取样、封样、送检工作的监督活动。

（一）见证取样程序

项目监理机构应根据工程的特点和具体情况，制定工程见证取样送检工作制度，将材料进场报验、见证取样送检的范围、工作程序、见证人员和取样人员的职责、取样方法等内容纳入监理实施细则，并可召开见证取样工作专题会议，要求工程参建各方在施工中必须严格按制订的工作程序执行。

见证取样和送检制度，即在建设单位或监理单位人员见证下，由施工人员在现场取样，送至试验室进行试验。

见证取样的通常要求和程序如下：

1. 一般规定

① 见证取样涉及三方行为：施工方、见证方、试验方。

② 试验室的资质资格管理：见证人员必须取得"见证员证书"，且通过建设单位授权。授权后只能承担所授权工程的见证工作。对进入施工现场的所有建筑材料，必须按规范要求实行见证取样和送检试验，试验报告纳入质保资料。

2. 授权

建设单位或工程监理单位应向施工单位、工程质监站和工程检测单位递交"见证单位和见证人员授权书"。授权书应写明本工程见证人单位及见证人姓名、证号，见证人不得少于2人。

3. 取样

施工单位取样人员在现场抽取和制作试样时，见证人必须在旁见证，且应对试样进行监护，并和委托送检的送检人员一起采取有效的封样措施或将试样送至检测单位。

4. 送检

检测单位在接受委托检验任务时，须由送检单位填写委托单，见证人应出示"见证员证书"，并在检验委托单上签名。检测单位均须实施密码管理制度。

5. 试验报告

检测单位应在检验报告上加盖有"见证取样送检"印章。发生试样不合格情况，应在24h内上报质监站，并建立不合格项目台账。

应注意的是，对检验报告有五点要求：① 试验报告应电脑打印；② 试验报告采用统一用表；③ 试验报告签名一定要手签；④ 试验报告应有"见证检验专用章"统一格式；⑤ 注明见证人的姓名。

（二）见证监理人员工作内容和职责

总监理工程师应督促专业（材料）监理工程师制订见证取样实施细则。

总监理工程师还应检查监理人员见证取样工作的实施情况。

见证取样监理人员应根据见证取样实施细则要求按程序实施见证取样工作，包括：在现场进行见证，监督施工单位取样人员按随机取样方法和试件制作方法进行取样；对试样进行监护、封样加锁；在检验委托单签字，并出示"见证员证书"；协助建立包括见证取样送检计划、台账等在内的见证取样档案等。

监理文件资料管理人员应全面、妥善、真实地记录试块、试件及工程材料的见证取样台账以及材料监督台账（无需见证取样的材料、设备等）。

 案例分析

1. 应该是材料进场后，由施工单位进行自检，自检合格后，填写原材料报验单，向监理工程师报验，监理工程师根据合同约定，对该原材料进行见证取样检测或者做平行检验，合格后，才能够同意使用。

2. 施工单位应该派遣同等资质、履历与能力的项目经理，并经过监理单位与建设单位的书面同意后，方可正式进入现场开展工作。

3. 还要补充的材料为：资质证书、税务登记证、组织机构代码证、分包单位项目经理授权书、安全生产协议、分包合同。

4. 应该经过监理单位与建设单位审查后，才可以报请专家进行评审。按照专家的意见对原方案进行修改后，方可正式实施该方案。

当发现施工顺序与施工方案不一致时，要及时下达监理通知单要求施工单位予以改正。

第二节　工程监理的主要工作内容

 学习目标

熟悉工程监理的主要工作内容：对工程建设的投资控制、建设工期控制、工程质量控制；进行信息管理、工程建设合同管理；协调有关单位之间的工作关系，即"三控两管一协调"。

本节概述

　　工程监理按监理阶段可分为设计监理和施工监理。设计监理是在设计阶段对设计项目所进行的监理，其主要目的是确保设计质量和时间等目标满足业主的要求；施工监理是在施工阶段对施工项目所进行的监理，其主要目的在于确保施工安全、质量、投资和工期等满足业主的要求。

引导性案例

　　某工程，施工过程中发生如下事件：

　　事件一：项目监理机构收到施工单位报送的施工控制测量成果报验表后，安排监理员检查、复核报验表所附的测量人员资格证书、施工平面控制网和临时水准点的测量成果，并签署意见。

　　事件二：施工单位在编制搭设高度为28m的脚手架工程专项施工方案的同时，项目经理即安排施工人员开始搭设脚手架，并兼任施工现场安全生产管理人员，总监理工程师发现后立即向施工单位签发了"监理通知单"并要求整改。

　　事件三：在脚手架拆除过程中，发生坍塌事故，造成施工人员3人死亡、5人重伤、7人轻伤。事故发生后，总监理工程师立即签发"工程暂停令"，并在2小时后向监理单位负责人报告了事故情况。

　　事件四：由建设单位负责采购的一批钢筋进场后，施工单位发现其规格、型号与合同约定不符，项目监理机构按程序对这批钢筋进行了处置。

　　问题：

　　1. 指出事件一中的不妥之处，说明理由。项目监理机构对施工控制测量成果的检查、复核还应包括哪些内容？

　　2. 指出事件二中施工单位做法的不妥之处，写出正确做法。

　　3. 指出事件二中总监理工程师做法的不妥之处，写出正确做法。

　　4. 按照《生产安全事故报告和调查处理条例》，确定事件三中的事故等级指出事件三中总监理工程师做法的不妥之处，写出正确做法。

　　5. 判断事件四中做法是否妥当，写出正确做法。

一、质量、投资与进度

　　1. 质量控制措施

　　① 建立健全监理组织，完善职责分工及有关质量监督制度，落实质量控制的责任。

　　② 严格事前、事中和事后的质量控制措施。

　　③ 严格进行质量检验和验收，不符合合同规定质量要求的拒付工程款。

　　④ 结合工程特点，会同业主确定工程项目的质量要求和标准。

　　⑤ 组织各专业监理工程师认真核对工程项目的设计文件是否符合相应的质量要求和标准，其内容是否完整，深度能否满足施工和材料设计的要求，并根据需要提出监理审核意见，督促设计单位解决，并上报业主。

　　⑥ 同业主对施工单位派驻现场的组织机构进行全面审查，对其有关人员的施工经验、技术水平、人员配备等方面进行全面核查。

⑦ 协助业主审核合同文件中的有关质量条款，并在实施过程中加以监督控制。

⑧ 开工前，负责组织由业主、设计单位、质监部门和施工单位参加的设计交底和图纸会审工作。认真做好图纸会审记录并整理编写成图纸会审纪要，经各会审单位共同签字认可后，作为与施工图具有同等效力的文件下发执行。

⑨ 组织各专业监理工程师编制质量控制的实施细则，制订重点分项工程的质量预控措施。

⑩ 组织各专业监理工程师全面审查施工单位提交的施工组织设计和施工方案及施工技术安全措施，签发"施工组织设计（方案）审核签证"，并上报业主。

⑪ 审查施工单位的质量管理保证体系，帮助施工单位制定质量检控办法，并监督实施情况。

⑫ 审核主要材料、成品、半成品及设备的性能质量，将其作为质量控制的重点之一，施工单位在订货前需将材料、成品、半成品和设备的样品（样本）材质证明和有关技术资料向监理工程师申报，经与业主、设计单位研究同意后，方可订货。进场到货后，经监理工程师审查其出厂合格证、材质检验证明及有关技术参数，批准同意并下发"批准原材料、半成品使用表"和"设备报验单"后方可使用。

⑬ 工程中所使用的各类配合比、钢筋焊接及其他新材料、新技术、新工艺，须事前报送试配试焊结果及有关技术资料，经监理工程师审核批准后方可使用。

⑭ 利用每周工程例会和定期或不定期地召开质量问题分析会，针对施工中发现质量问题，认真分析原因，采取相应措施，及时纠正、扭转质量下降趋势。

⑮ 严格控制现场施工质量。现场监理工程师实行监理跟班制，发现问题后及时要求处理，情况严重者下发"施工质量问题通知单"，要求限期整改，对整改不力或未整改的，下发"施工停工通知"，直至达要求后方可继续施工。

⑯ 对施工单位提交的工程进度月报中已完的工程量进行审核签证，上报业主作为月工程进度款的支付依据，每月向业主提交工程质量控制月报表。

⑰ 审核施工单位提交的安全防护措施，并监督检查实施情况，发现施工中存在安全隐患后及时要求整改，对存在重大安全隐患，下发"安全隐患通知书"，提出监理意见并要求停止施工限期整改，达到要求后方可继续施工。根据具体情况，上报业主直至政府建设主管部门。

⑱ 协助业主处理工程质量和安全事故的有关事宜，负责组织有关方面进行事故调查和分析，审批事故处理方案，签发"工程质量事故处理核查意见"，上报业主和质监部门认可，并监督检查实施情况。

⑲ 负责组织重要工序及部位（如基础、梁、板、柱的钢筋绑扎、混凝土浇筑等）的隐检，核查分项、分部工程质量。对施工单位提交的"隐蔽工程验收单"和"工程报验单"签署监理意见，与质监部门共同验收合格后方可进行下道工序的施工。对分部工程由总监理工程师签署"分部工程验收监理核验意见"，并上报业主。组织各专业监理工程师对单项工程进行竣工预验收，签署相应的质监报告和预验收监理意见，上报业主。协助业主会同设计、施工单位和质监部门对工程进行正式竣工验收，验收合格后办理移交手续，审核竣工图和其他工程技术文件资。

⑳ 在保修阶段负责检查工程使用状况，定期填写"工程状况检查记录表"，对出现的工程质量问题进行调查分析，鉴定其责任，督促施工单位及时做好返修工作。

2. 投资控制措施

为保证工程资金的充分利用和计划性，争取消除决算超预算、预算超概算及概算超估算投资的现象，使工程取得最大的经济效益，主要应采取以下措施：

① 建立健全监理的组织，完善职责分工及有关工作制度，落实投资控制的责任。

② 根据施工组织设计和施工方案，合理开支施工措施费，以及按合理工期组织施工，避免产生不必要的赶工费。

③ 及时进行计划费用与实际开支费用的比较分析。

④ 按合同条款支付工程款，防止过早、过量的现金支付，全面履约，减少对方提出索赔的条件和机会，正确地处理索赔等。

⑤ 组织专业监理工程师认真审核设计预算，并提出相应的监理意见供业主决策。

⑥ 对设计图纸中采用的主要材料、设备作必要的经济技术论证，以挖掘节约投资、提高经济效益的潜力，达到既满足业主的功能要求，又使价格经济合理的效果。

⑦ 根据工程总投资的具体情况，编制总投资切块，分解规划，并在项目实施过程中控制其执行情况。必要时及时调整，并上报业主批准。

⑧ 审核合同文件中有关投资条款。

⑨ 编制工程施工阶段如各年、季、月度资金使用计划，并在实施过程中跟踪控制，检查其执行情况。

⑩ 按施工合同文件中规定的工程款支付办法，由各专业监理工程师计量、审核施工单位完成的工程量。预算工程师审核相应的工程进度款，由总监理工程师或其代表签发工程进度款签证，并报业主认可。在施工过程中，每月进行投资计划值与实际值比较，认真绘制资金-时间计划与实际使用图，针对实际值与计划值存在的偏差，分析原因、制订相应措施，并向业主提交投资控制报表。

⑪ 收集市场材料价格信息和进行设备、成品、半成品的询价调查工作，为合理控制工程投资提供可靠的依据。严格控制设计变更和各项预算外费用的签证，并对其作必要的技术经济合理性分析，把好投资关。对超出合同预算的设计变更、工地洽商，由施工单位做出预算，监理工程师审核其费用的增减并报业主审批。认真审定施工单位编制的工程结算，杜绝高估冒算和套用不合格定额标准的现象，并编制"工程结算核定表"上报业主。

⑫ 在处理各类索赔问题时，严格按施工合同文件中的有关规定和相应的程序执行。认真做好计算、审核各类索赔金的工作。

3. 进度控制措施

进度控制贯穿整个施工全过程，是保证工程按期完工交付使用的重要措施。为使工程按期交付使用，针对现场实际情况，在充分考虑各种因素的前提下，主要采取以下监理措施，确保工程按进度计划顺利开展施工。

① 落实进度控制的责任，建立进度控制协调制度。

② 协助施工单位建立施工作业计划体系；增加同步作业的施工面；采用高效能的施工机械设备；缩短工艺过程间和工序间的技术间歇时间。

③ 由于承包方的原因拖延工期应对其进行必要的经济处罚，对工期提前者进行奖励。

④ 按合同要求及时协调有关各方的进度，以确保工程项目的形象进度。

⑤ 根据业主要求，结合本工程特点，编制工程项目总进度规划，并报业主认可。在实施过程中做好跟踪控制，必要时及时对进度计划进行调整。

⑥ 督促设计单位按合同进度要求及时解决施工过程出现设计问题，以确保总进度规划的实施。

⑦ 组织专业监理工程师审核合同文件中有关进度条款，确定相应的工程工期和开工日期。

⑧ 审查认可开工报告，审核施工单位报送的总施工进度计划和年度进度计划以及采取的相应措施，提出监理意见并报业主认可。

⑨ 督促施工单位按周、月及时提供依总施工进度计划分解的施工进度周、月报表交项目监理部，组织各专业监理工程师审查认可。

⑩ 审查施工单位报送的材料、设备、劳动力、施工机具的进、退场计划，并加以控制。

⑪ 在施工过程中，以关键工序、关键工作为控制重点，建立进度信息反馈系统，实行日、周、月进度记录和报告制度，作为检查工程进度和进行决策的依据。每月进行计划进度值与实际值比较，针对实际进度值与计划值存在的偏差，制订相应纠偏措施，并定期向业主提交进度控制月报表。

⑫ 及时兑付工程进度款，严格控制资金流向，专款专用，确保工程进度。

⑬ 开好进度协调会，实行定期工程例会制度，检查进度计划完情况，安排下步计划，分析有可能影响工程进度的原因，制订弥补措施，并将会议纪要分发给有关单位做好工程项目的有关组织协调工作，识别和排除对工程进度的干扰因素，保证工程顺利进行。

⑭ 区分和审批工程延误和工程延期，并上报业主。

⑮ 负责收集、整理工程进度资料，以此作为审查工程竣工决算的参考依据。

二、合同与信息管理

（一）合同管理

合同管理是在市场经济体制下组织建设工程实施的基本手段，也是项目监理机构控制建设工程质量、造价、进度三大目标的重要手段。

完整的建设工程施工合同管理应包括施工招标的策划与实施；合同计价方式及合同文本的选择；合同谈判及合同条件的确定；合同协议书的签署；合同履行检查；合同变更、违约及纠纷的处理；合同订立和履行的总结评价等。

根据《建设工程监理规范》，项目监理机构在处理工程暂停及复工、工程变更、索赔及施工合同争议、解除等方面的合同管理职责处理情况对比见表 5-1。

表 5-1 合同管理职责处理情况对比

情况	合同管理职责处理情况对比		
工程暂停及复工处理	签发"工程暂停令"的情形	（1）建设单位要求暂停施工且工程需要暂停施工的。 （2）施工单位未经批准擅自施工或拒绝项目监理机构管理的。 （3）施工单位未按审查通过的工程设计文件施工的。 （4）施工单位违反工程建设强制性标准的。 （5）施工存在重大质量、安全事故隐患或发生质量、安全事故的	总监理工程师在签发"工程暂停令"时，可根据停工原因的影响范围和影响程度，确定停工范围。总监理工程师签发"工程暂停令"，应事先征得建设单位同意，在紧急情况下未能事先报告时，应在事后及时向建设单位作出书面报告
	工程暂停相关事宜	暂停施工事件发生时，项目监理机构应如实记录所发生的情况。总监理工程师应会同有关各方按施工合同约定，处理因工程暂停引起的与工期、费用有关的问题。 因施工单位原因暂停施工时，项目监理机构应检查、验收施工单位的停工整改过程、结果	
	复工审批或指令	当暂停施工原因消失、具备复工条件时，施工单位提出复工申请的，项目监理机构应审查施工单位报送的工程复工报审表及有关材料，符合要求后，总监理工程师应及时签署审查意见，并应报建设单位批准后签发工程复工令；施工单位未提出复工申请的，总监理工程师应根据工程实际情况指令施工单位恢复施工	

续表

情况		合同管理职责处理情况对比
工程变更处理	施工单位提出的工程变更处理程序	（1）总监理工程师组织专业监理工程师审查施工单位提出的工程变更申请，提出审查意见。对涉及工程设计文件修改的工程变更，应由建设单位转交原设计单位修改工程设计文件。必要时，项目监理机构应建议建设单位组织设计、施工等单位召开论证工程设计文件修改方案的专题会议。 （2）总监理工程师组织专业监理工程师对工程变更费用及工期影响作出评估。 （3）总监理工程师组织建设单位、施工单位等共同协商确定工程变更费用及工期变化，会签工程变更单。 （4）项目监理机构根据批准的工程变更文件监督施工单位实施工程变更
	建设单位要求的工程变更处理职责	项目监理机构可对建设单位要求的工程变更提出评估意见，并应督促施工单位按会签后的工程变更单组织施工
工程索赔处理	费用索赔处理	项目监理机构应按《建设工程监理规范》规定的费用索赔处理程序和施工合同约定的时效期限处理施工单位提出的费用索赔。当施工单位的费用索赔要求与工程延期要求相关联时，项目监理机构可提出费用索赔和工程延期的综合处理意见，并应与建设单位和施工单位协商。 因施工单位原因造成建设单位损失，建设单位提出索赔时，项目监理机构应与建设单位和施工单位协商处理
	工程延期审批	项目监理机构应按《建设工程监理规范》规定的工程延期审批程序和施工合同约定的时效期限审批施工单位提出的工程延期申请。施工单位因工程延期提出费用索赔时，项目监理机构可按施工合同约定进行处理
施工合同争议与解除的处理	施工合同争议的处理	项目监理机构应按《建设工程监理规范》规定的程序处理施工合同争议。在处理施工合同争议过程中，对未达到施工合同约定的暂停履行合同条件的，应要求施工合同双方继续履行合同。 在施工合同争议的仲裁或诉讼过程中，项目监理机构应按仲裁机关或法院要求提供与争议有关的证据
	施工合同解除的处理	（1）因建设单位原因导致施工合同解除时，项目监理机构应按施工合同约定与建设单位和施工单位协商确定施工单位应得款项，并签发工程款支付证书。 （2）因施工单位原因导致施工合同解除时，项目监理机构应按施工合同约定，确定施工单位应得款项或偿还建设单位的款项，与建设单位和施工单位协商后，书面提交施工单位应得款项或偿还建设单位款项的证明。 （3）因非建设单位、施工单位原因导致施工合同解除时，项目监理机构应按施工合同约定处理合同解除后的有关事宜

（二）信息管理

建设工程信息管理是对建设工程信息的收集、加工、整理、存储、传递、应用等一系列工作的总称。

1. 信息管理的基本环节

建设工程信息管理贯穿工程建设全过程，其基本环节包括信息的收集、传递、加工、整理、分发、检索和存储。

（1）建设工程信息的收集　在建设工程的不同进展阶段，会产生大量的信息。工程监理单位的介入阶段不同，决定了信息收集的内容不同。如果工程监理单位接受委托在建设工程决策阶段提供咨询服务，则需要收集与建设工程相关的市场、资源、自然环境、社会环境等方面的信息。如果是在建设工程设计阶段提供项目管理服务，则需要收集的信息有：工程项目可行性研究报告及前期相关文件资料，同类工程相关资料，拟建工程所在地信息，勘察、测量、设计单位相关信息，拟建工程所在地政府部门相关规定，拟建工程设计质量保证体系及进度计划等。如果是在建设工程施工招标阶段提供相关服务，则需要收集的信息有：工程立项审批文件，工程地质、水文地质勘察报告，工程设计及概算文件，施工图设计审批文件，工程所在地工程材料、构配件、设备、劳动力市场价格及变化规律，工程所在地工程建设标准及招投标相关规定等。

在建设工程施工阶段，项目监理机构应从下列方面收集信息：

① 建设工程施工现场的地质、水文、测量、气象等数据；地上、地下管线，地下洞室，地上既有建筑物、构筑物及树木、道路，建筑红线，水、电、气管道的引入标志；地质勘察报告、地形测量图及标桩等环境信息。

② 施工机构组成及进场人员资格，施工现场质量及安全生产保证体系，施工组织设计及（专项）施工方案、施工进度计划，分包单位资格等信息。

③ 进场设备的规格型号、保修记录，工程材料、构配件、设备的进场、保管、使用等信息。

④ 施工项目管理机构管理程序，施工单位内部工程质量、成本、进度控制及安全生产管理的措施及实施效果，工序交接制度，事故处理程序，应急预案等信息。

⑤ 施工中需要执行的国家、行业或地方工程建设标准；施工合同履行情况。

⑥ 施工过程中发生的工程数据，如地基验槽及处理记录，工序交接检查记录，隐蔽工程检查验收记录，分部分项工程检查验收记录等。

⑦ 工程材料、构配件、设备质量证明资料及现场测试报告。

⑧ 设备安装试运行及测试信息，如电气接地电阻、绝缘电阻测试，管道通水、通气、通风试验，电梯施工试验，消防报警、自动喷淋系统联动试验等信息。

⑨ 工程索赔相关信息，如索赔处理程序、索赔处理依据、索赔证据等。

（2）建设工程信息的加工、整理、分发、检索和存储

① 信息的加工和整理。信息的加工和整理主要是指将所获得的数据和信息通过鉴别、选择、核对、合并、排序、更新、计算、汇总等，生成不同形式的数据和信息，目的是提供给各类管理人员使用。加工、整理数据和信息，往往需要按照不同的需求分层进行。工程监理人员对于数据和信息的加工要从鉴别开始。科学的信息加工和整理，需要基于业务流程图和数据流程图。

② 信息的分发和检索。信息分发和检索的基本原则：需要信息的部门和人员，有权在需要的第一时间，方便地得到所需要的信息。

③ 信息的存储。存储信息需要建立统一数据库。

2. 信息管理系统

（1）息管理系统的主要作用　建设工程信息管理系统作为处理工程项目信息的人-机系统。

（2）信息管理系统的基本功能　建设工程信息管理系统的目标是实现信息的系统管理和提供必要的决策支持。建设工程信息管理系统的基本功能应至少包括工程质量控制、工程造价控制、工程进度控制、工程合同管理四个子系统。

3. 建筑信息模型（BIM）

BIM 是利用数字模型对工程进行设计、施工和运营的过程。BIM 以多种数字技术为依托，可以实现建设工程全寿命期集成管理。在建设工程实施阶段，借助于 BIM 技术，可以进行设计方案比选，实际施工模拟，在施工之前就能发现施工阶段会出现的各种问题，以便提前处理，从而可提供合理的施工方案，合理配置人员、材料和设备，在最大范围内实现资源的合理运用。

（1）BIM 的特点　BIM 具有可视化、协调性、模拟性、优化性、可出图性等特点。

（2）BIM 在工程项目管理中的应用

① 应用目标。工程监理单位应用 BIM 的主要任务是通过借助 BIM 理念及其相关技术搭建统一的数字化工程信息平台，实现工程建设过程中各阶段数据信息的整合及其应用，进而更好地为建设单位创造价值，提高工程建设效率和质量。目前，建设工程监理过程中应用 BIM 技术期望实现如下目标：可视化展示；提高工程设计和项目管理质量；控制工程造价；缩短工程施工周期。

② 应用范围。现阶段，工程监理单位运用 BIM 技术提升服务价值，仍处于初级阶段，其应用范围主要包括以下几个方面：可视化模型建立；管线综合；4D 虚拟施工；成本核算。

三、组织协调

（一）项目监理机构组织协调内容

从系统工程角度看，项目监理机构组织协调内容可分为系统内部（项目监理机构）协调和系统外部协调两大类，系统外部协调又分为系统近外层协调和系统远外层协调。近外层和远外层的主要区别是建设单位与近外层关联单位之间有合同关系，与远外层关联单位之间没有合同关系。

1. 项目监理机构内部的协调

（1）项目监理机构内部人际关系的协调　项目监理机构是由工程监理人员组成的工作体系，工作效率在很大程度上取决于人际关系的协调程度。总监理工程师应首先协调好人际关系，激励项目监理机构人员。

① 在人员安排上要量才录用。要根据项目监理机构中每个人的专长进行安排，做到人尽其才。

② 在工作委任上要职责分明。对项目监理机构中的每一个岗位，都要明确岗位目标和责任，应通过职位分析，使管理职能不重不漏，做到"事事有人管，人人有专责"，同时明确岗位职权。

③ 在绩效评价上要实事求是。

④ 在矛盾调解上要恰到好处。

（2）项目监理机构内部组织关系的协调　项目监理机构是由若干部门（专业组）组成的工作体系，每个专业组都有自己的目标和任务。如果每个专业组都从建设工程整体利益出发，理解和履行自己的职责，则整个建设工程就会处于有序的良性状态，否则，整个系统便处于无序的紊乱状态，导致功能失调，效率下降。为此，应从以下几方面协调项目监理机构内部组织关系。

① 在目标分解的基础上设置组织机构，根据工程特点及建设工程监理合同约定的工作内容，设置相应的管理部门。

② 明确规定每个部门的目标、职责和权限，最好以规章制度形式作出明确规定。

③ 事先约定各个部门在工作中的相互关系。

④ 建立信息沟通制度。如采用工作例会、业务碰头会，发送会议纪要、工作流程图、信息传递卡等来沟通信息，这样有利于从局部了解全局，服从并适应全局需要。

⑤ 及时消除工作中的矛盾或冲突。

（3）项目监理机构内部需求关系的协调　建设工程监理实施中有人员需求、检测试验设备需求等，而资源是有限的，因此，内部需求平衡至关重要。例如建设工程监理检测试验设备的平衡。建设工程监理开始实施时，要做好监理规划和监理实施细则的编写工作，合理配置建设工程监理资源，要注意期限的及时性、规格的明确性、数量的准确性、质量的规定性。

（4）对工程监理人员的平衡　要抓住调度环节，注意各专业监理工程师的配合。工程监理人员的安排必须考虑工程进展情况，根据工程实际进展安排工程监理人员进、退场计划，以保证建设工程监理目标的实现。

2. 项目监理机构与建设单位的协调

与建设单位的协调是建设工程监理工作的重点和难点。

3. 项目监理机构与施工单位的协调

（1）与施工单位的协调应注意的问题

① 坚持原则，实事求是，严格按规范、规程办事，讲究科学态度。

② 协调不仅是方法、技术问题，更多的是语言艺术、感情交流和用权适度问题。

（2）与施工单位的协调工作内容

① 与施工项目经理关系的协调。

② 施工进度和质量问题的协调。

③ 对施工单位违约行为的处理。

④ 施工合同争议的协调。

⑤ 对分包单位的管理。

4. 项目监理机构与设计单位的协调

工程监理单位与设计单位都是受建设单位委托进行工作的，两者之间没有合同关系，因此，项目监理机构要与设计单位做好交流工作，需要建设单位的支持。

5. 项目监理机构与政府部门及其他单位的协调

远外层关系的协调，建设单位应起主导作用。如果建设单位确需将部分或全部远外层关系协调工作委托工程监理单位承担，则应在建设工程监理合同中明确委托的工作和相应报酬。

（二）项目监理机构组织协调方法

项目监理机构可采用以下方法进行组织协调：

1. 会议协调法

会议协调法是建设工程监理中最常用的一种协调方法，包括第一次工地会议、监理例会、专题会议等。

（1）第一次工地会议　第一次工地会议是建设工程尚未全面展开、总监理工程师下达开工令前，建设单位、工程监理单位和施工单位对各自人员及分工、开工准备、监理例会的要求等情况进行沟通和协调的会议，也是检查开工前各项准备工作是否就绪并明确监理程序的会议。第一次工地会议应由建设单位主持，监理单位、总承包单位授权代表参加，也可邀请分包单位代表参加，必要时可邀请有关设计单位人员参加。第一次工地会议上，总监理工程师应介绍监理工作的目标、范围和内容、项目监理机构及人员职责分工、监理工作程序及方法和措施等。

（2）监理例会　监理例会是项目监理机构定期组织有关单位研究解决与监理相关问题的会议。监理例会应由总监理工程师或其授权的专业监理工程师主持召开，宜每周召开一次。参加人员包括项目总监理工程师或总监理工程师代表、其他有关监理人员、施工项目经理、施工单位其他有关人员。需要时，也可邀请其他有关单位代表参加。

监理例会主要内容应包括：

① 检查上次例会议定事项的落实情况，分析未完事项原因；

② 检查分析工程项目进度计划完成情况，提出下一阶段进度目标及其落实措施；

③ 检查分析工程项目质量、施工安全管理状况，针对存在的问题提出改进措施；

④ 检查工程量核定及工程款支付情况；

⑤ 解决需要协调的有关事项；

⑥ 其他有关事宜。

（3）专题会议　专题会议是由总监理工程师或其授权的专业监理工程师主持或参加的，为解决建设工程监理过程中的工程专项问题而不定期召开的会议。

2. 交谈协调法

在建设工程监理实践中，并不是所有问题都需要开会来解决，有时可采用"交谈"的方法进行协调。交谈包括面对面的交谈和电话、电子邮件等形式的交谈。

无论是内部协调还是外部协调，交谈协调法的使用频率是相当高的。由于交谈本身没有合同效力，而且具有方便、及时等特性，因此，工程参建各方之间及项目监理机构内部都愿意采用这一方法进行协调。此外，相对于书面寻求协作而言，人们更难于拒绝面对面的请求。因此，采用交谈方式请求协作和帮助比采用书面方法实现的可能性要大。

3. 书面协调法

当会议或者交谈不方便或不需要时，或者需要精确地表达自己的意见时，就会采用书面协调法。书面协调法的特点是具有合同效力，一般常用于以下几方面：

① 不需双方直接交流的书面报告、报表、指令和通知等；

② 需要以书面形式向各方提供详细信息和情况通报的报告、信函和备忘录等；

③ 事后对会议记录、交谈内容或口头指令的书面确认。

总之，组织协调是一种管理艺术和技巧，监理工程师尤其是总监理工程师需要掌握领导科学、心理学、行为科学方面的知识和技能，如激励、交际、表扬和批评的艺术、开会艺术、谈话艺术、谈判技巧等。只有这样，监理工程师才能对工作进行有效的组织协调。

四、安全生产管理

项目监理机构应根据法律法规、工程建设强制性标准履行建设工程安全生产管理的监理职责，并应将安全生产管理的监理工作内容、方法和措施纳入监理规划及监理实施细则。

（一）施工单位安全生产管理体系的审查

1. 审查施工单位的管理制度、人员资格及验收手续

项目监理机构应审查施工单位现场安全生产规章制度的建立和实施情况；审查施工单位安全生产许可证的符合性和有效性；审查施工单位项目经理、专职安全生产管理人员和特种作业人员的资格；核查施工机械和设施的安全许可验收手续。

施工单位在使用施工起重机械和整体提升脚手架、模板等自升式架设设施前，应当组织有关单位进行验收，也可以委托具有相应资质的检验检测机构进行验收；使用承租的机械设备和施工机具及配件的，由施工总承包单位、分包单位、出租单位和安装单位共同进行验收，验收合格后方可使用。

2. 审查专项施工方案

项目监理机构应审查施工单位报审的专项施工方案，符合要求的，应由总监理工程师签认后报建设单位。超过一定规模的危险性较大的分部分项工程的专项施工方案，应检查施工单位组织专家进行论证、审查的情况，以及是否附具安全验算结果。

3. 专项施工方案审查的基本内容

编审程序应符合相关规定。专项施工方案由施工项目经理组织编制，经施工单位技术负责人签字后，才能报送项目监理机构审查。

安全技术措施应符合工程建设强制性标准。

（二）专项施工方案的监督实施及安全事故隐患的处理

1. 专项施工方案的监督实施

项目监理机构应要求施工单位按已批准的专项施工方案组织施工。专项施工方案需要调整时，施工单位应按程序重新提交项目监理机构审查。

项目监理机构应巡视检查危险性较大的分部分项工程专项施工方案实施情况。发现未按专项施工方案实施时，应签发"监理通知单"，要求施工单位按专项施工方案实施。

2. 安全事故隐患的处理

项目监理机构在实施监理过程中发现工程存在安全事故隐患时，应签发"监理通知单"，要求施工单位整改；情况严重时，应签发"工程暂停令"，并应及时报告建设单位。施工单位拒不整改或不停止施工时，项目监理机构应及时向有关主管部门报送监理报告。

紧急情况下，项目监理机构可通过电话、传真或者电子邮件向有关主管部门报告，事后应形成监理报告。

 案例分析

1. 事件一中，项目监理机构的不妥之处有：安排监理员检查、复核与签署监理意见。正确做法：安排专业监理工程师检查、复核与签署监理意见。项目监理机构对施工控制测量成果的检查、复核内容还应包括测量设备的检定证书、高程控制网和控制桩的保护措施。

2. 事件二中，施工单位的不妥之处有：① 专项施工方案编制的同时就开始搭建脚手架。正确做法：编制专项施工方案后，附具安全验算结果，经施工单位技术负责人、总监理工程师签字后才可安排搭建脚手架。② 项目经理兼任施工现场安全生产管理人员。正确做法：应安排专职安全生产管理人员。

3. 事件二中，总监理工程师的不妥之处为向施工单位签发"监理通知单"。正确做法：报建设单位同意后，签发"工程暂停令"。

4. 事件三中，事故等级属于较大事故。总监理工程师做法的不妥之处为在事故发生2小时后向监理单位负责人报告。正确做法：应在事故发生后立即向监理单位负责人报告。

5. 事件四中做法不妥，项目监理机构应采用以下方式处置该批钢筋：报告建设单位，经建设单位同意后与施工单位协商，能够用于本工程的，按程序办理相关手续；不能用于本工程的，要求限期清出现场。

第三节　钢结构项目工程监理

 学习目标

了解钢结构建筑体系发展情况、钢结构工程监理工作控制要点，了解关于钢结构工程项目的监理工作。

 **本节概述**

　　近年来，随着我国经济的长足发展和钢产量的大幅提高，钢结构在我国的应用日渐广泛，而钢结构本身所具有的许多优越特点正逐渐被重视，这也是钢结构工程日益增多的原因之一。为此，国家建筑技术政策也随之发生了变化，即由以往限制使用钢结构转变为积极合理推广应用钢结构，从而进一步促进了钢结构工程的发展。目前，从事钢结构制作和安装的企业也逐步增加，但大部分单位成立时间不长，存在人员素质偏低、机械设备落后或缺乏、规模较小及管理制度不健全等问题，因而，对钢结构工程的施工缺乏专业知识和实践经验，这在一定程度上也影响了监理单位的工作质量。

 引导性案例

　　某重型钢结构厂房工程，施工过程中发生如下事件：

　　事件一：施工单位完成下列施工准备工作后即向项目监理机构申请开工：① 现场质量、安全生产管理体系已建立；② 管理及施工人员已到位；③ 施工机具已具备使用条件；④ 主要工程材料已落实；⑤ 水、电、通信等已满足开工要求。项目监理机构认为上述开工条件不够完备。

　　事件二：项目监理机构审查了施工单位报送的试验室资料，内容包括试验室资质等级、试验人员资格证书。

　　事件三：项目监理机构审查施工单位报送的施工组织设计后认为：① 安全技术措施符合工程建设强制性标准；② 资金、劳动力、材料、设备等资源供应计划满足工程施工需要；③ 施工总平面布置科学合理，同时要求施工单位补充完善相关内容。

　　事件四：施工过程中，建设单位采购的一批材料运抵现场，施工单位组织清点和检验并向项目监理机构报送材料合格证后即开始用于工程。项目监理机构随即发出"监理通知单"，要求施工单位停止该批材料的使用，并补报质量证明文件。

　　事件五：施工单位按照合同约定将钢结构屋架吊装工程分包给具有相应资质和业绩的专业施工单位。分包单位将由其项目经理签字认可的专项施工方案直接报送项目监理机构，专业监理工程师审核后批准了该专项施工方案。

　　问题：

　　1. 针对事件一，施工单位申请开工还应具备哪些条件？

　　2. 针对事件二，项目监理机构对试验室的审查还应包括哪些内容？

　　3. 针对事件三，项目监理机构对施工组织设计的审查还应包括哪些内容？

　　4. 针对事件四，施工单位还应补报哪些质量证书文件？

　　5. 分别指出事件五中分包单位和专业监理工程师做法的不妥之处，写出正确做法。

一、钢结构建筑体系发展综述

　　2016年，国务院办公厅印发了《关于大力发展装配式建筑的指导意见》（以下简称《意见》），《意见》提出，要以京津冀、长三角、珠三角三大城市群为重点推进地区，常住人口超过300万的其他城市为积极推进地区，其余城市为鼓励推进地区，因地制宜发展装配式混凝土结构、钢结构和现代木结构等装配式建筑。力争用10年左右的时间，使装配式建筑占新建建筑面积的比例达到 30%。

前些年，随着一批 PC 项目的实践，装配式混凝土结构受到结构工程师越来越多的质疑，并一度风传将会取消。究其原因，混凝土虽是现代建筑结构的主流，且早已形成一条完整的市场产业链，但其缺点是施工速度慢、施工现场乱且经常伴随资源浪费。这些缺点即使在大力倡导装配式建筑的今天，想要完全解决也显得任重而道远，在大力倡导绿色建筑的今天，传统意义上的建筑类型显然不能满足绿色、环保发展的需要。

（一）钢结构建筑的优势

钢结构建筑相较混凝土或者预制混凝土结构具有无与伦比的优势：首先，我国钢材产量丰富，钢材质量可靠，这为钢结构建筑提供了材料基础。其次，钢结构建筑标准化程度高，其自身的装配式属性使得其综合造价低、设计周期短、施工速度快、回收利用率高。再次，钢结构建筑能最大限度地满足绿色、环保的要求。钢材本身就是一种环保材料，钢结构建筑从构件生产、加工到后期的现场安装都不会对自然环境造成损害。最后，钢结构住宅可更好地实现私人订制的要求，北美及欧洲地区的"住宅超市"现已相当成熟。

近年来，钢结构建筑已被住建部列为重点推广项目。住建部先后开展了 30 多项关于钢结构建筑的课题研究项目，兴建了许多试点工程（图 5-1）。与此同时，许多高校和企业也纷纷加入到了钢结构建筑体系及关键技术的研究行列。

图 5-1　享誉世界的国家体育场（鸟巢）和央视总部大楼

（二）传统意义上的钢结构建筑体系

传统意义上的钢结构建筑体系主要有五种：轻型冷弯薄壁型钢体系、钢框架结构体系、钢框架支撑体系、钢框架剪力墙体系、钢框架核心筒体系等。

冷弯薄壁型钢体系（图 5-2）住宅在北美应用较多，目前已经达到商品化生产的程度。该体系是以冷弯薄壁型钢作为结构的受力骨架，以自攻螺钉连接节点的铰接体系。其优点是自重轻、抗震性能好、施工速度快、绿色环保，但基本只限于低层住宅或联排别墅，在多层和高层建筑中应用不多。

钢框架结构体系（图 5-3）受力骨架为传统意义上的梁、柱等构件组成的钢框架。该体系适合于建造多层住宅，在多层范围内的经济效益较好；但当层数较高

图 5-2　冷弯薄壁型钢体系

时，则表现为侧向刚度不足且稍显浪费。其优点是构造简单、梁柱刚接、安装方便。

钢框架支撑体系（图5-4）是钢框架和支撑协同工作的体系，钢框架主要提供结构的竖向承载力，而支撑体系主要提供结构的侧向刚度。相比较钢框架体系来说，由于支撑的作用，其抗侧刚度更高，因此适用的建筑物层数较钢框架体系更高，一般在6～12层之间；且其梁柱尺寸较钢框架体系小得多，因而是一种较为经济合理的结构体系。

图5-3　钢框架结构体系

图5-4　钢框架支撑体系

钢框架剪力墙体系（图5-5）是将钢框架支撑体系中的支撑换成了抗侧刚度更大的剪力墙，剪力墙承担80％～85％的水平力。当前比较流行的钢板混凝土组合剪力墙，可以同时发挥混凝土抗侧刚度大和钢板剪力墙的延性好、耗能能力强的特点。其适用的建筑层数比钢框架支撑体系更高。

钢框架核心筒体系（图5-6）与钢框架剪力墙体系类似，只是将剪力墙做成封闭的核心内筒，而钢框架在外围。该体系能承担的水平力更大，接近90％，适用的建筑物层数在理论上也更高，但更高的层数将降低其经济性，因此一般认为12层以下最适宜。

图5-5　钢框架剪力墙体系

图5-6　钢框架核心筒体系

（三）新型钢结构体系的探索

在传统钢结构体系研究的基础上，国内的研究机构和众多学者开始尝试开发集成化程度更高、设计周期更短、可操作性更强的新型装配式钢结构体系。具有代表性的是以下五种：

1. 远大可建集团研发的多高层装配式钢结构体系（图5-7）

该体系主要由钢结构立柱和一体化楼板组成，钢结构立柱与一体化楼板之间采用套筒加螺栓连接，立柱带有斜撑与楼板相连。其主要特色在于一体化楼板，楼板预先在工厂做好，在结构上将桁架梁融合在内，桁架梁很高，这样就保证了一体化楼板内有足够的空间可以将管道、电线等预先埋设其中。同时在设计时充分考虑了车辆的运输宽度，楼板都是宽度不大而长度很长的细长条形。该体系不仅在传统钢结构体系基础上作了很大创新，最重要的是它大大提升了房屋营造速度，现场只需少量人力即可完成房屋建造，集成化程度相当高。

图 5-7　远大可建钢结构体系

2. 山东莱钢采用的盒子型——集装箱式方案（图 5-8）

盒子型的优点：整体性强，可以最大限度地集成，甚至可以在房子中集成家具等物品，实现真正的拎包入住；工业化程度高，结构密封性能好。缺点是运输较为困难，限于运输尺寸，不可能做得过大；适合三层以下使用，若要保证三层以上的多高层结构的安全性，还有有很多问题需要解决。

图 5-8　山东莱钢的盒子型——集装箱式方案

3. 同济大学陈以一教授等开发的分层装配式支撑钢结构建筑体系（图 5-9）

该体系将房屋拆分成钢框架支撑系统和楼面系统两部分，其主要特点是密柱、梁贯通、柱梁铰接，水平力主要由柱间支撑承担，实现了标准化设计和高度装配化施工。该体系虽然还需要进一步研究，但其新颖的形式或将成为我国装配式钢结构体系的一个重要分支，对研究装配式钢结构体系及其连接构造具有很好的借鉴意义。

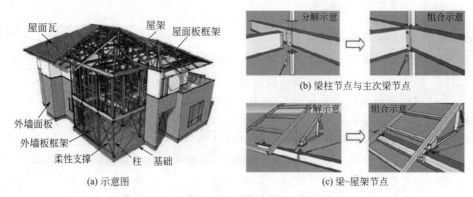

图 5-9　分层装配式支撑钢结构建筑体系

4.交错桁架结构体系

交错桁架结构体系是 20 世纪 60 年代麻省理工学院开发的一种新型结构体系，主要应用于酒店、公寓等房间划分比较规则的建筑中，在美国和澳大利亚等国家已有很多应用。将其归为新型钢结构体系是因为这种体系在我国的应用还极少，还有很大的发展潜力。

虽然该体系在我国的应用很少，但很多学者都对其进行了研究并取得了丰富成果。目前我国已先后于 2012 年和 2015 年制定了两本相关的技术规程（图 5-10）。

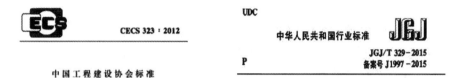

图 5-10 我国交错桁架结构体系相关规程

交错桁架结构体系的优点很多，它是一种环保型绿色建筑，可工厂制作，现场安装，湿作业少。与普通钢结构相比，施工速度更快、工期短、综合效益好；且该体系抗侧性能优异，能够满足多、高层建筑的受力需求。某交错桁架建筑现场图如图 5-11 所示。

图 5-11 某交错桁架建筑现场图

综上，国内很多钢结构企业和学者都纷纷加入钢结构体系的研究中，钢结构在建筑产业化、绿色建筑等方面较混凝土结构具有得天独厚的优势。然而，当前我国钢结构建筑的发展还很不充分，钢结构建筑自身不好解决的防腐、防火、隔声等问题导致一些性能优异的钢结构体系没能与时俱进地发展起来。

二、钢结构工程监理工作控制要点

（一）施工单位资质审查

由于钢结构工程专业性较强，对专业设备、加工场地、工人素质以及企业自身的施工技术标准、质量保证体系、质量控制及检验制度要求较高，一般多为总包下分包工程，在这种情况下施工企业的资质和管理水平相当重要。因此，资质审查是重要环节，其审查内容包括：

（1）施工资质经营范围是否满足工程要求。

（2）施工技术标准、质量保证体系、质量控制及检验制度是否满足工程设计技术指标要求。

（3）施工企业生产能力是否满足工程进度要求。

（二）焊工素质的审查

焊工必须经考试合格并取得合格证书，持证焊工必须在其考试合格项目及其认可范围内施焊。

（1）检查数量：全数检查（现场人员）。

（2）检查方法：检查焊工合格证及其认可范围、有效期。

（三）图纸会审及技术准备

（1）按监理规划中图纸会审程序，在工程开工前熟悉图纸，召集并主持设计、业主、监理和施工单位专业技术人员进行图纸会审，依据设计文件及其相关资料和规范，把施工图中错漏、不合理、不符合规范和国家建设文件规定之处解决在施工前。

（2）协调业主、设计和施工单位针对图纸提出的问题，确定具体的处理措施或设计优化方案。督促施工单位整理会审纪要，最后各方签字盖章后，分发各单位。

（四）施工组织设计（方案）审查

（1）督促施工单位按施工合同编制专项施工组织设计（方案）。经其上级单位批准后，再报监理。

（2）经审查后的施工组织设计（方案），如施工中需要变更施工方案（方法）时，必须将变更原因、内容报监理和建设单位审查同意后方可变动。

（五）例会

组织参加每周召开一次由建设、施工、监理单位三方共同参加的工地例会，及时解决施工中的问题。

（六）钢结构工程准备工作具体控制要点

（1）根据《建筑工程施工质量验收统一标准》（GB 50300—2013）以及《钢结构工程施工质量验收规范》（GB 50205—2001）规定，作为一个分部工程，又下分钢结构焊接、紧固件连接、钢零件及钢部件加工、钢部件组装、钢结构预拼装、钢结构安装、压型金属板、钢结构涂装等分项工程。关于钢结构原材料（包括钢材、焊材、涂装材料等），由于其对钢结构的质量影响很大，在相应规范中有单独要求。

（2）检查焊工合格证及其认可范围、有效期。

（3）施工方对其首次采用的钢材、焊接材料、焊接方法、焊接热处理方法等，应进行焊接工艺评定，并根据评定报告确定焊接工艺。监理方全数检查焊接工艺评定报告，按设计要求的焊缝质量等级标准检查。

（4）钢构件安装前检查建筑物的定位轴线（开间尺寸和跨度尺寸）和标高、预埋件的规格及其紧固是否符合设计要求。

（5）工程柱上钢筋混凝土牛腿顶的预埋钢板直接作为钢构件的支承面时，其支承面的预埋钢板的位置允许偏差应符合规范规定。

（6）钢构件应符合设计要求和规范的规定。运输、堆放和吊装等造成的钢构件变形及涂层脱落，应进行矫正和修复。

（7）钢构件的支承面要求同预埋钢板面顶紧接触面不应小于 70％，且边缘最大间隙不应大于 0.8mm。

（8）涂装前钢材表面除锈应符合设计要求和国家现行标准的规定，处理后的钢材表面不应有焊渣、焊疤、灰尘、油污、水和毛刺等。

（9）涂料、涂装遍数、涂装厚度均应符合设计要求，其允许偏差为 −25mm，每层干漆膜厚度的允许偏差为 −5mm。

（10）构件表面不应误涂、漏涂，涂层不应脱皮和返锈等；涂层应均匀，无明显皱皮、流坠、针眼和气泡等。

（11）根据工程的实际情况和结构形式，确实每一分项工程检验批的划分。

① 钢结构焊接分项工程：对于工程，每榀可作为一个检验批；也可按照不同的钢结构单体或构件类型结合钢结构制作及安装分项的检验批划分分为若干个检验批。

② 紧固件连接分项工程：对于工程，可根据不同的钢结构单体、按照紧固件的不同规格进行检验批的划分。

③ 钢零件及钢部件加工：可按照不同的类型分为若干个检验批。

④ 钢构件组装：对于大型钢结构，工厂制作的钢零、部件在吊装前须拼装成钢构件作为吊装单元。由于构件组装要求较高，可根据现场实际情况将几榀构件作为一个检验批。

⑤ 钢结构预拼装：对于复杂形状的钢结构，为保证在高空安装时顺利组对，制作完成后需在地面进行相关构件之间的预拼装。检验批可按照同类构件之间的拼装作为一个检验批来进行划分。

⑥ 钢结构的安装：可分为单层钢结构安装分项或多层及高层钢结构安装分项。单层钢结构安装可按工程分区划分为几个检验批；多层及高层钢结构安装工程可按楼层或施工段划分一个或若干个检验批。

⑦ 压型金属板工程：压型金属板工程包括用于屋面、墙板、楼板等处的压型金属板。从材质上可分表面镀防腐涂层的压型钢板、压型铝板等。可按变形缝、楼层、施工段或屋面、墙面、楼面等划分为一个或若干个检验批。

⑧ 钢结构涂装工程：包括防腐涂料涂装和防火涂料涂装。其检验批的划分可按钢结构制作或钢结构安装工程检验批的划分原则划分为一个或若干个检验批。

（12）分部工程质量验收内容和相应的合格标准应符合以下规定：

① 钢结构焊接、紧固件连接、钢零件及钢部件加工、钢构件组装、钢构件预拼装、钢结构安装、压型金属板、钢结构涂装等分项工程均应符合合格质量标准；

② 质量控制资料和文件应完整；

③ 有关安全及功能的检验和见证检测结果应符合 GB 50205—2001 相应合格质量标准的要求。

案例分析

1. 施工单位申请开工还应具备的条件：① 设计交底和图纸会审已完成；② 施工组织设计已经由总监理工程师签认；③ 进场道路已满足开工要求。

2. 项目监理机构对试验室的审查还应包括：① 试验室的试验范围；② 法定计量部门对试验设备出具的计量检定证明；③ 试验室管理制度。

3. 项目监理机构对施工组织设计的审查还应包括：① 编审程序是否符合相关规定；② 施工进度、施工方案及工程质量保证措施是否符合施工合同要求。

4. 施工单位还应补报的质量证明文件包括：① 质量检验报告；② 性能检测报告；③ 施工单位的质量抽检报告等。

5. ① 分包单位做法的不妥之处：分包单位将由其项目经理签字认可的专项施工方案直接报送项目监理机构。

正确做法：分包单位的专项施工方案应由分包单位技术负责人签字后，交给总包单位，经总包单位技术负责人审查、签字后，提交项目监理机构审核。

② 专业监理工程师做法的不妥之处：专业监理工程师审核后批准了分包单位经项目经理签字的专项施工方案。

正确做法：在总监理工程师的组织下，专业监理工程师应审查总包单位报送的专项施工方案，并将审查意见提交给总监理工程师。

技能训练题

一、选择题（有 A、B、C、D 四个选项的是单项选择题，有 A、B、C、D、E 五个选项的是多项选择题）

1. 在监理过程中，监理人员应按照监理规划及监理实施细则中规定的频次进行现场巡视，巡视检查内容以（　　）为主。

A. 现场施工进度　　　　　　　　B. 现场施工质量

C. 建设项目造价目标实现　　　　D. 安全生产事故隐患

E. 现场施工信息管理流程

2. 平行检验是项目监理机构在施工单位自检的同时，按照有关规定、建设工程监理合同约定对（　　）检验项目进行的检测试验活动。

A. 平行　　　　B. 同一　　　　C. 相关　　　　D. 所有

3. 下列关于监理人员旁站的说法中，错误的是（　　）。

A. 凡专业监理工程师未在旁站记录上签字的，不得进行下一道工序施工

B. 发现施工单位有违反工程建设强制性标准行为的，有权责令施工单位立即整改

C. 凡没有实施旁站或者没有旁站记录的，专业监理工程师或者总监理工程师不得在相应文件上签字

D. 在旁站实施前，项目监理机构应根据旁站方案和相关的施工验收规范，对旁站人员进行技术交底

4. 监理人员实施旁站时，发现其施工活动已经或者可能危及工程质量的，旁站人员应当（　　）。

A. 采取各种应急措施　　　　　　B. 责令施工单位立即整改

C. 下达局部暂停施工指令　　　　D. 及时向监理工程师或者总监理工程师报告

5. 见证取样通常涉及三方行为，这三方是指（　　）。

A. 施工方、监理方和建设方　　　B. 监理方、设计方和建设方

C. 监理方、施工方和设计方　　　D. 施工方、见证方和试验方

6. 建设单位或工程监理单位应向施工单位、工程质监站和工程检测单位递交"见证单位和见证人员授权书"。授权书应写明本工程见证人单位及见证人姓名、证号，见证人不得

少于（　　）人。

A. 2　　　　　　　　B. 3　　　　　　　　C. 4　　　　　　　　D. 5

7. 在建设工程实施过程中进行严格的质量控制，不仅可减少实施过程中的返工费用，而且可减少投入使用后的维修费用。这体现了建设工程质量目标和投资目标之间的（　　）。

A. 对立关系　　　　　　　　　　　　B. 统一关系

C. 对立统一关系　　　　　　　　　　D. 既不对立又不统一的关系

8. 分析论证建设工程总目标，应遵循的基本原则有（　　）。

A. 动态控制和主动控制相结合　　　　B. 慎重选择被删减设计标准的具体工程内容

C. 定性分析与定量分析相结合　　　　D. 确保建设工程安全措施符合强制性标准

E. 不同建设工程三大目标可具有不同的优先等级

9. 项目监理机构控制建设工程施工质量的任务有（　　）。

A. 检查施工单位现场质量管理体系　　B. 处理工程质量事故

C. 控制施工工艺过程质量　　　　　　D. 处置工程质量问题和质量缺陷

E. 组织单位工程质量验收

10. 为了有效控制建设工程质量、造价、进度三大目标，可采取的技术措施是（　　）。

A. 审查、论证建设工程施工方案

B. 动态跟踪建设工程合同执行情况

C. 建立建设工程目标控制工作考评机制

D. 进行建设工程变更方案的技术经济分析

11. 根据《建设工程监理规范》（GB/T 50319—2013），施工单位未经批准擅自施工的，总监理工程师应（　　）。

A. 及时签发"监理通知单"　　　　　B. 立即报告建设单位

C. 及时签发"工程暂停令"　　　　　D. 立即报告政府主管部门

12. 根据《建设工程监理规范》（GB/T 50319—2013），总监理工程师应及时签发"工程暂停令"的有（　　）。

A. 施工单位违反工程建设强制性标准的

B. 建设单位要求暂停施工且工程需要暂停施工的

C. 施工存在重大质量、安全事故隐患的

D. 施工单位未按审查通过的工程设计文件施工的

E. 施工单位未按审查通过的施工方案施工的

二、思考题

1. 建设工程三大目标之间的关系是什么？

2. 建设工程三大目标控制的任务和措施有哪些？

3. 项目监理机构在处理工程暂停及复工、工程变更、索赔及施工合同争议、解除等方面的合同管理职责有哪些？

4. 建设工程信息管理包括哪些基本环节？

5. 建筑信息模型（BIM）技术有哪些特点？可在工程项目管理中应用于哪些方面？

6. 项目监理机构组织协调的内容和方法有哪些？

7. 安全生产管理的监理工作内容有哪些？

8. 项目监理机构巡视工作内容和职责有哪些？

9. 总监理工程师在巡视、旁站中应分别发挥什么作用？

10. 平行检验工作内容和职责有哪些？

11. 旁站人员主要工作内容和职责有哪些？

12. 见证取样工作程序是什么？见证监理人员工作内容和职责有哪些？

13. 建筑工程监理主要工作内容有哪些？

14. 专项施工方案审查的基本内容包含哪些？

15. 钢结构工程准备工作监理控制要点包含哪些？

三、案例题

某工程，实施过程中发生如下事件：

事件一：监理合同签订后，监理单位法定代表人要求项目监理机构在收到设计文件和施工组织设计后方可编制监理规划；同意技术负责人委托具有类似工程监理经验的副总工程师审批监理规划；不同意总监理工程师拟定的担任总监理工程师代表的人选，理由是：该人选仅具有工程师职称和 5 年工程实践经验，虽经监理业务培训，但不具有注册监理工程师资格。

事件二：专业监理工程师在审查施工单位报送的工程开工报审表及相关资料时认为：现场质量、安全生产管理体系已建立，管理及施工人员已到位，进场道路及水、电、通信满足开工要求，但其他开工条件尚不具备。

事件三：施工过程中，总监理工程师安排专业监理工程师审批监理实施细则，并委托总监理工程师代表负责调配监理人员、检查监理人员工作和参与工程质量事故的调查。

事件四：专业监理工程师巡视施工现场时，发现正在施工的部位存在安全事故隐患，立即签发"监理通知单"，要求施工单位整改。施工单位拒不整改，总监理工程师拟签发"工程暂停令"，要求施工单位停止施工，建设单位以工期紧为由不同意停工，总监理工程师没有签发"工程暂停令"，也没有及时向有关主管部门报告，最终因该事故隐患未能及时排除而导致发生严重的生产安全事故。

问题：

1. 指出事件一中监理单位法定代表人的做法有哪些不妥，分别写出正确做法。

2. 指出事件二中工程开工还应具备哪些条件。

3. 指出事件三中总监理工程师的做法有哪些不妥，分别写出正确做法。

4. 分别指出事件四中建设单位、施工单位和总监理工程师对该生产安全事故是否承担责任，并说明理由。

第六章

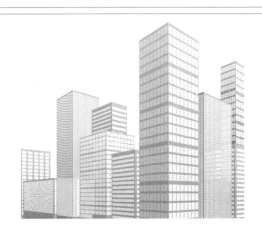

建设工程质量、进度控制与投资管理

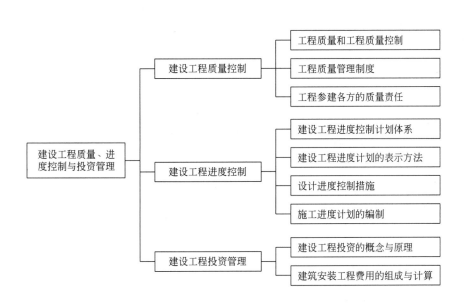

建设工程质量、进度控制与投资管理
- 建设工程质量控制
  - 工程质量和工程质量控制
  - 工程质量管理制度
  - 工程参建各方的质量责任
- 建设工程进度控制
  - 建设工程进度控制计划体系
  - 建设工程进度计划的表示方法
  - 设计进度控制措施
  - 施工进度计划的编制
- 建设工程投资管理
  - 建设工程投资的概念与原理
  - 建筑安装工程费用的组成与计算

第一节　建设工程质量控制

学习目标

了解建筑工程质量控制方面的知识。

 **本节概述**

　　建筑工程质量是指在国家现行的有关法律、法规、技术标准及设计文件和合同中，对工程的安全、适用、经济、环保、美观等特性的综合要求。工程质量控制是指为保证和提高工程质量，运用一整套质量管理体系、手段和方法所进行的系统管理活动。建设工程项目质量控制贯穿于项目实施的全过程，主要是监督项目的实施结果，将项目实施的结果与事先制定的质量标准进行比较，找出其存在的差距，并分析形成这一差距的原因。在实际工作中，防止实施者为了追求高施工速度和低费用而牺牲工程质量，发现工期拖延、费用超支时，应先考虑选择修改或制订周密计划，防止以牺牲质量为代价的赶工和降低费用。

 引导性案例

　　某工程，实施过程中发生如下事件：

　　事件一： 项目监理机构发现某分项工程混凝土强度未达到设计要求。经分析，造成该质量问题的主要原因为：① 工人操作技能差；② 砂石含泥量大；③ 养护效果差；④ 气温过低；⑤ 未进行施工交底；⑥ 搅拌机失修。

　　事件二： 对于深基坑工程，施工项目经理将组织编写的专项施工方案直接报送项目监理机构审核的同时，即开始组织基坑开挖。

　　事件三： 施工中发现地质情况与地质勘察报告不符，施工单位提出工程变更申请。项目监理机构审查后，认为该工程变更涉及设计文件修改，在提出审查意见后将工程变更申请报送建设单位。建设单位委托原设计单位修改了设计文件。项目监理机构收到修改的设计文件后，立即要求施工单位据此安排施工，并在施工前组织了设计交底。

　　事件四： 建设单位收到某材料供应商的举报，称施工单位已用于工程的某批装饰材料为不合格产品。据此，建设单位立即指令施工单位暂停施工，指令项目监理机构见证施工单位对该批材料的取样检测。经检测，该批材料为合格产品。为此，施工单位向项目监理机构提交了暂停施工后的人员窝工和机械闲置的费用索赔申请。

　　问题：

　　1. 针对事件一中的质量问题绘制包含人员、机械、材料、方法、环境五大因果分析图，并将①～⑥项原因分别归入五大要因之中。

　　2. 指出事件二中的不妥之处，写出正确做法。

　　3. 指出事件三中项目监理机构做法的不妥之处，写出正确的处理程序。

　　4. 事件四中，建设单位的做法是否妥当？项目监理机构是否应批准施工单位提出的索赔申请？分别说明理由。

一、工程质量和工程质量控制

　　建设工程项目的质量控制贯穿于项目实施的全过程，只有确保工程质量达到了有关验收标准，才能杜绝"豆腐渣"工程的出现，才能保证国家和人民的财产安全，才能为企业赢得声誉。

（一）建设工程项目的质量

建设工程项目的质量是指工程的使用价值及其属性，是一个综合性的指标，体现合同中明确提出的以及隐含的需要与要求的功能。包括如下几个方面：

（1）工程投产运行后，所产生的产品（或服务）的质量，运行的安全性和稳定性。

（2）所使用的材料、设备、工艺、结构的质量以及它们的耐久性和整个工程的寿命。

（3）工程的其他方面，如造型美观、与环境协调以及可维护性和可检查性等。

（二）工程质量形成过程与影响因素

1. 工程建设阶段对质量形成的作用与影响

工程建设的不同阶段，对工程项目质量的形成有着不同的作用和影响。

（1）项目可行性研究　项目可行性研究是在项目建议书和项目策划的基础上，运用经济学原理对投资项目的有关技术、经济、社会、环境等方面进行调查研究，对各种可能的拟建方案和建成投产后的经济效益、社会效益和环境效益等进行技术经济分析、预测和论证，确定项目建设的可行性，并在可行的情况下，通过多方案比较从中选择出最佳建设方案，作为项目决策和设计的依据。在此过程中，需要确定工程项目的质量要求，并与投资目标相协调。因此，项目的可行性研究直接影响项目的决策质量和设计质量。

（2）项目决策　项目决策阶段是通过项目可行性研究和项目评估，对项目的建设方案作出决策，使项目的建设充分反映业主的意愿，并与地区环境相适应，做到投资、质量、进度三者协调统一。所以，项目决策阶段对工程质量的影响主要是确定工程项目应达到的质量目标和水平。

（3）工程勘察、设计　工程的地质勘察是为建设场地的选择和工程的设计与施工提供地质资料依据。而工程设计是根据建设项目总体需求（包括已确定的质量目标和水平）和地质勘察报告，对工程的外形和内在的实体进行筹划、研究、构思、设计和描绘，形成设计说明书和图纸等相关文件，使得质量目标和水平具体化，为施工提供直接依据。

工程设计质量是决定工程质量的关键环节。工程采用什么样的平面布置和空间形式，选用什么样的结构类型，使用什么样的材料、构配件及设备等，都直接关系到工程主体结构的安全可靠，关系到建设投资的综合功能是否充分体现规划意图。

（4）工程施工　工程施工是指按照设计图纸和相关文件的要求，在建设场地上将设计意图付诸实现的测量、作业、检验，形成工程实体、建成最终产品的活动。工程施工活动决定了设计意图能否体现，直接关系到工程的安全可靠、使用功能的实现，以及外表观感能否体现建筑设计的艺术水平。在一定程度上，工程施工是形成实体质量的决定性环节。

（5）工程竣工验收　工程竣工验收就是对工程施工质量通过检查评定、试车运转，考核施工质量是否达到设计要求，是否符合决策阶段确定的质量目标和水平，并通过验收确保工程项目质量。所以，工程竣工验收对质量的影响是保证最终产品的质量。

2. 影响工程质量的因素

影响工程的因素很多，但归纳起来主要有五个方面，即人（man）、材料（material）、机械（machine）、方法（method）和环境（environment），简称"4M1E"。

（1）人员素质　人是生产经营活动的主体，也是工程项目建设的决策者、管理者、操作者，工程建设的规划、决策、勘察、设计、施工与竣工验收等全过程，都是通过人的工作来完成的。人员的素质，即人的文化水平、技术水平、决策能力、管理能力、组织能力、作业能力、控制能力、身体素质及职业道德等，都将直接和间接地对规划、决策、勘察、设计和施工的质量产生影响，而规划是否合理，决策是否正确，设计是否符合所需要的质量要求，施工能否满足合同、规范、技术标准的需要等，都将对工程质量产生不同程度的影响。人员素质是影响工程质量的一个重要因素。因此，建筑行业实行资质管理和各类专业从业人员持证上岗制度是保证人员素质的重要管理措施。

（2）工程材料　工程材料是指构成工程实体的各类建筑材料、构配件、半成品等，它是工程建设的物质条件，是工程质量的基础。工程材料选用是否合理、产品是否合格、材质是否经过检验、保管使用是否得当等，都将直接影响建设工程的结构刚度和强度，以及工程外表及观感、使用功能、使用安全。

（3）机械设备　机械设备可分为两类：一类是指组成工程实体及配套的工艺设备和各类机具，如电梯、泵机、通风设备等，它们构成了建筑设备安装工程或工业设备安装工程，形成完整的使用功能；另一类是指施工过程中使用的各类机具设备，包括大型垂直与横向运输设备、各类操作工具、各种施工安全设施、各类测量仪器和计量器具等，简称施工机具设备，它们是施工生产的手段。施工机具设备对工程质量也有重要的影响。工程所用机具设备，其产品质量优劣直接影响工程使用功能质量。施工机具设备的类型是否符合工程施工特点，性能是否先进稳定，操作是否方便安全等，都将影响工程项目的质量。

（三）建设工程质量的特点

建设工程质量的特点是由建设工程本身和建设生产的特点决定的。建设工程（产品）及其生产的特点：一是产品的固定性，生产的流动性；二是产品多样性，生产的单件性；三是产品形体庞大、高投入、生产周期长、具有风险性；四是产品的社会性，生产的外部约束性。正是由于上述建设工程的特点而形成了建设工程质量本身的以下特点。

（1）影响因素多　建设工程质量受到多种因素的影响，如决策、设计、材料、机具设备、施工方法、施工工艺、技术措施、人员素质、工期、工程造价等，这些因素直接或间接地影响工程项目质量。

（2）质量波动大　由于建筑生产的单件性、流动性，不像一般工业产品的生产那样有固定的生产流水线、有规范化的生产工艺和完善的检测技术、有成套的生产设备和稳定的生产环境，所以工程质量容易产生波动且波动大。同时由于影响工程质量的偶然性因素和系统性因素比较多，其中任一因素发生变动，都会使工程质量产生波动，如材料规格品种使用错误、施工方法不当、操作未按规程进行、机械设备过度磨损或出现故障、设计计算失误等，都会产生质量波动，产生系统因素的质量变异，造成工程质量事故。为此，要严防出现系统性因素导致的质量变异，要把质量波动控制在偶然性因素范围内。

（3）质量隐蔽性　建设工程在施工过程中，分项工程交接多、中间产品多、隐蔽工程多，因此质量存在隐蔽性。若在施工中不及时进行质量检查，事后只能从表面上检查，就很难发现内在的质量问题，这样就容易产生判断错误，即将不合格品误认为合格品。

（4）终检的局限性　工程项目建成后不可能像一般工业产品那样依靠终检来判断产品质量，或将产品拆卸、解体来检查其内在质量，或对不合格零部件进行更换。而工程项目的终检（竣工验收）无法进行工程内在质量的检验，以发现隐蔽的质量缺陷。因此，工程项目的终检存在一定的局限性，这就要求工程质量控制应以预防为主，防患于未然。

（5）评价方法的特殊性　工程质量的检查评定及验收是按检验批、分项工程、分部工程、单位工程进行的。检验批的质量是分项工程乃至整个工程质量检验的基础，检验批质量合格与否主要取决于主控项目和一般项目检验的结果。隐蔽工程在隐蔽前要检查合格后验收。涉及结构安全的试块、试件以及有关材料，应按规定进行见证取样检测。涉及结构安全和使用功能的重要分部工程要进行抽样检测。工程质量是在施工单位按合格质量标准自行检查评定的基础上，由项目监理机构组织有关单位、人员进行检验，确认验收。这种评价方法体现了"验评分离、强化验收、完善手段、过程控制"的指导思想。

（四）工程质量控制主体和原则

1. 工程质量控制主体

工程质量控制贯穿于工程项目实施的全过程，其侧重点是按照既定目标、准则、程序，使产品和过程的实施保持受控状态，预防不合格情况的发生，持续稳定地生产合格品。

工程质量控制按其实施主体不同，分为自控主体和监控主体。前者是指直接从事质量职能的活动者，后者是指对他人质量能力和效果的监控者，主要包括以下五个方面：

（1）政府的工程质量控制　政府属于监控主体，它主要是以法律法规为依据，通过抓工程报建、施工图设计文件审查、施工许可、材料和设备准用、工程质量监督、工程竣工验收备案等主要环节实施监控。

（2）建设单位的工程质量控制　建设单位属于监控主体，工程质量控制按工程质量形成过程，建设单位的质量控制包括建设全过程各阶段：

① 决策阶段的质量控制，主要是通过项目的可行性研究，选择最佳建设方案，使项目的质量要求符合业主的意图，并与投资目标相协调，与所在地区环境相协调。

② 工程勘察设计阶段的质量控制，主要是要选择好勘察设计单位，要保证工程设计符合决策阶段确定的质量要求，保证设计符合有关技术规范和标准的规定，保证设计文件、图纸符合现场和施工的实际条件，其深度能满足施工的需要。

③ 工程施工阶段的质量控制，一是择优选择能保证工程质量的施工单位，二是择优选择服务质量好的监理单位，委托其严格监督施工单位按设计图纸进行施工，并形成符合合同文件规定质量要求的最终建设产品。

（3）工程监理单位的质量控制　工程监理单位属于监控主体，主要是受建设单位的委托，根据法律法规、工程建设标准、勘察设计文件及合同，制订和实施相应的监理措施，采用旁站、巡视、平行检验和检查验收等方式，代表建设单位在施工阶段对工程质量进行监督和控制，以满足建设单位对工程质量的要求。

（4）勘察设计单位的质量控制　勘察设计单位属于自控主体，它是以法律、法规及合同为依据，对勘察设计的整个过程进行控制，包括工作质量和成果文件质量的控制，确保提交的勘察设计文件所包含的功能和使用价值满足建设单位工程建造的要求。

（5）施工单位的质量控制　施工单位属于自控主体，它是以工程合同、设计图纸和技术规范为依据，对施工准备阶段、施工阶段、竣工验收交付阶段等施工全过程的工作质量和工程质量进行的控制，以达到施工合同文件规定的质量要求。

2. 工程质量控制原则

项目监理机构在工程质量控制过程中，应遵循以下几条原则：

（1）坚持质量第一的原则　建设工程质量不仅关系工程的适用性和建设项目投资效果，而且关系到人民群众生命财产的安全。所以，项目监理机构在进行投资、进度、质量三大目标控制时，在处理三者关系时，应坚持"百年大计，质量第一"，在工程建设中自始至终把"质量第一"作为对工程质量控制的基本原则。

（2）坚持以人为核心的原则　人是工程建设的决策者、组织者、管理者和操作者。工程建设中各单位、各部门、各岗位人员的工作质量水平和完善程度，都直接和间接地影响工程质量。所以在工程质量控制中，要以人为核心，重点控制人的素质和人的行为，充分发挥人的积极性和创造性，以人的工作质量保证工程质量。

（3）坚持以预防为主的原则　工程质量控制应该是积极主动的，应事先对影响质量的各种因素加以控制，而不能是消极被动的，等出现质量问题再进行处理，已造成不必要的损失。所以，要重点做好质量的事先控制和事中控制，以预防为主，加强过程和中间产品的质量检查和控制。

（4）以合同为依据，坚持质量标准的原则　质量标准是评价产品质量的尺度，工程质量是否符合合同规定的质量标准要求，应通过质量检验并与质量标准对照。符合质量标准要求的才是合格，不符合质量标准要求的就是不合格，必须返工处理。

（5）坚持科学、公平、守法的职业道德规范　在工程质量控制中，项目监理机构必须坚持科学、公平、守法的职业道德规范，要尊重科学，尊重事实，以数据资料为依据，客观、公平地进行质量问题的处理。要坚持原则，遵纪守法，秉公监理。

二、工程质量管理制度

（一）工程质量管理制度体系

1. 工程质量管理体制

（1）建设工程管理的行为主体　根据我国投资建设项目管理体制，建设工程管理的行为主体可分为三类。

第一类是政府部门，包括中央政府和地方政府的发展和改革部门、住房和城乡建设部门、国土资源部门、环境保护部门、安全生产管理部门等相关部门。政府对工程质量的监督管理就是为保障公众安全与社会利益不受到危害。

第二类是建设单位。在建设工程管理中，建设单位自始至终是建设工程管理的主导者和责任人，其主要责任是对建设工程实施全过程、全方位有效管理，保证建设工程总体目标的实现，并承担项目的风险以及经济、法律责任。

第三类是工程建设参与方，包括工程勘察设计单位、工程施工承包单位、材料设备供应单位，以及工程咨询、工程监理、招标代理、造价咨询单位等工程服务机构。

（2）工程质量管理体系　工程质量管理体系是指为实现工程项目质量管理目标，围绕着工程项目质量管理而建立的质量管理体系。工程质量管理体系包含三个层次：一是承建方的自控，二是建设方（含监理等咨询服务方）的监控，三是政府和社会的监督。其中，承建方包括勘察单位、设计单位、施工单位、材料供应单位等；咨询服务方包括监理单位、咨询单位、项目管理公司、审图机构、检测机构等。

因此，我国工程建设实行"政府监督、社会监理与检测、企业自控"的质量管理与保证体系。但社会监理的实施，并不能取代建设单位和承建方承担的按法律法规规定的应有的质量责任。

2. 政府监督管理职能

（1）建立和完善工程质量管理法规　包括行政性法规和工程技术规范标准，前者如《建筑法》《招标投标法》《建设工程质量管理条例》等，后者如工程设计规范、建筑工程施工质量验收标准、工程施工质量验收规范等。

（2）建立和落实工程质量责任制　包括工程质量行政领导的责任、项目法定代表人的责任、参建单位法定代表人的责任和工程质量终身负责制等。

（3）建设活动主体资格的管理　国家对从事建设活动的单位实行严格的从业许可证制度，对从事建设活动的专业技术人员实行严格的执业资格制度。建设行政主管部门及有关专业部门按各自分工，负责各类资质标准的审查、从业单位的资质等级的最后认定、专业技术人员资格等级的核查和注册，并对资质等级和从业范围等实施动态管理。

（4）工程承发包管理　包括规定工程招投标承发包的范围、类型、条件，对招投标承发包活动的依法监督和工程合同管理。

（5）工程建设程序管理 包括工程报建、施工图设计文件审查、工程施工许可、工程材料和设备准用、工程质量监督、施工验收备案等管理。

（二）工程质量管理主要制度

1. 工程质量监督

由县级以上地方人民政府建设行政主管部门对本行政区域内的建设工程质量实施监督管理，其有权要求被检查的单位提供有关工程质量的文件和资料，有权进入被检查单位的施工现场进行检查。在检查中发现工程质量存在问题时，有权责令改正。

政府的工程质量监督管理具有权威性、强制性、综合性的特点。

工程质量监督管理由建设行政主管部门或其他有关部门委托的工程质量监督机构具体实施。

工程质量监督机构是经省级以上建设行政主管部门或有关专业部门考核认定，具有独立法人资格的单位。它受县级以上地方人民政府建设行政主管部门或有关专业部门的委托，依法对工程质量进行强制性监督，并对委托部门负责。

工程质量监督机构的主要任务：

① 根据政府主管部门的委托，受理建设工程项目的质量监督。

② 制订质量监督工作方案。

③ 检查施工现场工程建设各方主体的质量行为。

④ 检查建设工程实体质量。

⑤ 监督工程质量验收。

⑥ 向委托部门报送工程质量监督报告。

⑦ 对预制建筑构件和商品混凝土的质量进行监督。

⑧ 政府主管部门委托的工程质量监督管理的其他工作。

2. 施工图审查

施工图审查是指国务院建设行政主管部门和省、自治区、直辖市人民政府建设行政主管部门委托依法认定的设计审查机构，根据国家法律、法规，对施工图涉及公共利益、公众安全和工程建设强制性标准的内容进行的审查。

（1）施工图审查的范围 房屋建筑工程、市政基础设施工程施工图设计文件均属审查范围。建设单位应当将施工图送审查机构审查。建设单位可以自主选择审查机构，但审查机构不得与所审查项目的建设单位、勘察设计单位有隶属关系或者其他利害关系。

（2）施工图审查的主要内容

① 是否符合工程建设强制性标准；

② 地基基础和主体结构的安全性；

③ 是否符合民用建筑节能强制性标准，对执行绿色建筑标准的项目，还应当审查是否符合绿色建筑标准；

④ 勘察设计企业和注册执业人员以及相关人员是否按规定在施工图上加盖相应的图章和签字；

⑤ 法律、法规、规章规定必须审查的内容。

（3）施工图审查有关各方的职责

① 省级人民政府建设行政主管部门负责认定本行政区域内的审查机构。

② 审查机构按照有关规定对勘察成果、施工图设计文件进行审查，但并不改变勘察、设计单位的质量责任。

③ 建设工程经施工图设计文件审查后因勘察设计原因发生工程质量问题，审查机构承

担审查失职的责任。

（4）施工图审查管理

1）施工图审查的时限。施工图审查原则上不超过下列时限：

① 一级以上建筑工程，大型市政工程为 15 个工作日；二级及以下建筑工程，中型及以下市政工程为 10 个工作日。

② 工程勘察文件，甲级项目为 7 个工作日，乙级及以下项目为 5 个工作日。

2）施工图审查合格的处理。审查合格的，审查机构应当向建设单位出具审查合格书，并将经审查机构盖章的全套施工图交还建设单位。审查合格书应当有各专业的审查人员签字，经法定代表人签发，并加盖审查机构公章。审查机构应当在 5 个工作日内将审查情况报工程所在地县级以上地方人民政府建设主管部门备案。

3）施工图审查不合格的处理。审查不合格的，审查机构应当将施工图退建设单位并书面说明不合格原因。同时，应当将审查中发现的建设单位、勘察设计单位和注册执业人员违反法律、法规和工程建设强制性标准的问题，报工程所在地县级以上地方人民政府建设主管部门。

施工图退建设单位后，建设单位应当要求原勘察设计单位进行修改，并将修改后的施工图返原审查机构审查。任何单位或者个人不得擅自修改审查合格的施工图。

3. 建设工程施工许可

建设工程开工前，建设单位应当按照国家有关规定向工程所在地县级以上人民政府建设行政主管部门申请领取施工许可证（国务院建设行政主管部门确定的限额以下的小型工程除外）。办理施工许可证应满足的条件是：

① 已经办理该建设工程用地批准手续；

② 在城市规划区的建设工程，已经取得规划许可证；

③ 需要拆迁的，其拆迁进度符合施工要求；

④ 已经确定建筑施工企业；

⑤ 有满足施工需要的施工图纸及技术资料；

⑥ 有保证工程质量和安全的具体措施；

⑦ 建设资金已经落实；

⑧ 法律、行政法规规定的其他条件。

4. 工程质量检测

工程质量检测机构是对建设工程、建筑构件、制品及现场所用的有关建筑材料、设备质量进行检测的法定单位。出具的检测报告具有法定效力。

法定的国家级检测机构出具的检测报告，在国内为最终裁定，在国外具有代表国家的性质。

提供质量检测试样的单位和个人，应当对试样的真实性负责。检验报告需经建设单位或工程监理单位确认后，由施工单位归档。

5. 工程竣工验收与备案

建设单位收到建设工程竣工报告后，应当组织设计、施工、工程监理等有关单位进行竣工验收。

建设工程竣工验收应当具备下列条件：

① 完成建设工程设计和合同约定的各项内容；

② 有完整的技术档案和施工管理资料；

③ 有工程使用的主要建筑材料、建筑构配件和设备的进场试验报告；

④ 有勘察、设计、施工、工程监理等单位分别签署的质量合格文件；

⑤ 有施工单位签署的工程保修书。

建设工程经验收合格，方可交付使用。建设单位应当自工程竣工验收合格起 15 日内，向工程所在地的县级以上地方人民政府建设行政主管部门备案。

建设单位办理工程竣工验收备案应当提交下列文件：

① 工程竣工验收备案表；

② 工程竣工验收报告；

③ 法律、行政法规规定应当由规划、公安消防、环保等部门出具的认可文件或者准许使用文件；

④ 施工单位签署的工程质量保修书；

⑤ 法规、规章规定必须提供的其他文件。

6. 工程质量保修

建设工程承包单位在向建设单位提交工程竣工验收报告时，应向建设单位出具工程质量保修书，质量保修书中应明确建设工程保修范围、保修期限和保修责任等。

在正常使用条件下，建设工程的最低保修期限为：

① 基础设施工程、房屋建筑工程的地基基础和主体结构工程，为设计文件规定的该工程的合理使用年限；

② 屋面防水工程、有防水要求的卫生间、房间和外墙面的防渗漏，为 5 年；

③ 供热与供冷系统，为 2 个采暖期、供冷期；

④ 电气管线、给排水管道、设备安装和装修工程，为 2 年。

其他项目的保修期由发包方与承包方约定。保修期自竣工验收合格之日起计算。

三、工程参建各方的质量责任

在工程项目建设中，参与工程建设的各方，应根据《建设工程质量管理条例》以及合同、协议及有关文件的规定承担相应的质量责任。

（一）建设单位的质量责任

真实、准确、齐全地提供与建设工程有关的原始资料。

不得肢解发包。不得明示或暗示设计单位或施工单位违反建设强制性标准，降低建设工程质量。

在工程开工前，负责办理有关施工图设计文件审查、工程施工许可证和工程质量监督手续，组织设计交底。

涉及建筑主体和承重结构变动的装修工程，建设单位应在施工前委托原设计单位或者具备相应资质等级的设计单位提出设计方案，经原审查机构审批后方可施工。

未经验收备案或验收备案不合格的，不得交付使用。

建设单位负责采购供应的，对发生的质量问题应承担相应的责任。

（二）勘察设计单位的质量责任

勘察单位提供的勘察成果文件应当符合国家规定的勘察深度要求，必须真实、准确。勘察单位应参与施工验槽，参与建设工程质量事故的分析。

设计单位提供的设计文件应当符合国家规定的设计深度要求，注明工程合理使用年限。除有特殊要求的建筑材料、专用设备、工艺生产线外，不得指定生产厂、供应商。设计单位还应参与工程质量事故分析。

（三）施工单位的质量责任

（1）施工单位必须在其资质等级许可的范围内承揽相应的施工任务，不许承揽超越其资质等级业务范围以外的任务，不得将承接的工程转包或违法分包，也不得以任何形式用其他施工单位的名义承揽工程或允许其他单位或个人以本单位的名义承揽工程。

（2）施工单位对所承包的工程项目的施工质量负责。应当建立健全质量管理体系，落实质量责任制，确定工程项目的项目经理、技术负责人和施工管理负责人。实行总承包的工程，总承包单位应对全部建设工程质量负责。建设工程勘察、设计、施工、设备采购的一项或多项实行总承包的，总承包单位应对其承包的建设工程或采购设备的质量负责；实行总分包的工程，分包单位应按照分包合同约定对其分包工程的质量向总承包单位负责，总承包单位对分包工程的质量承担连带责任。

（3）施工单位必须按照工程设计图纸和施工技术规范标准组织施工。未经设计单位同意，不得擅自修改工程设计。在施工中，必须按照工程设计要求、施工技术规范标准和合同约定，对建筑材料、构配件、设备和商品混凝土进行检验；不得偷工减料，不使用不符合设计和强制性标准要求的产品，不使用未经检验和试验或检验和试验不合格的产品。

工程项目总承包是指从事工程总承包的企业受建设单位委托，按照合同约定对工程项目的勘察、设计、采购、施工、试运行（竣工验收）等实行全过程或若干阶段的承包。设计、采购、施工总承包是指工程总承包企业按照合同约定，承担工程项目的设计、采购、施工等工作。

工程项目总承包企业按照合同约定承包内容（设计、采购、施工）对工程项目的（设计、材料及设备采购、施工）质量向建设单位负责。工程总承包企业可依法将所承包工程中的部分工作发包给具有相应资质的分包企业，分包企业按照分包合同的约定对总承包企业负责。

（四）工程监理单位的质量责任

（1）工程监理单位应按其资质等级许可的范围承担工程监理业务，不许超越本单位资质等级许可的范围或以其他工程监理单位的名义承担工程监理业务，不得转让工程监理业务，不许其他单位或个人以本单位的名义承担工程监理业务。

（2）工程监理单位应依照法律、法规以及有关技术标准、设计文件和建设工程承包合同，与建设单位签订监理合同，代表建设单位对工程质量实施监理，并对工程质量承担监理责任。监理责任主要有违法责任和违约责任两个方面。如果工程监理单位故意弄虚作假，降低工程质量标准，造成质量事故的，要承担法律责任。如果工程监理单位与承包单位串通，谋取非法利益，给建设单位造成损失的，应当与承包单位承担连带赔偿责任。如果监理单位在责任期内，不按照监理合同约定履行监理职责，给建设单位或其他单位造成损失的，属违约责任，应当按监理合同约定向建设单位赔偿。

（五）工程材料、构配件及设备生产或供应单位的质量责任

工程材料、构配件及设备生产或供应单位对其生产或供应的产品质量负责。生产厂或供应商必须具备相应的生产条件、技术装备和质量管理体系，所生产或供应的工程材料、构配件及设备的质量应符合国家和行业现行技术规定的合格标准和设计要求，并与说明书和包装上的质量标准相符，且应有相应的产品检验合格证，设备应有详细的使用说明等。

案例分析

1.

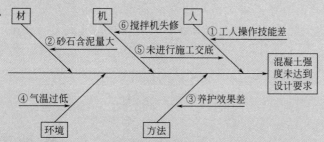

2. 不妥之处一：对于深基坑工程，施工项目经理将组织编写的专项施工方案直接报送项目监理机构。

正确做法：对于深基坑工程编制的专项施工方案，应附具安全验算结果，施工单位还应当组织专家进行论证、审查，经施工单位技术负责人审核签字后，再报项目监理机构。

不妥之处二：项目监理机构审核专项施工方案的同时，施工单位开始组织基坑开挖。

正确做法：专项施工方案，应经施工单位技术负责人、总监理工程师签字后实施，由专职安全生产管理人员进行现场监督。

3. 不妥之处：项目监理机构收到修改的设计文件后，立即要求施工单位据此安排施工，并在施工前组织了设计交底。

正确的处理程序：

项目监理机构可按下列程序处理施工单位提出的工程变更申请：

①总监理工程师组织专业监理工程师审查施工单位提出的工程变更申请，提出审查意见。对涉及工程设计文件修改的工程变更，应由建设单位转交原设计单位修改工程设计文件。

②总监理工程师组织专业监理工程师对工程变更费用及工期影响作出评估。

③总监理工程师组织建设单位、施工单位等共同协商确定工程变更费用及工期变化，会签工程变更单，由建设单位组织设计交底。

④项目监理机构根据批准的工程变更文件监督施工单位实施工程变更。

4. 建设单位的做法不妥当。理由：施工单位被举报已用于工程的某批装饰材料为不合格产品，应由项目监理机构签发监理通知单，而不是指令施工单位暂停施工。施工单位被举报已用于工程的某批装饰材料为不合格产品，不属于签发暂停令的情况，而且暂停令不应当由建设单位签发，应由总监理工程师签发。

项目监理机构应批准施工单位提出的索赔申请。因为经见证取样检测，该批材料合格，由此导致的人员窝工和机械闲置费用应由建设单位承担，所以索赔应该予以批准。

第二节　建设工程进度控制

学习目标

了解建设工程进度控制。

 本节概述

　　建设工程进度控制是指对工程建设项目的全过程实施进度控制，为此而进行的规划、监督、检查、协调及信息反馈等，以保证项目在预定的期限内建成交付使用。建设工程进度控制的最终目的是确保建设项目按预定的时间动用或提前交付使用，建设工程进度控制的总目标是建设工期。

▶ 引导性案例

　　某工程，建设单位与施工单位按照《建设工程施工合同（示范文本）》签订了施工合同。经总监理工程师批准的施工总进度计划如图 6-1 所示，各工作均按最早开始时间安排且匀速施工。

　　事件一：为加强施工进度控制，总监理工程师指派总监理工程师代表：①制订进度目标控制的防范性对策；②调配进度控制监理人员。

　　事件二：工作 D 开始后，由于建设单位未能及时提供施工图纸，使该工作暂停施工 1 个月。停工造成施工单位人员窝工损失 8 万元，施工机械台班闲置费 15 万元。为此，施工单位提出工程延期和费用补偿申请。

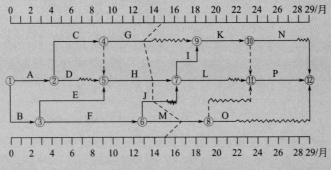

图 6-1　施工总进度计划

　　事件三：工程进行到第 11 个月遇强台风，造成工作 G 和 H 实际进度拖后，同时造成人员窝工损失 60 万元，施工机械闲置损失 100 万元，施工机械损坏损失 110 万元。由于台风影响，到第 15 个月末，实际进度前锋线如图 6-1 所示。为此，施工单位提出工程延期 2 个月和费用补偿 270 万元的索赔。

　　问题：

　　1. 指出图 6-1 中施工总进度计划的关键路线及工作 F、M 的总时差和自由时差。

　　2. 指出事件一中总监理工程师做法的不妥之处，说明理由。

　　3. 针对事件二，项目监理机构应批准的工程延期和费用补偿分别为多少？说明理由。

　　4. 根据图 6-1 所示前锋线，工作 J 和 M 的实际进度超前或拖后的时间分别是多少？对总工期是否有影响？

　　5. 事件三中，项目监理机构应批准的工程延期和费用补偿分别为多少？说明理由。

一、建设工程进度控制计划体系

1. 建设单位的计划系统

建设单位编制（也可委托监理单位编制）的进度计划包括工程项目前期工作计划、工程项目建设总进度计划、工程项目年度计划。

工程项目前期工作计划是指对工程项目可行性研究、项目评估及初步设计的工作进度安排。工程项目前期工作计划需要在预测的基础上编制。

2. 工程项目建设总进度计划的概念及主要内容

（1）概念指初步设计被批准后，在编报工程项目年度计划之前，根据初步计划，对工程项目从开始建设（设计、施工准备）至竣工投产（动用）全过程的统一部署。

（2）主要内容包括文字和表格两部分。表格部分包括工程项目一览表、工程项目总进度计划、投资计划年度分配表、工程项目进度平衡表。

3. 工程项目年度计划的编制依据、主要内容

（1）编制依据工程项目建设总进度计划和批准的设计文件。

（2）主要内容包括文字和表格两部分。表格部分包括年度计划项目表、年度竣工投产交付使用计划表、年度建设资金平衡表、年度设备平衡表。

4. 监理总进度分解计划的种类

在对建设工程实施全过程监理的情况下，监理总进度计划是依据工程项目可行性研究报告、工程项目前期工作计划和工程项目建设总进度计划编制的。

① 按工程进展阶段分解 设计准备阶段进度计划、设计阶段进度计划、施工阶段进度计划、动用前准备阶段进度计划。

② 按时间分解 年度进度计划、季度进度计划、月度进度计划。

5. 设计单位的计划系统

包括设计总进度计划、阶段性设计进度计划和设计作业进度计划。

为了控制各专业设计进度，并作为设计人员承包设计任务的依据，应根据施工图设计工作进度计划、单位工程设计工日定额及所投入的设计人员数编制设计作业进度计划。

6. 施工单位的进度计划

包括施工准备工作计划、施工总进度计划、单位工程施工进度计划及分部分项工程进度计划。

二、建设工程进度计划的表示方法

建设工程进度计划常用的表示方法为横道图、网络图。

1. 横道图

横道图也称甘特图。用横道图表示的建设工程进度计划，一般包括两个基本部分，即左侧的工作名称及工作的持续时间等基本数据部分和右侧的横道线部分，如图 6-2 所示。

（1）优点 形象直观，易于编制和理解。该计划明确地表示出各项工作的划分、工作的开始时间和完成时间、工作的持续时间、工作之间的相互搭接关系，以及整个工程项目的开工时间、完工时间和总工期。

（2）缺点

① 不能明确地反映出各项工作之间错综复杂的相互关系，不利于建设工程进度的动态控制。

② 不能明确地反映出影响工期的关键工作和关键线路。

编号	施工过程	人数	施工周数	进度计划/周 5 10 15 20 25 30 35 40 45	进度计划/周 5 10 15	进度计划/周 5 10 15 20 25
I	挖土方	10	5			
	浇基础	16	5			
	回填土	8	5			
II	挖土方	10	5			
	浇基础	16	5			
	回填土	8	5			
III	挖土方	10	5			
	浇基础	16	5			
	回填土	8	5			
货源需要量(人)				10 16 8 10 16 8 10 16 8	30 48 24	10 26 34 24 8
施工组织方式				依次施工	平行施工	流水施工
工期(周)				$T=3\times(3\times5)=45$	$T=3\times5=15$	$T=(3-1)\times5+3\times5=25$

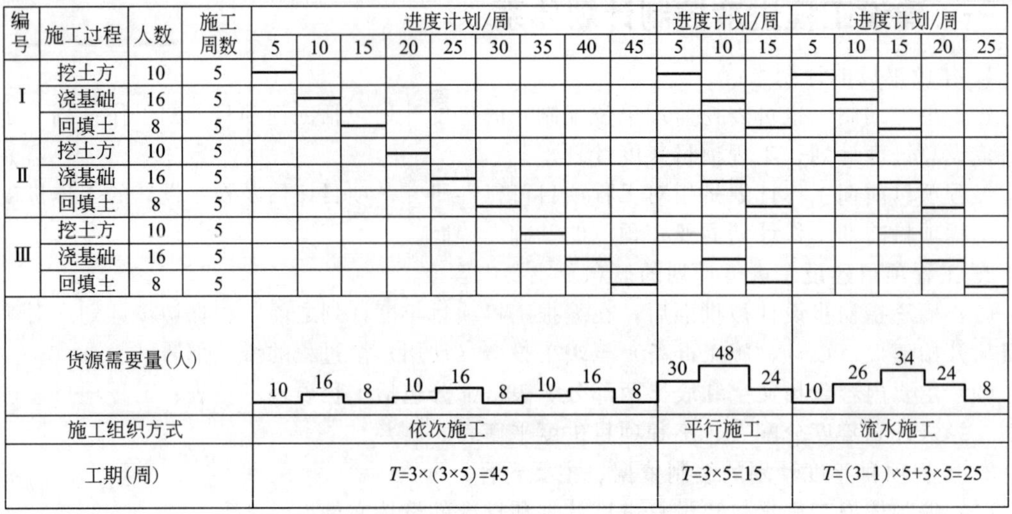

图 6-2　建设工程进度计划横道图表示法

③ 不能反映出工作所具有的机动时间。

④ 不能反映工程费用与工期之间的关系，因而不便于缩短工期和降低工程成本。

在横道计划的执行过程中，对其进行调整也是十分烦琐和费时的。

横道图的施工组织方式分为依次施工、平行施工、流水施工，它们的特点见表 6-1。

表 6-1　横道图施工组织方式特点

项目	依次施工	平行施工	流水施工
概念	将拟建工程项目中的每一个施工对象分解为若干个施工过程，按施工工艺要求依次完成每一个施工过程；当一个施工对象完成后，再按同样的顺序完成下一个施工对象，依次类推，直至完成所有施工对象	组织几个劳动组织相同的工作队，在同一时间、不同的空间，按施工工艺要求完成各施工对象	将拟建工程项目中的每一个施工对象分解为若干个施工过程，并按照施工过程成立相应的专业工作队，各专业队按照施工顺序依次完成各个施工对象的施工过程，同时保证施工在时间和空间上连续、均衡和有节奏地进行，使相邻两专业队能最大限度地搭接作业
特点	(1) 没有充分地利用工作面进行施工，工期长； (2) 如果按专业成立工作队，则各专业队不能连续作业，有时间间歇，劳动力及施工机具等资源无法均衡使用； (3) 如果由一个工作队完成全部施工任务，则不能实现专业化施工，不利于提高劳动生产率和工程质量； (4) 单位时间内投入的劳动力、施工机具、材料等资源量较少，有利于资源供应的组织； (5) 施工现场的组织、管理比较简单	(1) 充分地利用工作面进行施工，工期短； (2) 如果每一个施工对象均按专业成立工作队，则各专业队不能连续作业，劳动力及施工机具等资源无法均衡使用； (3) 如果由一个工作队完成一个施工对象的全部施工任务，则不能实现专业化施工，不利于提高劳动生产率和工程质量； (4) 单位时间内投入的劳动力、施工机具、材料等资源量成倍增加，不利于资源供应； (5) 施工现场的组织、管理比较复杂	(1) 尽可能地利用工作面进行施工，工期比较短； (2) 各工作队实现了专业化施工，有利于提高技术水平和劳动生产率； (3) 专业工作队能够连续施工，同时使相邻专业队的开工时间能够最大限度地搭接； (4) 单位时间内投入的劳动力、施工机具、材料等资源量较为均衡，有利于资源供应； (5) 为施工现场的文明施工和科学管理创造了有利条件

2. 网络图

网络图是由箭线和节点组成，用来表示工作流程的有向、有序网状图形。一个网络图表示一项计划任务。网络图中的工作是计划任务按需要粗细程度划分而成的、消耗时间或同时也消耗资源的一个子项目或子任务。工作可以是单位工程，也可以是分部工程、分项工程，一个施工过程也可以作为一项工作。建设工程进度计划网络计划表示法如图 6-3 所示。

与横道计划相比，网络计划具有以下主要特点：

① 网络计划能够明确表达各项工作之间的逻辑关系。
② 通过网络计划时间参数的计算，可以找出关键线路和关键工作。
③ 通过网络计划时间参数的计算，可以明确各项工作的机动时间。
④ 网络计划可以利用电子计算机进行计算、优化和调整。

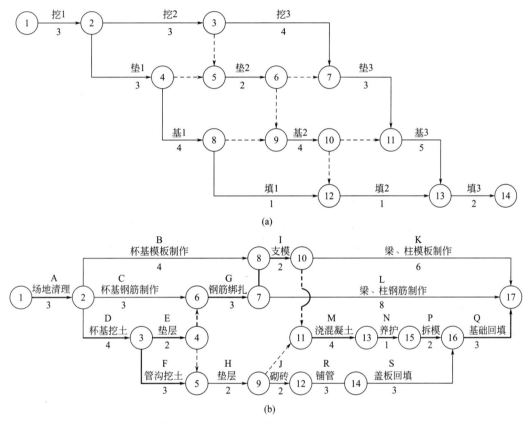

图 6-3　建设工程进度计划网络计划表示法

当然，网络计划也有其不足之处，比如不像横道计划那么直观明了等，但这可以通过绘制时标网络计划得到弥补。

建设工程进度计划的编制程序见表 6-2。

表 6-2　建设工程进度计划的编制程序

编制阶段	编制步骤	编制阶段	编制步骤
计划准备阶段	(1) 调查研究； (2) 确定进度计划目标	计算时间参数及确定关键线路阶段	(1) 计算工作持续时间； (2) 计算网络计划时间参数； (3) 确定关键线路和关键工作
绘制网络图阶段	(1) 进行项目分解； (2) 分析逻辑关系； (3) 绘制网络图	网络计划优化阶段	(1) 优化网络计划； (2) 编制优化后网络计划

三、设计进度控制措施

(一) 影响设计进度的因素

(1) 建设意图及要求改变的影响;

(2) 设计审批时间的影响;

(3) 设计各专业之间协调配合的影响;

(4) 工程变更的影响;

(5) 材料代用、设备选用失误的影响。

(二) 监理单位对设计进度监控的内容

(1) 设计工作开始之前,监理工程师应审查设计单位所编制的进度计划的合理性和可行性。

(2) 在设计过程中,监理工程师应定期检查设计工作的实际完成情况并不断与计划对比,一旦发现偏差,应及时采取措施,以加快设计进度。必要时,可对原计划进行调整或修改。

(3) 在设计进度控制中,监理工程师要对设计单位填写的设计图纸进度表进行核查分析,并提出自己的见解,从而将各设计阶段的每一张图纸及设计文件的进度都纳入监控之中。

(三) 施工进度控制目标的分解方法

(1) 按项目组成分解,确定各单位工程开工及动用日期。

(2) 按承包单位分解,明确分工条件和承包责任。

(3) 按施工阶段分解,划定进度控制分界点。

(4) 按计划期分解,组织综合施工。

(四) 确定施工进度控制目标的主要依据

建设工程总进度目标对施工工期的要求;工期定额、类似工程项目的实际进度;工程难易程度和工程条件的落实情况等。

(五) 施工阶段进度控制的内容

1. 施工进度控制工作阶段

从审核承包单位提交的施工进度计划开始,直至建设工程保修期满为止。

2. 施工进度控制工作主要内容

(1) 编制施工进度控制工作细则。施工进度控制工作细则是在建设工程监理规划的指导下,由项目监理班子中进度控制部门的监理工程师负责编制的更具有实施性和操作性的监理业务文件。其主要内容包括:

① 施工进度控制目标分解图;

② 施工进度控制的主要工作内容和深度;

③ 进度控制人员的职责分工;

④ 与进度控制有关各项工作的时间安排及工作流程;

⑤ 进度控制的方法(包括进度检查周期、数据采集方式、进度报表格式、统计分析方法等);

⑥ 进度控制的具体措施(包括组织措施、技术措施、经济措施及合同措施等);

⑦ 施工进度控制目标实现的风险分析;

⑧ 尚待解决的有关问题。

（2）编制或审核施工进度计划。为了保证建设工程的施工任务按期完成，监理工程师必须审核承包单位提交的施工进度计划。注意：

① 当大型建设工程由于单位工程较多、施工工期长且采取分期分批发包又没有一个负责全部工程的总承包单位时，就需要监理工程师编制施工总进度计划；

② 当建设工程由若干个承包单位平行承包时，监理工程师也有必要编制施工总进度计划；

③ 当建设工程有总承包单位时，监理工程师只需对总承包单位提交的施工总进度计划进行审核即可。而对于单位工程施工进度计划，监理工程师只负责审核而不需要编制。

如果监理工程师在审查施工进度计划的过程中发现问题，应及时向承包单位提出书面修改意见（也称整改通知书），并协助承包单位修改。其中重大问题应及时向业主汇报。

应当说明，编制和实施施工进度计划是承包单位的责任。承包单位之所以将施工进度计划提交给监理工程师审查，是为了听取监理工程师的建设性意见。因此，监理工程师对施工进度计划的审查或批准，并不解除承包单位对施工进度计划的任何责任和义务。

尽管承包单位向监理工程师提交施工进度计划是为了听取建设性意见，但施工进度计划一经监理工程师确认，即应视为合同文件的一部分，它是以后处理承包单位提出的工程延期或费用索赔的一个重要依据。

（3）按年、季、月编制工程综合计划。

（4）下达工程开工令。

（5）协助承包单位实施进度计划。

（6）监督施工进度计划的实施。

（7）组织现场协调会。

（8）签发工程进度款支付凭证。

（9）审批工程延期。由于承包单位自身的原因所造成的工程进度拖延称为工程延误；由于承包单位以外的原因所造成的工程进度拖延称为工程延期。监理工程师对修改后的施工进度计划的确认，并不是对工程延期的批准，只是要求承包单位在合理的状态下施工。

（10）向业主提供进度报告。

（11）督促承包单位整理技术资料。

（12）签署工程竣工报验单、提交质量评估报告。

（13）整理工程进度资料。

（14）工程移交。

四、施工进度计划的编制

（一）施工总进度计划的编制步骤和方法

（1）计算工程量。

（2）确定各单位工程的施工期限。

（3）确定各单位工程的开竣工时间和相互搭接关系。

（4）编制初步施工总进度计划。全工地性的流水作业安排应以工程量大、工期长的单位工程为主导。

（5）编制正式施工总进度计划。

（二）单位工程施工进度计划的编制方法

（1）划分工作项目　对于大型建设工程，经常需要编制控制性施工进度计划，此时工作项目可以划分得粗一些，一般只明确到分部工程即可。如果编制实施性施工进度计划，工作项目就应划分得细一些。

(2) 确定施工顺序。

(3) 计算工程量。

(4) 计算劳动量和机械台班数 当某工作项目是由若干个分项工程合并而成时，则应分别根据各分项工程的时间定额（或产量定额）及工程量，按式（6-1）计算出合并后的综合时间定额（或综合产量定额）。

$$H = (Q_1H_1 + Q_2H_2 + \cdots + Q_iH_i + \cdots + Q_nH_n)/(Q_1 + Q_2 + \cdots + Q_i + \cdots + Q_n)$$

(6-1)

式中　H——综合时间定额（工日/m³，工日/m²，工日/t，……）；

　　　Q_i——工作项目中第 i 个分项工程的工程量；

　　　H_i——工作项目中第 i 个分项工程的时间定额。

根据工作项目的工程量和所采用的定额，即可按式（6-2）或式（6-3）计算出各工作项目所需要的劳动量和机械台班数。

$$P = QH \tag{6-2}$$

或　　　　　　　　　　　　$$P = Q/S \tag{6-3}$$

式中　P——工作项目所需要的劳动量（工日）或机械台班数（台班）；

　　　Q——工作项目的工程量（m³，m²，t，……）；

　　　S——工作项目所采用的人工产量定额 [m³/工日，m²/工日，t/工日，……或机械台班产量定额（m³/台班，m²/台班，t/台班，……）]。

其他字母含义同上。

零星项目所需要的劳动量可结合实际情况，根据承包单位的经验进行估算。

由于水、暖、电、卫等工程通常由专业施工单位施工，因此，在编制施工进度计划时，不计算其劳动量和机械台班数，仅安排其与土建施工相配合的进度。

(5) 确定工作项目的持续时间 根据工作项目所需要的劳动量或机械台班数，以及该工作项目每天安排的工人数或配备的机械台数，即可按式（6-4）计算出各工作项目的持续时间。

$$D = P/(RB) \tag{6-4}$$

式中　D——完成工作项目所需要的时间，即持续时间，天；

　　　R——每班安排的工人数或施工机械台数；

　　　B——每天工作班数。

其他字母含义同前。

在安排每班工人数和机械台数时，应综合考虑以下问题：

① 要保证各个工作项目上工人班组中每一个工人拥有足够的工作面（不能少于最小工作面），以发挥高效率并保证施工安全。

② 要使各个工作项目上的工人数量不低于正常施工时所必需的最低限度（不能小于最小劳动组合），以达到最高的劳动生产率。

由此可见，最小工作面限定了每班安排人数的上限，而最小劳动组合限定了每班安排人数的下限。对于施工机械台数的确定也是如此。

每天的工作班数应根据工作项目施工的技术要求和组织要求来确定。例如浇筑大体积混凝土，要求不留施工缝连续浇筑时，就必须根据混凝土工程量决定采用双班制或三班制。

以上是根据安排的工人数和配备的机械台班数来确定工作项目的持续时间。但有时根据组织要求（如组织流水施工时），需要采用倒排的方式来安排进度，即先确定各工作项目的持续时间，然后以此来确定所需要的工人数和机械台数。此时，需要把式（6-4）变换成式（6-5）。利用该公式即可确定各工作项目所需要的工人数和机械台数。

$$R = P/(DB) \tag{6-5}$$

如果根据上式求得的工人数或机械台数已超过承包单位现有的人力、物力，除了寻求其他途径增加人力、物力外，承包单位应从技术上和施工组织上采取积极措施加以解决。

（6）绘制施工进度计划图。

（7）施工进度计划的检查与调整（表6-3）。

表6-3　施工进度计划的检查内容与要点

检查内容	要点
各工作项目的施工顺序、平行搭接和技术间歇是否合理。总工期是否满足合同规定	解决可行与否的问题
主要工种的工人是否能满足连续、均衡施工的要求。主要机具、材料等的利用是否均衡和充分	优化的问题

（三）项目监理机构对施工进度计划的审查

在工程项目开工前，项目监理机构应审查施工单位报审的施工总进度计划和阶段性施工进度计划，提出审查意见，并应由总监理工程师审核后报建设单位。

施工进度计划审查应包括下列基本内容：

① 施工进度计划应符合施工合同中工期的约定。

② 施工进度计划中主要工程项目无遗漏，应满足分批投入试运、分批动用的需要。阶段性施工进度计划应满足总进度控制目标的要求。

③ 施工顺序的安排应符合施工工艺要求。

④ 施工人员、工程材料、施工机械等资源供应计划应满足施工进度计划的需要。

⑤ 施工进度计划应符合建设单位提供的资金、施工图纸、施工场地、物资等施工条件。

（四）施工进度计划实施中的检查与调整

1. 影响建设工程施工进度的因素

工程建设相关单位的影响、物资供应进度的影响、资金的影响、设计变更的影响、施工条件的影响、各种风险因素的影响、承包单位自身管理水平的影响。

2. 监理工程师对施工进度的检查方式

① 定期地、经常地收集由承包单位提交的有关进度报表资料。

② 由驻地监理人员现场跟踪检查建设工程的实际进展情况。

③ 定期组织现场施工负责人召开现场会议。

3. 施工进度的检查的主要方法

施工进度检查的主要方法是对比法。即将经过整理的实际进度数据与计划进度数据进行比较，从中发现是否出现进度偏差以及进度偏差的大小。

4. 施工进度计划的调整方法

（1）通过压缩关键工作的持续时间来缩短工期　压缩关键工作的持续时间的具体措施：

① 组织措施：增加工作面，组织更多的施工队伍；增加每天的施工时间（如采用三班制等）；增加劳动力和施工机械的数量。

② 技术措施：改进施工工艺和施工技术，缩短工艺技术间歇时间；采用更先进的施工方法，以减少施工过程的数量（如将现浇框架方案改为预制装配方案）；采用更先进的施工机械。

③ 经济措施：实行包干奖励；提高奖金数额；对所采取的技术措施给予相应的经济补偿。

④ 其他配套措施：改善外部配合条件；改善劳动条件；实施强有力的调度等。

（2）通过组织搭接作业或平行作业来缩短工期　这种方法的特点是不改变工作的持续时间，而只改变工作的开始时间和完成时间。对于大型建设工程，容易采用平行作业的方法来调整施工进度计划；而对于单位工程项目，通常采用搭接作业的方法来调整施工进度计划。

（五）工程延期

1. 工程延期的审批程序

当工程延期事件发生后，承包单位应在合同规定的有效期内以书面形式通知监理工程师（即工程延期意向通知），以便于监理工程师尽早了解所发生的事件，及时作出一些减少延期损失的决定。随后，承包单位应在合同规定的有效期内（或监理工程师可能同意的合理期限内）向监理工程师提交详细的申述报告（延期理由及依据）。监理工程师收到该报告后应及时进行调查核实，准确地确定出工程延期时间。

当延期事件具有持续性，承包单位在合同规定的有效期内不能提交最终详细的申述报告时，应先向监理工程师提交阶段性的详情报告。监理工程师应在调查核实阶段性报告的基础上，尽快作出延长工期的临时决定。临时决定的延期时间不宜太长，一般不超过最终批准的延期时间。

待延期事件结束后，承包单位应在合同规定的期限内向监理工程师提交最终的详情报告。监理工程师应复查详情报告的全部内容，然后确定该延期事件所需要的延期时间。

如果遇到比较复杂的延期事件，监理工程师可以成立专门小组进行处理。对于一时难以作出结论的延期事件，即使不属于持续性的事件，也可以采用先作出临时延期的决定，然后再作出最后决定的办法。这样既可以保证有充足的时间处理延期事件，又可以避免由于处理不及时而造成的损失。

监理工程师在作出临时工程延期批准或最终工程延期批准之前，均应与业主和承包单位进行协商。

2. 工程延期的审批原则

（1）合同条件　监理工程师批准的工程延期必须符合合同条件，这是监理工程师审批工程延期的一条根本原则。

（2）影响工期　发生延期事件的工程部位，无论其是否处在施工进度计划的关键线路上，只有当所延长的时间超过其相应的总时差时，才能批准工程延期。

建设工程施工进度计划中的关键线路并非固定不变，监理工程师应以承包单位提交的、经自己审核后的施工进度计划（不断调整后）为依据来决定是否批准工程延期。

（3）实际情况　批准的工程延期必须符合实际情况。为此，承包单位应对延期事件发生后的各类有关细节进行详细记载，并及时向监理工程师提交详细报告。与此同时，监理工程师也应对施工现场进行详细考察和分析，并做好有关记录，以便为合理确定工程延期时间提供可靠依据。

3. 工程延期的控制

发生工程延期事件，不仅影响工程的进展，而且会给业主带来损失。因此，监理工程师应做好以下工作，以减少或避免工程延期事件的发生。

① 选择合适的时机下达工程开工令；

② 提醒业主履行施工承包合同中所规定的职责；

③ 妥善处理工程延期事件。

4. 工期延误的处理

停止付款；误期损失赔偿；取消承包资格。

(六) 物资供应进度控制

1. 物资需求计划

(1) 编制依据　施工图纸、预算文件、工程合同、项目总进度计划和各分包工程提交的材料需求计划等。

(2) 类别　物资需求计划一般包括一次性需求计划和各计划期需求计划。

编制需求计划的关键是确定需求量。

① 建设工程一次性需求量的确定。亦称工程项目材料分析，主要用于组织货源和专用特殊材料、制品的落实。

② 建设工程各计划期需求量的确定。一般是指年、季、月度物资需求计划，主要用于组织物资采购、订货和供应，主要依据已分解的各年度施工进度计划，按季、月作业计划确定相应时段的需求量。其编制方式有两种：计算法和卡段法。

2. 物资储备计划

编制依据：物资需求计划、储备定额、储备方式、供应方式和场地条件等。

3. 物资供应计划

(1) 编制依据　需求计划、储备计划和货源资料等。

(2) 编制过程　物资供应计划的编制，是在确定计划需求量的基础上，经过综合平衡后，提出申请量和采购量。因此，供应计划的编制过程也是一个平衡过程，包括数量、时间的平衡，其中，首先是数量的平衡。

4. 监理工程师控制物资供应进度的基本工作内容

(1) 协助业主进行物资供应的决策　根据设计图纸和进度计划确定物资供应要求；提出物资供应分包方式及分包合同清单，并获得业主认可；与业主协商提出对物资供应单位的要求以及在财务方面应负的责任。

(2) 组织物资供应招标工作　组织编制物资供应招标文件；受理物资供应单位的投标文件（技术评价、商务评价）；推荐物资供应单位及进行有关工作。

(3) 编制、审核和控制物资供应计划

① 编制物资供应计划。

② 审核物资供应计划。

③ 监督检查订货情况，协助办理有关事宜。

④ 控制物资供应计划的实施：掌握物资供应全过程的情况；采取有效措施保证急需物资的供应；审查和签署物资供应情况分析报告；协调各有关单位的关系。

 案例分析

1. 关键路线有 2 条：B→E→H→I→K→P，A→C→H→I→K→P。

工作 F 的总时差为 1 个月，自由时差为 0。

工作 M 的总时差为 4 个月，自由时差为 0。

2. 不妥之处：总监理工程师指派总监理工程师代表调配进度控制监理人员。

理由：总监理工程师不得将根据工程进展及监理工作情况调配监理人员的工作委托给总监理工程代表。

3. 项目监理机构应批准的工程延期为 0。

理由：工作 D 的总时差为 2 个月，工作暂停施工 1 个月，不影响总工期。

费用补偿为 8＋15＝23（万元）。

理由：建设单位原因导致人员窝工、机械闲置应给予费用索赔。

4. 工作 J 的实际进度拖后 1 个月。由于工作 J 的总时差为 1 个月，故对总工期无影响。工作 M 的实际进度超前 2 个月。工作 M 为非关键工作，故对总工期无影响。

5. 项目监理机构应批准的工程延期为 1 个月。

理由：第 15 个月末，实际进度前锋线显示，关键工作 H 推迟 1 个月，将影响总工期 1 个月，其他工作延误时间均小于其总时差，不产生影响。

项目监理机构应批准的费用补偿为 0。

理由：强台风属于不可抗力，不可抗力期间的人员窝工、施工机械闲置、施工机械损坏均属于承包单位应该承担的责任，无需给予费用索赔。

第三节　建设工程投资管理

 学习目标

了解建设工程投资管理。

 本节概述

建设工程投资一般是指进行某项工程从建设到形成生产能力花费的全部费用，即该建设项目有计划地形成固定资产、扩大再生产能力和维持最低量流动基金的一次性费用总和。建设工程投资管理是指为了实现投资的预期目标，在规划、设计方案条件下，预测、确定和监控工程造价及其变动的系统活动。

 引导性案例

某工程，签约合同价为 30850 万元，合同工期为 30 个月，预付款为签约合同价的 20%，从开工后第 5 个月开始分 10 个月等额扣回。工程质量保证金为签约合同价的 3%，开工后每月按进度款的 10% 扣留，扣留至足额为止。施工合同约定，工程进度款按月结算。因清单工程量偏差和工程设计变更等导致的实际工程量偏差超过 15% 时，可以调整综合单价。实际工程量增加 15% 以上时，超出部分的工程量综合单价调值系数为 0.9；实际工程量减少 15% 以上时，减少后剩余部分的工程量综合单价调值系数为 1.1。

按照项目监理机构批准的施工组织设计，施工单位计划完成的工程价款见表 6-4。

表 6-4 计划完成工程价款表

时间/月	1	2	3	4	5	6	7	…	16	…
工程价款/万元	700	1050	1200	1450	1700	1700	1900	…	2100	…

工程实施过程中发生如下事件：

事件一： 由于设计差错修改图纸使局部工程量发生变化，由原招标工程量清单中的 $1320m^3$ 变更为 $1670m^3$，相应投标综合单价为 378 元/m^3。施工单位按批准后的修改图纸在工程开工后第 5 个月完成工程施工，并向项目监理机构提出了增加合同价款的申请。

事件二： 原工程量清单中暂估价为 300 万元的专业工程，建设单位组织招标后，由原施工单位以 357 万元的价格中标，招标采购费用共花费 3 万元。施工单位在工程开工后第 7 个月完成该专业工程施工，并要求建设单位对该暂估价专业工程增加合同价款 60 万元。

问题：

1. 计算该工程质量保证金和第 7 个月应扣留的预付款各为多少万元？

2. 工程质量保证金扣留至足额时预计应完成的工程价款及相应月份是多少？该月预计应扣留的工程质量保证金是多少万元？

3. 事件一中，综合单价是否应调整？说明理由。项目监理机构应批准的合同价款增加额是多少万元（写出计算过程）？

4. 针对事件二，计算暂估价工程应增加的合同价款，说明理由。

5. 项目监理机构在第 3、5、7 个月和第 15 个月签发的工程款支付证书中实际应支付的工程进度款各为多少万元（计算结果保留 2 位小数）？

一、建设工程投资的概念与原理

1. 建设工程项目投资的概念

建设工程项目投资是指进行某项工程建设花费的全部费用。生产性建设工程项目总投资包括建设投资和铺底流动资金两部分；非生产性建设工程项目总投资则只包括建设投资。

建设投资由设备及工器具购置费、建筑安装工程费、工程建设其他费用、预备费（包括基本预备费和价差预备费）和建设期利息组成。

建设投资可分为静态投资部分和动态投资部分。静态投资部分由建筑安装工程费、设备及工器具购置费、工程建设其他费和基本预备费构成。动态投资部分是指在建设期内，因建设期利息和国家新批准的税费、汇率、利率变动以及建设期价格变动引起的建设投资增加额，包括价差预备费和建设期利息。

2. 建设工程项目投资的特点

① 建设工程项目投资数额巨大。

② 建设工程项目投资差异明显。

③ 建设工程项目投资需单独计算。

④ 建设工程项目投资确定依据复杂（图 6-4）。

如预算定额是概算定额（指标）编制的基础，概算定额（指标）又是估算指标编制的基础；反过来，估算指标又控制概算定额（指标）的水平，概算定额（指标）又控制预算定额的水平。

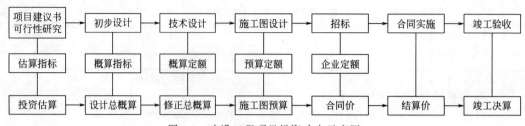

图 6-4　建设工程项目投资确定示意图

⑤ 建设工程项目投资确定层次繁多。综合分部分项工程投资、单位工程投资、单项工程投资，最后才能汇总形成建设工程项目投资。

⑥ 建设工程项目投资需动态跟踪调整。

3. 投资控制的动态

投资控制是动态的，并贯穿于项目建设的始终。这个流程应每两周或一个月循环进行。

投资控制的目标：目标的设置应是很严肃的，应有科学的依据。投资控制目标的设置应是随着工程项目建设实践的不断深入而分阶段设置。具体来讲，投资估算应是建设工程设计方案选择和进行初步设计的投资控制目标；设计概算应是进行技术设计和施工图设计的投资控制目标；施工图预算或建筑安装工程承包合同价则应是施工阶段投资控制的目标。

投资控制的重点：投资控制贯穿于项目建设的全过程。影响项目投资最大的阶段，是约占工程项目建设周期四分之一的技术设计结束前的工作阶段。

项目投资控制的重点在于施工以前的投资决策和设计阶段，而在项目作出投资决策后，控制项目投资的关键就在于设计。

4. 投资控制的措施

项目监理机构在施工阶段投资控制的具体措施见表 6-5。

表 6-5　投资控制措施

措施	具体做法
组织措施	(1) 在项目监理机构中落实从投资控制角度进行施工跟踪的人员、任务分工和职能分工。 (2) 编制本阶段投资控制工作计划和详细的工作流程图
经济措施	(1) 编制资金使用计划，确定、分解投资控制目标。对工程项目造价目标进行风险分析，并制订防范性对策。 (2) 进行工程计量。 (3) 复核工程付款账单，签发付款证书。 (4) 在施工过程中进行投资跟踪控制，定期进行投资实际支出值与计划目标值的比较；发现偏差，分析产生偏差的原因，采取纠偏措施。 (5) 协商确定工程变更的价款。审核竣工结算。 (6) 对工程施工过程中的投资支出做好分析与预测，经常或定期向建设单位提交项目投资控制及其存在问题的报告
技术措施	(1) 对设计变更进行技术经济比较，严格控制设计变更。 (2) 继续寻找通过设计挖潜节约投资的可能性。 (3) 审核承包人编制的施工组织设计，对主要施工方案进行技术经济分析
合同措施	(1) 做好工程施工记录，保存各种文件图纸，特别是注有实际施工变更情况的图纸，注意积累素材，为正确处理可能发生的索赔提供依据。参与处理索赔事宜。 (2) 参与合同修改、补充工作，着重考虑它对投资控制的影响

二、建筑安装工程费用的组成与计算

（一）建设工程总投资构成

我国现行建设工程总投资构成见图 6-5。

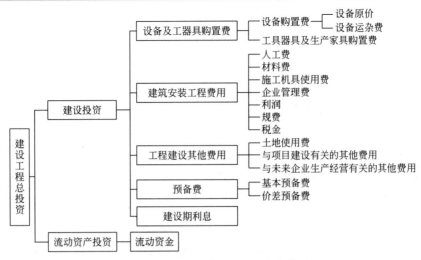

图 6-5 我国现行建设工程总投资构成

（二）按费用构成要素划分的建筑安装工程费用项目组成

按照费用构成要素划分，建筑安装工程费由人工费、材料（包含工程设备，下同）费、施工机具使用费、企业管理费、利润、规费和税金组成。其中人工费、材料费、施工机具使用费、企业管理费和利润包含在分部分项工程费、措施项目费、其他项目费中（图 6-6）。

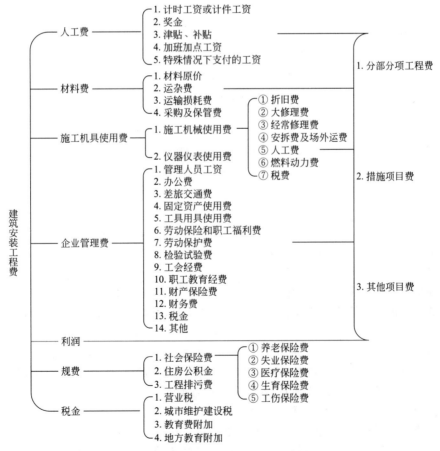

图 6-6 建筑安装工程费用项目组成表（按费用构成要素划分）

1. 人工费

人工费是指按工资总额构成规定，支付给从事建筑安装工程施工的生产工人和附属生产单位工人的各项费用。内容包括：

（1）计时工资或计件工资　是指按计时工资标准和工作时间或对已做工作按计件单价支付给个人的劳动报酬。

（2）奖金　是指对超额劳动和增收节支支付给个人的劳动报酬。如节约奖、劳动竞赛奖等。

（3）津贴、补贴　是指为了补偿职工特殊或额外的劳动消耗和因其他特殊原因支付给个人的津贴，以及为了保证职工工资水平不受物价影响支付给个人的物价补贴，如流动施工津贴、特殊地区施工津贴、高温（寒）作业临时津贴、高空津贴等。

（4）加班加点工资　是指按规定支付的在法定节假日工作的加班工资和在法定日工作时间外延时工作的加点工资。

（5）特殊情况下支付的工资　是指根据国家法律、法规和政策规定，因病、工伤、产假、计划生育假、婚丧假、事假、探亲假、定期休假、停工学习、执行国家或社会义务等原因按计时工资标准或计时工资标准的一定比例支付的工资。

2. 材料费

材料费是指施工过程中耗费的原材料、辅助材料、构配件、零件、半成品或成品、工程设备的费用。内容包括：

（1）材料原价　是指材料、工程设备的出厂价格或商家供应价格。

（2）运杂费　是指材料、工程设备自来源地运至工地仓库或指定堆放地点所发生的全部费用。

（3）运输损耗费　是指材料在运输装卸过程中不可避免的损耗。

（4）采购及保管费　是指为组织采购、供应和保管材料、工程设备的过程中所需要的各项费用。包括采购费、仓储费、工地保管费、仓储损耗。

工程设备是指构成或计划构成永久工程一部分的机电设备、金属结构设备、仪器装置及其他类似的设备和装置。

3. 施工机具使用费

施工机具使用费是指施工作业所发生的施工机械、仪器仪表使用费或其租赁费。内容包括：

（1）施工机械使用费　以施工机械台班耗用量乘以施工机械台班单价表示，施工机械台班单价应由下列七项费用组成。

① 折旧费：是指施工机械在规定的使用年限内，陆续收回其原值的费用。

② 大修理费：是指施工机械按规定的大修理间隔台班进行必要的大修理，以恢复其正常功能所需的费用。

③ 经常修理费：是指施工机械除大修理以外的各级保养和临时故障排除所需的费用，包括为保障机械正常运转所需替换设备与随机配备工具、附具的摊销和维护费用，机械运转中日常保养所需润滑与擦拭的材料费用及机械停滞期间的维护和保养费用等。

④ 安拆费及场外运费：安拆费指施工机械（大型机械除外）在现场进行安装与拆卸所需的人工、材料、机械和试运转费用以及机械辅助设施的折旧、搭设、拆除等费用；场外运费指施工机械整体或分体自停放地点运至施工现场或由一施工地点运至另一施工地点的运输、装卸、辅助材料及架线等费用。

⑤ 人工费：是指机上司机（司炉）和其他操作人员的人工费。

⑥ 燃料动力费：是指施工机械在运转作业中所消耗的各种燃料及水、电等。

⑦ 税费：是指施工机械按照国家规定应缴纳的车船使用税、保险费及年检费等。

（2）仪器仪表使用费 是指工程施工所需使用的仪器仪表的摊销及维修费用。

4. 企业管理费

企业管理费是指建筑安装企业组织施工生产和经营管理所需的费用。内容包括：

（1）管理人员工资 是指按规定支付给管理人员的计时工资、奖金、津贴补贴、加班加点工资及特殊情况下支付的工资等。

（2）办公费 是指企业管理办公用的文具、纸张、账表、印刷、邮电、书报、办公软件、现场监控、会议、水电、烧水和集体取暖降温（包括现场临时宿舍取暖降温）等费用。

（3）差旅交通费 是指职工因公出差调动工作的差旅费、住勤补助费，市内交通费和误餐补助费，职工探亲路费，劳动力招募费，职工退休、退职一次性路费，工伤人员就医路费，工地转移费以及管理部门使用的交通工具的油料、燃料等费用。

（4）固定资产使用费 是指管理和试验部门及附属生产单位使用的属于固定资产的房屋、设备、仪器等的折旧、大修、维修或租赁费。

（5）工具用具使用费 是指企业施工生产和管理使用的不属于固定资产的工具、器具、家具、交通工具和检验、试验、测绘、消防用具等的购置、维修和摊销费。

（6）劳动保险和职工福利费 是指由企业支付的职工退职金、按规定支付给离休干部的经费、集体福利费、夏季防暑降温、冬季取暖补贴、上下班交通补贴等。

（7）劳动保护费 是企业按规定发放的劳动保护用品的支出。如工作服、手套、防暑降温饮料以及在有碍身体健康的环境中施工的保健费用等。

（8）检验试验费 是指施工企业按照有关标准规定，对建筑以及材料、构件和建筑安装物进行一般鉴定、检查所发生的费用，包括自设试验室进行试验所耗用的材料等费用；不包括新结构、新材料的试验费，对构件做破坏性试验及其他特殊要求检验试验的费用和建设单位委托检测机构进行检测的费用，对此类检测发生的费用，由建设单位在工程建设其他费用中列支。但对施工企业提供的具有合格证明的材料进行检测其结果不合格的，该检测费用由施工企业支付。

（9）工会经费 是指企业按《工会法》规定的全部职工工资总额比例计提的工会经费。

（10）职工教育经费 是指按职工工资总额的规定比例计提，企业为职工进行专业技术和职业技能培训，专业技术人员继续教育、职工职业技能鉴定、职业资格认定以及根据需要对职工进行各类文化教育所发生的费用。

（11）财产保险费 是指施工管理用财产、车辆等的保险费用。

（12）财务费 是指企业为施工生产筹集资金或提供预付款担保、履约担保、职工工资支付担保等所发生的各种费用。

（13）税金 是指企业按规定缴纳的房产税、车船使用税、土地使用税、印花税等。

（14）其他 包括技术转让费、技术开发费、投标费、业务招待费、绿化费、广告费、公证费、法律顾问费、审计费、咨询费、保险费等。

5. 利润

利润是指施工企业完成所承包工程获得的盈利。

6. 规费

规费是指按国家法律、法规规定，由省级政府和省级有关权力部门规定必须缴纳或计取的费用。包括：

（1）社会保险费

① 养老保险费：是指企业按照规定标准为职工缴纳的基本养老保险费。

② 失业保险费：是指企业按照规定标准为职工缴纳的失业保险费。

③ 医疗保险费：是指企业按照规定标准为职工缴纳的基本医疗保险费。

④ 生育保险费：是指企业按照规定标准为职工缴纳的生育保险费。

⑤ 工伤保险费：是指企业按照规定标准为职工缴纳的工伤保险费。

（2）住房公积金　是指企业按规定标准为职工缴纳的住房公积金。

（3）工程排污费　是指按规定缴纳的施工现场工程排污费。

其他应列而未列入的规费，按实际发生计取。

7. 税金

税金是指国家税法规定的应计入建筑安装工程造价内的营业税、城市维护建设税、教育费附加以及地方教育附加。

（三）按造价形成划分的建筑安装工程费用项目组成

建筑安装工程费按照工程造价形成由分部分项工程费、措施项目费、其他项目费、规费、税金组成，分部分项工程费、措施项目费、其他项目费包含人工费、材料费、施工机具使用费、企业管理费和利润（图 6-7）。

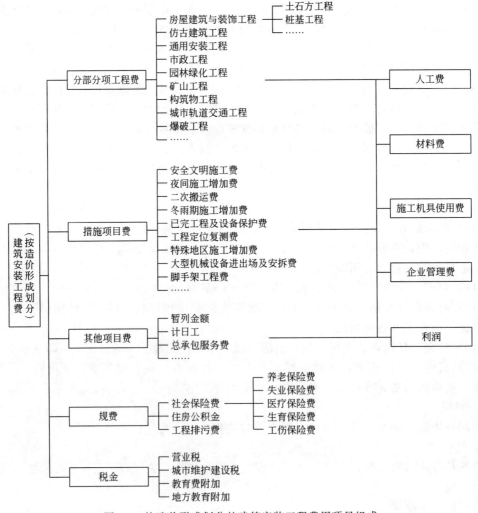

图 6-7　按造价形成划分的建筑安装工程费用项目组成

1. 分部分项工程费

分部分项工程费是指各专业工程的分部分项工程应予列支的各项费用。

（1）专业工程　指按现行国家计量规范划分的房屋建筑与装饰工程、仿古建筑工程、通用安装工程、市政工程、园林绿化工程、矿山工程、构筑物工程、城市轨道交通工程、爆破工程等各类工程。

（2）分部分项工程　指按现行国家计量规范对各专业工程划分的项目。如房屋建筑与装饰工程划分的土石方工程、地基处理与桩基工程、砌筑工程、钢筋及钢筋混凝土工程等。

各类专业工程的分部分项工程划分见现行国家或行业计量规范。

2. 措施项目费

措施项目费是指为完成建设工程施工，发生于该工程施工前和施工过程中的技术、生活、安全、环境保护等方面的费用。内容包括：

（1）安全文明施工费

① 环境保护费。是指施工现场为达到环保部门要求所需要的各项费用。

② 文明施工费。是指施工现场文明施工所需要的各项费用。

③ 安全施工费。是指施工现场安全施工所需要的各项费用。

④ 临时设施费。是指施工企业为进行建设工程施工所必须搭设的生活和生产用的临时建筑物、构筑物和其他临时设施费用，包括临时设施的搭设、维修、拆除、清理费或摊销费等。

（2）夜间施工增加费　指因夜间施工所发生的夜班补助费、夜间施工降效、夜间施工照明设备摊销及照明用电等费用。

（3）二次搬运费　指因施工场地条件限制而发生的材料、构配件、半成品等一次运输不能到达堆放地点，必须进行二次或多次搬运所发生的费用。

（4）冬雨期施工增加费　指在冬期或雨期施工需增加的临时设施，防滑，排除雨雪、人工及施工机械效率降低等费用。

（5）已完工程及设备保护费　指竣工验收前，对已完工程及设备采取的必要保护措施所发生的费用。

（6）工程定位复测费　指工程施工过程中进行全部施工测量放线和复测工作的费用。

（7）特殊地区施工增加费　指工程在沙漠或其边缘地区、高海拔、高寒、原始森林等特殊地区施工增加的费用。

（8）大型机械设备进出场及安拆费　指机械整体或分体自停放场地运至施工现场或由一个施工地点运至另一个施工地点，所发生的机械进出场运输及转移费用及机械在施工现场进行安装、拆卸所需的人工费、材料费、机械费、试运转费和安装所需的辅助设施的费用。

（9）脚手架工程费　指施工需要的各种脚手架搭、拆、运输费用以及脚手架购置费的摊销（或租赁）费用。措施项目及其包含的内容详见各类专业工程的现行国家或行业计量规范。

3. 其他项目费

（1）暂列金额　指建设单位在工程量清单中暂定并包括在工程合同价款中的一笔款项，用于施工合同签订时尚未确定或者不可预见的所需材料、工程设备、服务的采购，施工中可能发生的工程变更、合同约定调整因素出现时的工程价款调整以及发生的索赔、现场签证确认等的费用。

（2）计日工　指在施工过程中，施工企业完成建设单位提出的施工图纸以外的零星项目或工作所需的费用。

（3）总承包服务费　指总承包人为配合、协调建设单位进行的专业工程发包，对建设单位自行采购的材料、工程设备等进行保管以及施工现场管理、竣工资料汇总整理等服务所需的费用。

4. 规费

定义同前文。

5. 税金

定义同前文。

(四) 建筑安装工程费用计算方法

1. 各费用构成要素计算方法

(1) 人工费

$$人工费 = \sum(工日消耗量 \times 日工资单价) \tag{6-6}$$

日工资单价＝

$$\frac{生产工人平均月工资 (计时、计件) + 平均月 (资金 + 律贴补贴 + 特殊情况下支付的工资)}{年平均每月法定工作日}$$

$$\tag{6-7}$$

注：式 (6-6) 主要适用于施工企业投标报价时自主确定人工费，也是工程造价管理机构编制计价定额确定定额人工单价或发布人工成本信息的参考依据。

$$人工费 = \sum(工程工日消耗量 \times 日工资单价) \tag{6-8}$$

日工资单价是指施工企业平均技术熟练程度的生产工人在每工作日（国家法定工作时间内）按规定从事施工作业应得的日工资总额。

工程造价管理机构确定日工资单价应根据工程项目的技术要求，通过市场调查，参考实物工程量人工单价综合分析确定，最低日工资单价不得低于工程所在地人力资源和社会保障部门所发布的最低工资标准的：普工 1.3 倍，一般技工 2 倍，高级技工 3 倍。

工程计价定额不可只列一个综合工日单价，应根据工程项目技术要求和工种差别适当划分多种日人工单价，确保各分部工程人工费的合理构成。

注：式 (6-8) 适用于工程造价管理机构编制计价定额时确定定额人工费，是施工企业投标报价的参考依据。

(2) 材料费

1) 材料费。

$$材料费 = \sum(材料消耗量 \times 材料单价) \tag{6-9}$$

$$材料单价 = [(材料原价 + 运杂费) \times (1 + 运输损耗率)] \times (1 + 采购保管费率) \tag{6-10}$$

2) 工程设备费。

$$工程设备费 = \sum(工程设备量 \times 工程设备单价) \tag{6-11}$$

$$工程设备单价 = (设备原价 + 运杂费) \times (1 + 采购保管费率) \tag{6-12}$$

(3) 施工机具使用费

1) 施工机械使用费。

$$施工机械使用费 = \sum(施工机械台班消耗量 \times 机械台班单价) \tag{6-13}$$

$$机械台班单价 = 台班折旧费 + 台班大修费 + 台班经常修理费 + 台班安拆费及场外运费 +$$
$$台班人工费 + 台班燃料动力费 + 台班车船税费 \tag{6-14}$$

① 折旧费

$$台班折旧费 = \frac{机械预算价格 \times (1 - 残值率)}{耐用总台班数} \tag{6-15}$$

$$耐用总台班数 = 折旧年限 \times 年工作台班 \tag{6-16}$$

② 大修理费

$$台班大修理费 = \frac{一次大修理费 \times 大修次数}{耐用总台班数} \tag{6-17}$$

注：工程造价管理机构在确定计价定额中的施工机械使用费时，应根据《建筑施工机械台班费用计算规则》结合市场调查编制施工机械台班单价。施工企业可以参考工程造价管理机构发布的台班单价自主确定施工机械使用费的报价，如租赁施工机械，公式为：

$$施工机械使用费 = \sum (施工机械台班消耗量 \times 机械台班租赁单价) \tag{6-18}$$

2）仪器仪表使用费。

$$仪器仪表使用费 = 工程使用的仪器仪表摊销费 + 维修费 \tag{6-19}$$

【例 6-1】 某施工机械预算价格为 100 万元，折旧年限为 10 年，年平均工作 225 个台班，残值率为 4%，则该机械台班折旧费为多少元？

【解】 根据计算规则：

$$台班折旧费 = \frac{机械预算价格 \times (1 - 残值率)}{耐用总台班数} = 100 \times 10000 \times (1 - 4\%)/(10 \times 225)$$

$$= 426.67 （元）$$

（4）企业管理费费率

1）以分部分项工程费为计算基础。

$$企业管理费费率（\%） = \frac{生产工人年平均管理费}{年有效施工天数 \times 人工单价} \times 人工费占分部分项工程费比例（\%）$$

$$\tag{6-20}$$

2）以人工费和机械费合计为计算基础。

$$企业管理费费率（\%） = \frac{生产工人年平均管理费}{年有效施工天数 \times (人工单价 + 每一工日机械使用费)} \times 100\%$$

$$\tag{6-21}$$

3）以人工费为计算基础。

$$企业管理费费率（\%） = \frac{生产工人年平均管理费}{年有效施工天数 \times 人工单价} \times 100\% \tag{6-22}$$

注：上述公式适用于施工企业投标报价时自主确定管理费，是工程造价管理机构编制计价定额，确定企业管理费的参考依据。

工程造价管理机构在确定计价定额中企业管理费时，应以定额人工费或（定额人工费 + 定额机械费）作为计算基数，其费率根据历年工程造价积累的资料，输以调查数据确定，列入分部分项工程和措施项目中。

（5）利润

① 施工企业根据企业自身需求并结合建筑市场实际自主确定，列入报价中。

② 工程造价管理机构在确定计价定额中利润时，应以定额人工费或定额人工费与定额机械费之和作为计算基数，其费率根据历年工程造价积累的资料，并结合建筑市场实际确定，以单位（单项）工程测算，利润在税前建筑安装工程费的比重可按不低于 5% 且不高于 7% 的费率计算。利润应列入分部分项工程和措施项目中。

（6）规费

1）社会保险费和住房公职金。社会保险费和住房公积金应以定额人工费为计算基础，根据工程所在地省、自治区、直辖市或行业建设主管部门规定费率计算。

$$社会保险费和住房公积金 = \sum (工程定额人工费 \times 社会保险费率和住房公积金费率)$$

$$\tag{6-23}$$

式中，社会保险费率和住房公积金费率可按每万元发承包价的生产工人人工费、管理人员工资含量与工程所在地规定的缴纳标准综合分析取定。

2）工程排污费。工程排污费等其他应列而未列入的规费应按工程所在地环境保护等部门规定的标准缴纳，按实计取列入。

（7）税金

$$税金＝税前造价×综合税率（\%） \hfill (6-24)$$

综合税率：

1）纳税地点在市区的企业。

$$综合税率（\%）＝\frac{1}{1-3\%-(3\%×7\%)-(3\%×3\%)-(3\%×2\%)}=3.48\%$$

2）纳税地点在县城、镇的企业。

$$综合税率（\%）＝\frac{1}{1-3\%-(3\%×5\%)-(3\%×3\%)-(3\%×2\%)}=3.41\%$$

3）纳税地点不在市区、县城、镇的企业。

$$综合税率（\%）＝\frac{1}{1-3\%-(3\%×1\%)-(3\%×3\%)-(3\%×2\%)}=3.28\%$$

4）实行营业税改增值税的，按纳税地点现行税率计算。

规费和税金的计价方法见表6-6。

表6-6 规费、税金项目计价表

工程名称： 标段：

序号	项目名称	计算基础	计算基数	金额/元
1	规费	定额人工费		
1.1	社会保障费	定额人工费		
（1）	养老保险费	定额人工费		
（2）	失业保险费	定额人工费		
（3）	医疗保险费	定额人工费		
（4）	工伤保险费	定额人工费		
（5）	生育保险费	定额人工费		
1.2	住房公积金	定额人工费		
1.3	工程排污费	按工程所在地环境保护部门的收取标准，按实计入		
2	税金	分部分项工程费＋措施项目费＋其他项目费＋规费－按规定不计税的工程设备金额		
合计				

2. 建筑安装工程计价公式

（1）分部分项工程费

$$分部分项工程费＝\sum（分部分项工程量×综合单价） \hfill (6-25)$$

式中，综合单价包括人工费、材料费、施工机具使用费、企业管理费和利润以及一定范围的风险费用（下同）。

（2）措施项目费

1）国家计量规范规定应予计量的措施项目，其计算公式为：

$$措施项目费＝\sum（措施项目工程量×综合单价）\qquad(6\text{-}26)$$

2）国家计量规范规定不宜计量的措施项目计算方法如下：

① 安全文明施工费。

$$安全文明施工费＝计算基数×安全文明施工费费率（\%）\qquad(6\text{-}27)$$

计算基数应为定额基价（定额分部分项工程费＋定额中可以计量的措施项目费）、定额人工费或（定额人工费＋定额机械费），其费率由工程造价管理机构根据各专业工程的特点综合确定。

② 夜间施工增加费。

$$夜间施工增加费＝计算基数×夜间施工增加费费率（\%）\qquad(6\text{-}28)$$

③ 二次搬运费。

$$二次搬运费＝计算基数×二次搬运费费率（\%）\qquad(6\text{-}29)$$

④ 冬雨期施工增加费。

$$冬雨期施工增加费＝计算基数×冬雨期施工增加费费率（\%）\qquad(6\text{-}30)$$

⑤ 已完工程及设备保护费。

$$已完工程及设备保护费＝计算基数×已完工程及设备保护费费率（\%）\qquad(6\text{-}31)$$

上述②～⑤项措施项目的计费基数应为定额人工费或（定额人工费＋定额机械费），其费率由工程造价管理机构根据各专业工程特点和调查资料综合分析后确定。

（3）其他项目费

1）暂列金额由建设单位根据工程特点，按有关计价规定估算。施工过程中由建设单位掌握使用，扣除合同价款调整后如有余额，归建设单位。

2）计日工由建设单位和施工企业按施工过程中的签证计价。

3）总承包服务费由建设单位在招标控制价中根据总包服务范围和有关计价规定编制，施工企业投标时自主报价，施工过程中按签约合同价执行。

（4）规费和税金 建设单位和施工企业均应按照省、自治区、直辖市或行业建设主管部门发布的标准计算规费和税金，不得作为竞争性费用。

案例分析

1. 质量保证金＝30850×3％＝925.5（万元）

预付款＝30850×20％＝6170（万元）

第 7 个月应扣留的预付款为：6170÷10＝617（万元）。

2. 工程质量保证金扣留至足额时预计应完成的工程价款为：

700＋1050＋1200＋1450＋1700＋1700＋1900＝9700（万元），相应月份为第 7 个月。

前 6 个月预计累计扣留的质量保证金为：

（700＋1050＋1200＋1450＋1700＋1700）×10％＝780（万元）。

第 7 个月应扣留的质量保证金为：925.5－780＝145.5（万元）。

3. （1670－1320）÷1320＝26.52％，大于 15％，应该调整综合单价。

项目监理机构应批准的合同价款增加额：（1670－1320×1.15）×378×0.9＋1320×0.15×378＝12.65544（万元）。

4. 暂估价工程应增加的合同价款为：357－300＝57（万元）。

承包人参加投标的专业工程，应由发包人作为招标人，与组织招标工作有关的费用由发包人承担，承包人不能要求建设单位另外增加招标采购费用 3 万元。

5. 第 3 个月实际支付的工程进度款为：1200×（1−10％）＝1080（万元）。

第 5 个月实际支付的工程进度款为：

（1700＋12.65544）×（1−10％）−617＝924.39（万元）。

第 7 个月实际支付的工程进度款为：1900＋57−145.5−617＝1194.50（万元）。

第 15 个月实际支付的工程进度款为：2100 万元。

技能训练题

一、选择题（有 A、B、C、D 四个选项的是单项选择题，有 A、B、C、D、E 五个选项的是多项选择题）

1. 工程建设过程中，确定工程项目的质量目标应在（　　）阶段。

A. 项目可行性研究　　B. 项目决策　　　　C. 工程设计　　　　D. 工程施工

2. 工程建设过程中，形成工程实体质量的阶段是（　　）阶段。

A. 决策　　　　　　　B. 勘察　　　　　　C. 施工　　　　　　D. 设计

3. 在影响工程质量的诸多因素中，环境因素对工程质量特性起到重要作用。下列因素属于工程作业环境条件的有（　　）。

A. 防护设施　　　　　　　　　　　　　B. 水文、气象

C. 施工作业面　　　　　　　　　　　　D. 组织管理体系

E. 通风照明

4. 工程质量控制按其实施主体不同分为自控和监控主体。下列单位中属于自控主体的是（　　）。

A. 设计单位　　　　B. 咨询单位　　　　C. 监理单位　　　　D. 建设单位

5. 工程质量控制中，应坚持以（　　）为主的原则。

A. 公正　　　　　　　B. 预防　　　　　　C. 管理　　　　　　D. 科学

6. 工程质量监督机构依法对工程质量进行强制性监督的主要任务有（　　）。

A. 检测现场所用的建筑材料质量

B. 检查施工现场工程建设各方主体质量行为

C. 检查工程实体质量

D. 审查施工图涉及工程建设强制性标准的内容

E. 监督工程质量验收

7. 施工图设计文件经审查后，在施工中因设计原因发生质量事故，下列关于责任承担的说法，正确的有（　　）。

A. 建设行政主管部门应承担监督不力的责任

B. 设计单位应承担设计的质量责任

C. 建设单位应承担设计交底组织不力的责任

D. 审查机构应承担审查失职的责任

E. 监理单位应承担图纸会审组织不力的责任

8. 工程质量检验机构出具的检验报告需经（　　）确认后，方可按规定归档。

A. 监理单位　　　　　B. 施工单位　　　　　C. 设计单位　　　　　D. 工程质量监督机构

9. 建设单位应当自建筑工程竣工验收后合格起（　　）日内，向工程所在地县级以上人民政府建设行政主管部门备案。

A. 15　　　　　　　　B. 20　　　　　　　　C. 25　　　　　　　　D. 30

10. 在正常使用条件下，房屋建筑主体结构工程的最低保修期为（　　）。

A. 建设单位要求的使用年限　　　　　　B. 设计文件规定的合理使用年限

C. 30 年　　　　　　　　　　　　　　　D. 50 年

11. 监理工程师控制施工进度的工作内容有（　　）。

A. 编制施工总进度计划　　　　　　　　B. 编制施工进度控制工作细则

C. 批准工程进度款支付申请　　　　　　D. 制订突发事件应急措施

E. 审批工程延期

12. 下列施工进度控制工作中，属于监理工程师工作的是（　　）。

A. 编制单位工程施工进度计划　　　　　B. 按年、季、月审核施工总进度计划

C. 组织现场协调会　　　　　　　　　　D. 审批工期延误事宜

13. 编制施工总进度计划的工作内容有（　　）。

A. 确定施工作业场地范围　　　　　　　B. 计算工程量

C. 确定各单位工程的施工期限　　　　　D. 计算劳动量和机械台班数

E. 确定各分部分项工程的相互搭接关系

14. 编制工程概算定额的基础是（　　）。

A. 估算指标　　　　　B. 概算指标　　　　　C. 预算指标　　　　　D. 预算定额

15. 建设工程项目技术设计和施工图设计应依据（　　）设置投资控制目标。

A. 投资估算　　　　　B. 设计概算　　　　　C. 施工图预算　　　　D. 工程量清单

16. 监理工程师在施工阶段进行投资控制的经济措施有（　　）。

A. 分解投资控制目标　　　　　　　　　B. 进行工程计量

C. 严格控制设计变更　　　　　　　　　D. 审查施工组织设计

E. 审核竣工结算

17. 下列费用中，不应列入建筑安装工程材料费的是（　　）。

A. 施工中耗费的辅助材料费用

B. 施工企业自设实验室进行实验所耗用的材料费用

C. 在运输装卸过程中发生的材料损耗费用

D. 在施工现场发生的材料保管费用

18. 下列费用中，属于施工机械使用费的有（　　）。

A. 折旧费　　　　　　　　　　　　　　B. 经常修理费

C. 安拆费　　　　　　　　　　　　　　D. 操作人员保险费

E. 场外运费

19. 下列费用中，属于建筑安装工程人工费的有（　　）。

A. 职工教育经费　　　　　　　　　　　B. 工会经费

C. 高空作业津贴　　　　　　　　　　　D. 节约奖金

E. 探亲假期间工资

20. 下列费用中，属于规费的是（　　）。

A. 环境保护费　　　　　B. 文明施工费　　　　C. 工程排污费　　　　D. 安全施工费

二、案例题

某工程，建设单位与施工单位按照《建设工程施工合同（示范文本）》签订了施工合同，经总监理工程师批准的施工总进度计划如图 6-8 所示（时间单位：月），各项工作均按最早开始时间安排且匀速施工。施工过程中发生如下事件：

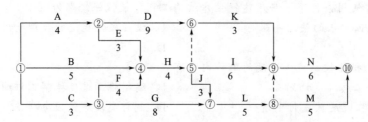

图 6-8　施工总进度计划

事件一：工作 C 开始后，施工单位向项目监理机构提交了工程变更申请，由于该项工程变更不涉及修改设计图纸，施工单位要求总监理工程师尽快签发工程变更单。

事件二：施工中遭遇不可抗力，导致工作 G 停工 2 个月、工作 H 停工 1 个月，并造成施工单位 20 万元的窝工损失，为确保工程按原计划时间完成，产生赶工费 15 万元。施工单位向项目监理机构提出申请，要求费用补偿 35 万元，工程延期 3 个月。

事件三：工程开工后第 1～4 月拟完成工程计划投资、已完工程计划投资与已完工程实际投资如图 6-9 所示。

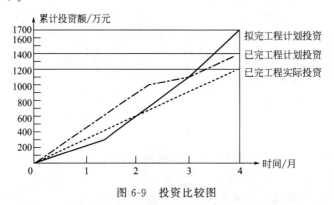

图 6-9　投资比较图

问题：

1. 确定图 6-8 施工总进度计划的总工期及关键工作，计算工作 G 的总时差。

2. 针对事件一，写出项目监理机构处理工程变更的程序。

3. 事件二中，项目监理机构应批准的费用补偿和工程延期分别为多少？说明理由。

4. 针对事件三，指出工程在第 4 月末的投资偏差和进度偏差（以投资额表示）。

三、简答题

1. 什么是质量？建设工程质量有哪些特性？

2. 什么是质量控制？简述施工质量控制的主体及其控制内容。

3. 简述项目监理机构进行工程质量控制应遵循的原则。

4. 简述工程质量管理体制及政府质量监督管理的职能。

5. 工程质量管理有哪些主要制度？

6. 简述建设单位的质量责任，勘察、设计单位的质量责任，施工单位的质量责任，工程监理单位的质量责任，工程材料、构配件及设备生产或供应单位的质量责任。

7. 何谓建设工程进度控制？影响建设工程进度的因素有哪些？

8. 建设工程进度控制的措施有哪些？

9. 建设工程实施阶段进度控制的主要任务有哪些？

10. 建设工程进度计划的常用表示方法是什么？各自的特点是什么？

11. 简述建设工程项目投资的概念。

12. 简述建设工程投资的特点。

13. 项目监理机构在投资控制中的主要工作是什么？

14. 简述我国现行建设工程投资构成。

15. 简述设备、工器具购置费用的构成。

16. 简述建筑安装工程费用的构成。

17. 简述工程建设其他费用的构成。

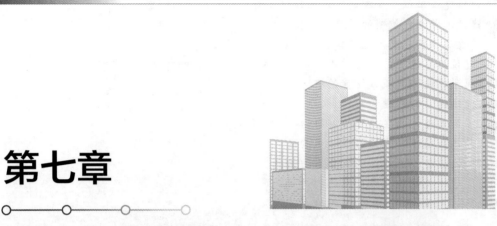

第七章

建设工程监理文件资料管理

```
                              ┌─────────────────────────────────┐
                    ┌─────────│ 建设工程监理基本表式及其应用说明    │
    ┌──────────────┐│         └─────────────────────────────────┘
    │建设工程监理基本││
    │表式及主要文件  │┤
    │资料内容       ││         ┌─────────────────────────────────┐
    └──────────────┘└─────────│ 建设工程监理主要文件资料分类及编制要求│
                              └─────────────────────────────────┘
┌──────────┐
│建设工程监理文件│
│资料管理     │
└──────────┘
                              ┌──────────────┐
    ┌──────────────┐┌─────────│ 管理职责       │
    │建设工程监理文件││         └──────────────┘
    │资料管理职责和  │┤
    │要求           ││         ┌──────────────┐
    └──────────────┘└─────────│ 管理要求       │
                              └──────────────┘
```

第一节　建设工程监理基本表式及
主要文件资料内容

 学习目标

掌握 25 张建设工程监理基本表式的填写原则和程序，完成相应的表格填写，完成相应监理文件的收发任务。

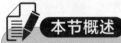 **本节概述**

建设工程监理实施过程中会涉及大量文件资料，这些文件资料有的是实施建设工程监理的重要依据，更多的是建设工程监理的成果资料。《建设工程监理规范》（GB/T 50319—2013）明确了建设工程监理基本表式，也列明了建设工程监理主要文件资料。本节以《建设工程监理规范》（GB/T 50319—2013）中 25 张基本表式为依托，让学生结合项目案例完成填写。

引导性案例

　　某工程，建设单位委托监理单位承担施工阶段的监理任务，总承包单位按照施工合同约定选择了设备安装分包单位。在合同履行过程中发生如下事件：

　　事件一：专业监理工程师检查主体结构施工时，发现总承包单位在未向项目监理机构报审危险性较大的预制构件吊装起重专项方案的情况下已自行施工，且现场没有管理人员。于是，总监理工程师下达了"监理通知单"。

　　事件二：专业监理工程师在现场巡视时，发现设备安装分包单位违章作业，有可能导致发生重大质量事故。总监理工程师口头要求总承包单位暂停分包单位施工，但总承包单位未予执行。总监理工程师随即向总承包单位下达了"工程暂停令"，总承包单位在向设备安装分包单位转发"工程暂停令"前，发生了设备安装质量事故。

　　问题：

　　1. 根据《建设工程安全生产管理条例》规定，事件一中起重吊装专项方案需经哪些人签字后方可实施？

　　2. 指出事件一中总监理工程师的做法是否妥当？说明理由。

　　3. 事件二中总监理工程师是否可以口头要求暂停施工？为什么？

　　4. 就事件二中所发生的质量事故，指出建设单位、监理单位、总承包单位和设备安装分包单位各自应承担的责任，说明理由。

一、建设工程监理基本表式及其应用说明

（一）基本表式

　　根据《建设工程监理规范》（GB/T 50319—2013），建设工程监理基本表式分为三大类，即：A类表——工程监理单位用表（共8个表），B类表——施工单位报审、报验用表（14个表），C类表——通用表（3个表），详见本书附件2。

　　1. 工程监理单位用表（A类表）

　　（1）总监理工程师任命书（表A.0.1）　建设工程监理合同签订后，工程监理单位法定代表人要通过"总监理工程师任命书"委派具有类似建设工程监理经验的注册监理工程师担任总监理工程师。"总监理工程师任命书"需要由工程监理单位法定代表人签字，并加盖单位公章。

　　（2）工程开工令（表A.0.2）　建设单位代表在施工单位报送的"工程开工报审表（表B.0.2）"上签字同意开工后，总监理工程师可签发"工程开工令"，指令施工单位开工。"工程开工令"需要由总监理工程师签字，并加盖执业印章。

　　"工程开工令"中应明确具体开工日期，并作为施工单位计算工期的起始日期。

　　（3）监理通知单（表A.0.3）　"监理通知单"是项目监理机构在日常监理工作中常用的指令性文件。项目监理机构在建设工程监理合同约定的权限范围内，针对施工单位出现的各种问题所发出的指令、提出的要求等，除另有规定外，均应采用"监理通知单"。监理工程师现场发出的口头指令及要求，也应采用"监理通知单"予以确认。

　　施工单位发生下列情况时，项目监理机构应发出监理通知：

　　① 在施工过程中出现不符合设计要求、工程建设标准、合同约定的情况；

　　② 使用不合格的工程材料、构配件；

③ 在工程质量、造价、进度等方面存在违规等行为。

"监理通知单"可由总监理工程师或专业监理工程师签发；对于一般问题可由专业监理工程师签发；对于重大问题应由总监理工程师或经其同意后签发。

（4）监理报告（表 A.0.4） 当项目监理机构对工程存在安全事故隐患发出"监理通知单""工程暂停令"而施工单位拒不整改或不停止施工时，项目监理机构应及时向有关主管部门报送"监理报告"。项目监理机构报送"监理报告"时，应附相应"监理通知单"或"工程暂停令"等证明监理人员已履行安全生产管理职责的相关文件资料。

（5）工程暂停令（表 A.0.5） 建设工程施工过程中出现《建设工程监理规范》（GB/T 50319—2013）规定的停工情形时，总监理工程师应签发"工程暂停令"，"工程暂停令"中应注明工程暂停的原因、部位和范围、停工期间应进行的工作等。"工程暂停令"需要由总监理工程师签字，并加盖执业印章。

（6）旁站记录（表 A.0.6） 项目监理机构监理人员对关键部位、关键工序的施工质量进行现场跟踪监督时，需要填写"旁站记录"。表中"旁站的关键部位、关键工序施工情况"应记录所旁站部位（工序）的施工作业内容、主要施工机械、材料、人员和完成的工程数量等内容及监理人员检查旁站部位施工质量的情况；"发现的问题及处理情况"应说明旁站所发现的问题及其采取的处置措施。

（7）工程复工令（表 A.0.7） 当导致工程暂停施工的原因消失、具备复工条件时，建设单位代表在"工程复工报审表"（表 B.0.3）上签字同意复工后，总监理工程师应签发"工程复工令"指令施工单位复工；或者工程具备复工条件而施工单位未提出复工申请的，总监理工程师应根据工程实际情况直接签发"工程复工令"指令施工单位复工。"工程复工令"需要由总监理工程师签字，并加盖执业印章。

（8）工程款支付证书（表 A.0.8） 项目监理机构收到经建设单位签署审批意见的"工程款支付报审表"（表 B.0.11）后，总监理工程师应向施工单位签发"工程款支付证书"，同时抄报建设单位。"工程款支付证书"需要由总监理工程师签字，并加盖执业印章。

2. 施工单位报审、报验用表（B 类表）

（1）施工组织设计或（专项）施工方案报审表（表 B.0.1） 施工单位编制的施工组织设计、施工方案、专项施工方案经其技术负责人审查后，需要连同"施工组织设计或（专项）施工方案报审表"一起报送项目监理机构。先由专业监理工程师审查后，再由总监理工程师审核签署意见。"施工组织设计或（专项）施工方案报审表"需要由总监理工程师签字，并加盖执业印章。对于超过一定规模的危险性较大的分部分项工程专项施工方案，还需要报送建设单位审批。

（2）工程开工报审表（表 B.0.2） 单位工程具备开工条件时，施工单位需要向项目监理机构报送"工程开工报审表"。同时具备下列条件时，由总监理工程师签署审查意见，并报建设单位批准后，总监理工程师方可签发"工程开工令"：

① 设计交底和图纸会审已完成；

② 施工组织设计已由总监理工程师签认；

③ 施工单位现场质量、安全生产管理体系已建立，管理及施工人员已到位，施工机械具备使用条件，主要工程材料已落实；

④ 进场道路及水、电、通信等已满足开工要求。

"工程开工报审表"需要由总监理工程师签字，并加盖执业印章。

（3）工程复工报审表（表 B.0.3） 当导致工程暂停施工的原因消失、具备复工条件时，施工单位需要向项目监理机构报送"工程复工报审表"。总监理工程师签署审查意见，并报建设单位批准后，总监理工程师方可签发"工程复工令"。

（4）分包单位资格报审表（表 B.0.4）　施工单位按施工合同约定选择分包单位时，需要向项目监理机构报送"分包单位资格报审表"及相关证明材料。"分包单位资格报审表"由专业监理工程师提出审查意见后，由总监理工程师审核签认。

（5）施工控制测量成果报验表（表 B.0.5）　施工单位完成施工控制测量并自检合格后，需要向项目监理机构报送"施工控制测量成果报验表"及施工控制测量依据和成果表。专业监理工程师审查合格后予以签认。

（6）工程材料、构配件、设备报审表（表 B.0.6）　施工单位在对工程材料、构配件、设备自检合格后，应向项目监理机构报送"工程材料、构配件、设备报审表"及相关质量证明材料和自检报告。专业监理工程师审查合格后予以签认。

（7）报验、报审表（表 B.0.7）　该表主要用于隐蔽工程、检验批、分项工程的报验，也可用于为施工单位提供服务的试验室的报审。专业监理工程师审查合格后予以签认。

（8）分部工程报验表（表 B.0.8）　分部工程所包含的分项工程全部自检合格后，施工单位应向项目监理机构报送"分部工程报验表"及分部工程质量控制资料。在专业监理工程师验收的基础上，由总监理工程师签署验收意见。

（9）监理通知回复单（表 B.0.9）　施工单位在收到"监理通知单"（表 A.0.3）后，按要求进行整改、自查合格后，应向项目监理机构报送"监理通知回复单"。项目监理机构收到施工单位报送的"监理通知回复单"后，一般可由原发出"监理通知单"的专业监理工程师进行核查，认可整改结果后予以签认。重大问题可由总监理工程师进行核查签认。

（10）单位工程竣工验收报审表（表 B.0.10）　单位（子单位）工程完成后，施工单位自检符合竣工验收条件后，应向项目监理机构报送"单位工程竣工验收报审表"及相关附件，申请竣工验收。总监理工程师在收到"单位工程竣工验收报审表"及相关附件后，应组织专业监理工程师进行审查并进行预验收，合格后签署预验收意见。"单位工程竣工验收报审表"需要由总监理工程师签字，并加盖执业印章。

（11）工程款支付报审表（表 B.0.11）　该表适用于施工单位工程预付款、工程进度款、竣工结算款等的支付申请。项目监理机构对施工单位的申请事项进行审核并签署意见，经建设单位批准后方可作为总监理工程师签发"工程款支付证书"（表 A.0.8）的依据。

（12）施工进度计划报审表（表 B.0.12）　该表适用于施工总进度计划、阶段性施工进度计划的报审。施工进度计划在专业监理工程师审查的基础上，由总监理工程师审核签认。

（13）费用索赔报审表（表 B.0.13）　施工单位索赔工程费用时，需要向项目监理机构报送"费用索赔报审表"。项目监理机构对施工单位的申请事项进行审核并签署意见，经建设单位批准后方可作为支付索赔费用的依据。"费用索赔报审表"需要由总监理工程师签字，并加盖执业印章。

（14）工程临时或最终延期报审表（表 B.0.14）　施工单位申请工程延期时，需要向项目监理机构报送"工程临时或最终延期报审表"。项目监理机构对施工单位的申请事项进行审核并签署意见，经建设单位批准后方可延长合同工期。"工程临时或最终延期报审表"需要由总监理工程师签字，并加盖执业印章。

3. 通用表（C 类表）

（1）工作联系单（表 C.0.1）　该表用于项目监理机构与工程建设有关方（包括建设、施工、监理、勘察、设计等单位和上级主管部门）之间的日常工作联系。有权签发"工作联系单"的负责人有：建设单位现场代表、施工单位项目经理、工程监理单位项目总监理工程师、设计单位本工程设计负责人及工程项目其他参建单位的相关负责人等。

（2）工程变更单（表 C.0.2） 施工单位、建设单位、工程监理单位提出工程变更时，应填写"工程变更单"，由建设单位、设计单位、监理单位和施工单位共同签认。

（3）索赔意向通知书（表 C.0.3） 施工过程中发生索赔事件后，受影响的单位依据法律法规和合同约定，向对方单位声明或告知索赔意向时，需要在合同约定的时间内报送"索赔意向通知书"。

建设工程监理基本表式见表 7-1。

表 7-1 建设工程监理基本表式

A 类表 工程监理单位用表	B 类表 施工单位报审、报验用表	C 类表 通用表
A.0.1 总监理工程师任命书 A.0.2 工程开工令 A.0.3 监理通知单 A.0.4 监理报告 A.0.5 工程暂停令 A.0.6 旁站记录 A.0.7 工程复工令 A.0.8 工程款支付证书	B.0.1 施工组织设计或（专项）施工方案报审表 B.0.2 工程开工报审表 B.0.3 工程复工报审表 B.0.4 分包单位资格报审表 B.0.5 施工控制测量成果报审表 B.0.6 工程材料、构配件或设备报审表 B.0.7 报审、报验表 B.0.8 分部工程报验表 B.0.9 监理通知回复 B.0.10 单位工程竣工验收报审表 B.0.11 工程款支付报审表 B.0.12 施工进度计划报验表 B.0.13 费用索赔报验表 B.0.14 工程临时延期或最终延期报验表	C.0.1 工作联系单 C.0.2 工程变更单 C.0.3 索赔意向通知书

（二）基本表式应用说明

1. 基本要求

① 应依照合同文件、法律法规及标准等规定的程序和时限签发、报送、回复各类表。

② 应按有关规定，采用碳素墨水、蓝黑墨水书写或黑色碳素印墨打印各类表，不得使用易褪色的书写材料。

③ 应使用规范语言，法定计量单位，公历年、月、日填写各类表。各类表中相关人员的签字栏均须由本人签署。由施工单位提供附件的，应在附件上加盖骑缝章。

④ 各类表在实际使用中，应分类建立统一编码体系。各类表式应连续编号，不得重号、跳号。

⑤ 各类表中施工项目经理部用章的样章应在项目监理机构和建设单位备案，项目监理机构用章的样章应在建设单位和施工单位备案。

2. 由总监理工程师签字并加盖执业印章的表式

下列表式应由总监理工程师签字并加盖执业印章：

① A.0.2 工程开工令；

② A.0.5 工程暂停令；

③ A.0.7 工程复工令；

④ A.0.8 工程款支付证书；

⑤ B.0.1 施工组织设计或（专项）施工方案报审表；

⑥ B.0.2 工程开工报审表；

⑦ B.0.10 单位工程竣工验收报审表；

⑧ B.0.11 工程款支付报审表；

⑨ B.0.13 费用索赔报审表;

⑩ B.0.14 工程临时或最终延期报审表。

3. 需要建设单位审批同意的表式

下列表式需要建设单位审批同意:

① B.0.1 施工组织设计或(专项)施工方案报审表(仅对超过一定规模的危险性较大的分部分项工程专项施工方案);

② B.0.2 工程开工报审表;

③ B.0.3 工程复工报审表;

④ B.0.12 施工进度计划报审表;

⑤ B.0.13 费用索赔报审表;

⑥ B.0.14 工程临时或最终延期报审表。

4. 需要工程监理单位法定代表人签字并加盖工程监理单位公章的表式

只有"A.0.1 总监理工程师任命书"需要由工程监理单位法定代表人签字,并加盖工程监理单位公章。

5. 需要由施工项目经理签字并加盖施工单位公章的表式

"B.0.2 工程开工报审表""B.0.10 单位工程竣工验收报审表"必须由项目经理签字并加盖施工单位公章。

6. 其他说明

对于涉及工程质量方面的基本表式,由于各行业、各部门的专业要求不同,各类工程的质量验收应按相关专业验收规范及相关表式要求办理。如没有相应表式,工程开工前,项目监理机构应根据工程特点、质量要求、竣工及归档组卷要求,与建设单位、施工单位进行协商,定制工程质量验收相应表式。项目监理机构应事前使施工单位、建设单位明确定制各类表式的使用要求。

二、建设工程监理主要文件资料分类及编制要求

(一) 建设工程监理主要文件资料分类

建设工程监理主要文件资料包括:

① 勘察设计文件、建设工程监理合同及其他合同文件;

② 监理规划、监理实施细则;

③ 设计交底和图纸会审会议纪要;

④ 施工组织设计、(专项)施工方案、施工进度计划报审文件资料;

⑤ 分包单位资格报审会议纪要;

⑥ 施工控制测量成果报验文件资料;

⑦ 总监理工程师任命书,工程开工令、暂停令、复工令,开工或复工报审文件资料;

⑧ 工程材料、构配件、设备报验文件资料;

⑨ 见证取样和平行检验文件资料;

⑩ 工程质量检验报验资料及工程有关验收资料;

⑪ 工程变更、费用索赔及工程延期文件资料;

⑫ 工程计量、工程款支付文件资料;

⑬ 监理通知单、工程联系单与监理报告;

⑭ 第一次工地会议、监理例会、专题会议等会议纪要;

⑮ 监理月报、监理日志、旁站记录;

⑯ 工程质量或安全生产事故处理文件资料；

⑰ 工程质量评估报告及竣工验收监理文件资料；

⑱ 监理工作总结。

除了上述监理文件资料外，在设备采购和设备监造过程中还会形成监理文件资料，内容详见《建设工程监理规范》（GB/T 50319—2013）第 8.2.3 条和 8.3.14 条规定。

（二）建设工程监理文件资料编制要求

《建设工程监理规范》（GB/T 50319—2013）明确规定了监理规划、监理实施细则、监理月报、监理日志和监理工作总结及工程质量评估报告等的编制内容和要求，其中，监理规划与监理实施细则的编制已在其他章节详细阐述，故此处不再赘述。

1. 监理日志

监理日志是项目监理机构在实施建设工程监理过程中，每日对建设工程监理工作及施工进展情况所做的记录，由总监理工程师根据工程实际情况指定专业监理工程师负责记录文件资料，应注明相应文件资料的出处和编号。每天填写的监理日志内容必须真实、力求详细，主要反映监理工作情况。如涉及具体监理日志的主要内容包括：天气和施工环境情况；当日施工进展情况，包括工程进度情况、工程质量情况、安全生产情况等；当日监理工作情况，包括旁站、巡视、见证取样、平行检验等情况；当日存在的问题及协调解决情况；其他有关事项。

2. 监理例会会议纪要

监理例会是履约各方沟通情况、交流信息、研究解决合同履行中存在的各方面问题的主要协调方式。会议纪要由项目监理机构根据会议记录整理，主要内容包括：

① 会议地点及时间；

② 会议主持人；

③ 与会人员姓名、单位、职务；

④ 会议主要内容、决议事项及其负责落实单位、负责人和时限要求；

⑤ 其他事项。

对于监理例会上意见不一致的重大问题，应将各方的主要观点，特别是相互对立的意见记入"其他事项"中。会议纪要的内容应真实准确、简明扼要，经总监理工程师审阅，与会各方代表会签，发至有关各方并应有签收手续。

3. 监理月报

监理月报是项目监理机构每月向建设单位和本监理单位提交的建设工程监理工作及建设工程实施情况等的分析总结报告。监理月报既要反映建设工程监理工作及建设工程实施情况，也能确保建设工程监理工作可追溯。监理月报由总监理工程师组织编写、签认后报送建设单位和本监理单位。报送时间由监理单位与建设单位协商确定，一般在收到施工单位报送的工程进度、汇总本月已完工程量和本月计划完成工程量的工程量表、工程款支付申请表等相关资料后，在协商确定的时间内提交。

监理月报应包括以下主要内容：

（1）本月工程实施情况

① 工程进展情况。实际进度与计划进度的比较，施工单位人、机、料进场及使用情况，本期在施工部位的工程照片等。

② 工程质量情况。分部分项工程验收情况，工程材料、设备、构配件进场检验情况，主要施工、试验情况，本月工程质量分析。

③ 施工单位安全生产管理工作评述。

④ 已完工程量与已付工程款的统计及说明。

（2）本月监理工作情况

① 工程进度控制方面的工作情况；

② 工程质量控制方面的工作情况；

③ 安全生产管理方面的工作情况；

④ 工程计量与工程款支付方面的工作情况；

⑤ 合同及其他事项管理工作情况；

⑥ 监理工作统计及工作照片。

（3）本月工程实施的主要问题分析及处理情况

① 工程进度控制方面的主要问题分析及处理情况；

② 工程质量控制方面的主要问题分析及处理情况；

③ 施工单位安全生产管理方面的主要问题分析及处理情况；

④ 工程计量与工程款支付方面的主要问题分析及处理情况；

⑤ 合同及其他事项管理方面的主要问题分析及处理情况。

（4）下月监理工作重点

① 工程管理方面的监理工作重点；

② 项目监理机构内部管理方面的工作重点。

4. 工程质量评估报告

（1）工程质量评估报告编制的基本要求

① 工程质量评估报告的编制应文字简练、准确、重点突出、内容完整。

② 工程竣工预验收合格后，由总监理工程师组织专业监理工程师编制工程质量评估报告，编制完成后，由项目总监理工程师及监理单位技术负责人审核签认并加盖监理单位公章后报建设单位。工程质量评估报告应在正式竣工验收前提交给建设单位。

（2）工程质量评估报告的主要内容

① 工程概况；

② 工程参建单位；

③ 工程质量验收情况；

④ 工程质量事故及其处理情况；

⑤ 竣工资料审查情况；

⑥ 工程质量评估结论。

5. 监理工作总结

当监理工作结束时，项目监理机构应向建设单位和工程监理单位提交监理工作总结。监理工作总结由总监理工程师组织项目监理机构监理人员编写，由总监理工程师审核签字并加盖工程监理单位公章后报建设单位。

监理工作总结应包括以下内容：

① 工程概况。包括：a. 工程名称、等级、建设地址、建设规模、结构形式以及主要设计参数；b. 工程建设单位、设计单位、勘察单位、施工单位（包括重点专业分包单位）、检测单位等；c. 工程项目主要的分部、分项工程施工进度和质量情况；d. 监理工作的难点和特点。

② 项目监理机构。监理过程中如有变动情况，应予以说明。

③ 建设工程监理合同履行情况。包括监理合同目标控制情况、监理合同履行情况、监理合同纠纷的处理情况等。

④ 监理工作成效。项目监理机构提出的合理化建议并被建设、设计、施工等单位采纳；

发现施工中的差错，通过监理工作避免了工程质量事故、生产安全事故、累计核减工程款及为建设单位节约工程建设投资等事项的数据（可举典型事例和相关资料）。

⑤ 监理工作中发现的问题及其处理情况。监理过程中产生的监理通知单、监理报告、工作联系单及会议纪要等所提出问题的简要统计。由工程质量、安全生产等问题所引起的今后工程合理、有效使用的建议等。

⑥ 说明与建议。

 案例分析

1. 主要考核对专项施工方案编制和报审程序的掌握程度。

2. 主要考核对专项施工方案的管理规定及专职安全生产管理人员要求的掌握程度。

3. 主要考核对紧急事件发生时是否可口头要求暂停施工的掌握程度。

4. 主要考核对工程建设各参与方（建设单位、施工单位、勘察设计单位、监理单位）质量责任的掌握程度。

答题要点：

1. 根据《建设工程安全生产管理条例》规定，事件一中起重吊装专项方案需经总承包单位技术负责人、总监理工程师签字后方可实施。

2. 事件一中，总监理工程师的做法不妥。理由：危险性较大的预制构件起重吊装专项方案没有报审、签认，没有专职安全生产管理人员，总监理工程师应下达"工程暂停令"。

3. 事件二中，总监理工程师可以口头要求暂停施工。理由：在紧急事件发生或确有必要时，总监理工程师有权口头下达暂停施工指令，但在规定的时间内要书面确认。

4. 事件二中，建设单位、监理单位、总承包单位和设备安装分包单位各自应承担的责任及理由如下：

① 建设单位没有责任。理由：因质量事故是由于分包单位违章作业造成的，与建设单位无关。

② 监理单位没有责任。理由：因质量事故是由于分包单位违章作业造成的，且监理单位已尽责。

③ 总承包单位承担连带责任。理由：工程分包不能解除总承包单位的任何责任和义务。

④ 分包单位应承担责任。理由：质量事故是由于其违反工程建设强制性标准而直接造成的。

第二节　建设工程监理文件资料管理职责和要求

 学习目标

熟悉建设工程监理文件资料管理职责和要求，能够严格履行自己的职责，做好本职工作。

本节概述

　　项目监理机构应明确监理文件资料管理人员职责，按照相关要求规范化地管理建设工程监理文件资料。本节从管理职责和要求出发，细化到文件资料的收发、传阅、分类存放等方面，内容足够细致和实际化。

引导性案例

　　某实施监理的工程，工程实施过程中发生以下事件：
　　事件一：专业监理工程师在熟悉图纸时发现，基础工程部分设计内容不符合国家有关工程质量标准和规范。总监理工程师随即致函设计单位要求改正并提出更改建议方案。设计单位研究后，口头同意了总监理工程师的更改方案，总监理工程师随即将更改的内容写入监理通知单，通知甲施工单位执行。
　　事件二：甲施工单位组织工程竣工预验收后，向项目监理机构提交了工程竣工报验单。项目监理机构组织工程竣工验收后，向建设单位提交了工程质量评估报告。
　　问题：
　　1.请指出事件一中总监理工程师行为的不妥之处并说明理由。总监理工程师应如何正确处理？
　　2.指出事件二中的不妥之处，写出正确做法。

一、管理职责

　　建设工程监理文件资料应以施工及验收规范、工程合同、设计文件、工程施工质量验收标准、建设工程监理规范等为依据填写，并随工程进度及时收集、整理，认真书写，项目齐全、准确、真实，无未了事项。表格应采用统一格式，特殊要求需增加的表格应统一按要求归类。

　　根据《建设工程监理规范》（GB/T 50319—2013），项目监理机构文件资料管理的基本职责如下：
　　① 应建立和完善监理文件资料管理制度，宜设专人管理监理文件资料。
　　② 应及时、准确、完整地收集、整理、编制、传递监理文件资料，宜采用信息技术进行监理文件资料管理。
　　③ 应及时整理、分类汇总监理文件资料，并按规定组卷，形成监理档案。
　　④ 应根据工程特点和有关规定，保存监理档案，并应向有关单位、部门移交需要存档的监理文件资料。

二、管理要求

　　建设工程监理文件资料的管理要求体现在建设工程监理文件资料管理全过程，包括监理文件资料收、发文与登记、传阅、分类存放、组卷归档、验收与移交等。

（一）建设工程监理文件资料收文与登记

　　项目监理机构所有收文应在收文登记表上按监理信息分类分别进行登记，应记录文件名称、文件摘要信息、文件发放单位（部门）、文件编号以及收文日期，必要时应注明接收文件的具体时间，最后由项目监理机构负责收文人员签字。

在监理文件资料有追溯性要求的情况下，应注意核查所填内容是否可追溯。如工程材料报审表中是否明确注明使用该工程材料的具体工程部位，以及该工程材料质量证明原件的保存处等。

当不同类型的监理文件资料之间存在相互对照或追溯关系（如监理通知与监理通知回复单）时，在分类存放的情况下，应在文件和记录上注明相关文件资料的编号和存放处。

项目监理机构文件资料管理人员应检查监理文件资料的各项内容填写和记录是否真实完整，签字认可人员应为符合相关规定的责任人员，并且不得以盖章和打印代替手写签认。建设工程监理文件资料以及存储介质的质量应符合要求，所有文件资料必须符合文件资料归档要求，如用碳素墨水填写或打印生成，以满足长期保存的要求。

对于工程照片及声像资料等，应注明拍摄日期及所反映的工程部位等重要信息。收文登记后应交给项目总监理工程师或有其授权的监理工程师进行处理，重要文件内容应记录在监理日志中。

涉及建设单位的指令、设计单位的技术核定单及其他重要文件等，应将其复印件公布在项目监理机构专栏中。

（二）建设工程监理文件资料传阅与登记

建设工程监理文件资料需要由总监理工程师或其授权的监理工程师确定是否需要传阅。对于需要传阅的，应确定传阅人员名单和范围，并在文件传阅纸（表7-2）上注明，将文件传阅纸随同文件资料一起进行传阅。也可按文件传阅纸样式刻制方形图章，盖在文件资料空白处，代替文件传阅纸。

每一位传阅人员阅后应在文件传阅纸上签名，并注明日期。文件资料传阅期限不应超过该文件资料的处理期限。传阅完毕后，文件资料原件应交还信息管理人员存档。

表7-2　文件传阅纸样式

文件名称			
收/发文日期			
责任人		传阅期限	
传阅人员			（　　）
			（　　）
			（　　）
			（　　）
			（　　）

（三）建设工程监理文件资料发文与登记

建设工程监理文件资料发文应由总监理工程师或其授权的监理工程师签名，并加盖项目监理机构图章。若为紧急处理的文件，应在文件资料首页标注"急件"字样。所有建设工程监理文件资料应要求进行分类编码，并在发文登记表上进行登记。登记内容包括文件资料的分类编码、文件名称、摘要信息、接收文件的单位（部门）名称、发文日期（强调时效性的文件应注明发文的具体日期）。收件人收到文件后应签名。

发文应留有底稿，并附一份文件传阅纸，信息管理人员根据文件签发人指示确定文件责任人和相关传阅人员。文件传阅过程中，每位传阅人员阅后应签名并注明日期。发文的传阅期限不应超过其处理期限。重要文件的发文内容应记录在监理日志中。

项目监理机构的信息管理人员应及时将发文原件归入相应的资料柜（夹）中，并在文件资料目录中予以记录。

（四）建设工程监理文件资料分类存放

建设工程监理文件资料经收、发文、登记和传阅工作程序后，必须进行科学的分类再进行存放。这样既可以满足工程项目实施过程中查阅、求证的需要，又便于工程竣工后文件资料的归档和移交。

项目监理机构应备有存放监理文件资料的专用柜和用于监理文件资料分类存放的专用资料夹。大中型工程项目监理信息应采用计算机进行辅助管理。

建设工程监理文件资料的分类原则应根据工程特点及监理与相关服务内容确定，工程监理单位的技术管理部门应明确本单位文件档案资料管理的基本原则，以便统一管理并体现建设工程监理企业的特色。建设工程监理文件资料应保持清晰，不得随意涂改记录，保存过程中应保持记录介质的清洁和不破损。

建设工程监理文件资料的分类应根据工程项目的施工顺序、施工承包体系、单位工程的划分以及工程质量验收程序等，并结合项目监理机构自身的业务工作开展情况进行，原则上可按施工单位、专业施工部位、单位工程等进行分类，以保证建设工程监理文件资料检索和归档工作的顺利进行。

项目监理机构信息管理部门应注意建立适宜的文件资料存放地点，防止文件资料受潮霉变或虫害侵蚀。

资料夹装满或工程项目某一分部工程或单位工程结束时，相应的文件资料应转存至档案袋，袋面应以相同编号予以标识。

（五）建设工程监理文件资料组卷归档

建设工程监理文件资料归档内容、组卷方式及建设工程监理档案验收、移交和管理工作，应根据《建设工程监理规范》（GB/T 50319—2013）、《建设工程文件归档整理规范》（GB/T 50328—2014）以及工程所在地有关部门的规定执行。

1. 建设工程监理文件资料编制要求

① 归档的文件资料一般应为原件。

② 文件资料的内容及其深度须符合国家有关工程勘察、设计、施工、监理等方面的技术规范、标准的要求。

③ 文件资料的内容必须真实、准确，与工程实际相符。

④ 文件资料应采用耐久性强的书写材料，如碳素墨水、蓝黑墨水；不得使用易褪色的书写材料，如红色墨水、纯蓝墨水、圆珠笔、复写纸、铅笔等。

⑤ 文件资料应字迹清楚、图样清晰、图表整洁、签字盖章手续完备。

⑥ 文件资料中文字材料幅面尺寸规格宜为 A4 幅面（297mm×210mm）。纸张应采用能够长时间保存的韧力大、耐久性强的纸张。

⑦ 文件资料的缩微制品，必须按国家缩微标准进行制作，主要技术指标（解像力、密度、海波残留量等）要符合国家标准，保证质量，以适应长期安全保管。

⑧ 文件资料中的照片及声像档案，要求图像清晰、声音清楚、文字说明或内容准确。

⑨ 文件资料应采用打印形式并使用档案规定用笔，手工签字，在不能使用原件时，应在复印件或抄件上加盖公章并注明原件保存处。

应用计算机辅助管理建设工程监理文件资料时，相关文件和记录经相关负责人员签字确定、正式生效并已存入项目监理机构相关资料夹时，信息管理人员应将储存在计算机中的相应文件和记录的属性改为"只读"，并将保存的目录名记录在书面文件上，以便于进行查阅。在建设工程监理文件资料归档前，不得删除计算机中保存的有效文件和记录。

2. 建设工程监理文件资料组卷方法及要求

（1）组卷原则及方法

① 组卷应遵循监理文件资料的自然形成规律，保持卷内文件的有机联系，便于档案的保管和利用；

② 一个建设工程由多个单位工程组成时，应按单位工程组卷；

③ 监理文件资料可按单位工程、分部工程、专业、阶段等组卷。

（2）组卷要求

① 案卷不宜过厚，一般不超过 40mm；

② 案卷内不应有重份文件，不同载体的文件一般应分别组卷。

（3）卷内文件排列

① 文字材料按事项、专业顺序排列。同一事项的请示与批复、同一文件的印本与定稿、主件与附件不能分开，并按批复在前、请示在后，印本在前、定稿在后，主件在前、附件在后的顺序排列。

② 图纸按专业排列，同专业图纸按图号顺序排列。

③ 既有文字材料又有图纸的案卷，文字材料排前、图纸排后。

3. 建设工程监理文件资料归档范围和保管期限

建设工程监理文件资料的归档保存应严格遵循保存原件为主、复印件为辅和按照一定顺序归档的原则。《建设工程文件归档整理规范》（GB/T 50328—2014）规定的监理文件资料归档范围和保管期限见表 7-3。

表 7-3　建设工程监理文件资料归档范围和保管期限表

序号	文件资料名称		保存单位和保管期限		
			建设单位	监理单位	城建档案管理部门保存
1	项目监理机构及负责人名单		长期	长期	√
2	建设工程监理合同		长期	长期	√
3	监理规划	① 监理规划	长期	短期	√
		② 监理实施细则	长期	短期	√
		③ 项目监理机构总控制计划等	长期	短期	—
4	监理月报中的有关质量问题		长期	长期	√
5	监理会议纪要中的有关质量问题		长期	长期	√
6	进度控制	①工程开工令/复工令	长期	长期	√
		②工程暂停令	长期	长期	√
7	质量控制	①不合格项目通知	长期	长期	√
		②质量事故报告及处理意见	长期	长期	√
8	造价控制	①预付款报审与支付	短期	—	—
		②月付款报审与支付	短期	—	—
		③设计变更、洽商费用报审与签认	短期	—	—
		④工程竣工决算审核意见书	长期	—	√

续表

序号	文件资料名称		保存单位和保管期限		
			建设单位	监理单位	城建档案管理部门保存
9	分包资质	①分包单位资质材料	长期	—	—
		②供货单位资质材料	长期	—	—
		③试验等单位资质材料	长期	—	—
10	监理通知	①有关进度控制的监理通知	长期	长期	—
		②有关质量控制的监理通知	长期	长期	—
		③有关造价控制的监理通知	长期	长期	—
11	合同及其他事项管理	①工程延期报告及审批	永久	长期	√
		②费用索赔报告及审批	长期	长期	—
		③合同争议、违约报告及处理意见	永久	长期	—
		④合同变更材料	长期	长期	√
12	监理工作总结	①专题总结	长期	短期	—
		②月报总结	长期	短期	—
		③工程竣工总结	长期	长期	√
		④质量评价意见报告	长期	长期	√

建设项目文件保管期限的划分：凡是反映项目主要建设、管理情况和基本历史面貌的，对本建设项目、国家建设和经济、科技研究有长远利用价值的文件材料，列为永久保管；凡是反映建设项目一般建设、管理活动的，在较长时间内对本建设项目有查考利用价值的文件材料，列为长期保管；凡是在较短时间内对本建设项目的运行管理和维修保养有参考利用价值的文件材料，列为短期保管。

建筑工程文件的归档范围应符合本书附件3的要求，其中包含了建设单位、施工单位、监理单位、设计单位以及城建档案馆各方的归档要求。

与建设工程监理有关的施工文件归档范围和保管期限见表7-4。

表7-4　与建设工程监理有关的施工文件归档范围和保管期限表

序号	名称		建设单位	施工单位	监理单位	城建档案管理
1	工程质量检验记录（土建工程）	①检验批质量验收记录	长期	长期	长期	—
		②分项工程质量验收记录	长期	长期	长期	—
		③基础、主体工程验收记录	永久	长期	长期	√
		④幕墙工程验收记录	永久	长期	长期	√
		⑤分部（子分部）工程质量验收记录	永久	长期	长期	√
2	工程质量检验记录（安装工程）	①检验批质量验收记录	长期	长期	长期	—
		②分项工程质量验收记录	长期	长期	长期	—
		③分部（子分部）工程质量验收记录	永久	长期	长期	√

（六）建设工程监理文件资料验收与移交

1. 验收

城建档案管理部门对需要归档的建设工程监理文件资料验收要求包括：

① 监理文件资料分类齐全，系统完整；

② 监理文件资料的内容真实，准确反映了建设工程监理活动和工程实际状况；

③ 监理文件资料已整理组卷，组卷符合《建设工程文件归档整理规范》（GB/T 50328—2014）的规定；

④ 监理文件资料的形成、来源符合实际，要求单位或个人签章的文件，签章手续完备；

⑤ 文件材质、幅面、书写、绘图、用墨、托裱等符合要求。

对国家、省、市重点工程项目或一些特大型、大型工程项目的预验收和验收，必须有地方城建档案管理部门参加。

为确保监理文件资料的质量，编制单位、地方城建档案管理部门、建设行政管理部门等要对归档的监理文件资料进行严格检查、验收。对不符合要求的，一律退回编制单位进行改正、补齐。

2. 移交

① 列入城建档案管理部门接收范围的工程，建设单位在工程竣工验收后 3 个月内向城建档案管理部门移交一套符合规定的工程档案（监理文件资料）。

② 停建、缓建工程的监理文件资料暂由建设单位保管。

③ 对改建、扩建和维修工程，建设单位应组织工程监理单位据实修改、补充和完善监理文件资料。对改变的部位，应当重新编写，并在工程竣工验收后 3 个月内向城建档案管理部门移交。

④ 建设单位向城建档案管理部门移交工程档案（监理文件资料），应办理移交手续，填写移交目录，双方签字、盖章后交接。

⑤ 工程监理单位应在工程竣工验收前将监理文件资料按合同约定的时间、套数移交给建设单位，办理移交手续。

 案例分析

本案例主要考核监理工程师对设计文件中存在质量问题的处理程序，以及《建设工程质量管理条例》《建设工程监理规范》（GB/T 50319—2013）中有关竣工验收的相关规定。

答题要点：

1. 事件一中总监理工程师的行为有下列不妥之处：

（1）总监理工程师直接致函设计单位不妥。

理由：违反《建设工程质量管理条例》第二十八条规定。

正确做法：发现问题应向建设单位报告，由建设单位向设计单位提出更改要求。

（2）总监理工程师在取得设计变更前签发变更指令不妥。

理由：违反了《建设工程监理规范》（GB/T 50319—2013）中要求的工程变更处理程序。

正确做法：取得设计变更文件后，总监理工程师应结合实际情况对变更费用和工期进行评估，并就评估情况和建设单位、施工单位协调后签发变更指令。

（3）总监理工程师进行设计变更不妥。

理由：违反了《建设工程质量管理条例》第二十八条规定。

正确做法：总监理工程师应组织专业监理工程师对变更要求进行审查，通过后报建设单位转交设计单位，当变更涉及安全、环保等内容时，应经有关部门审定。

2. （1）甲施工单位组织工程竣工预验收不妥。工程竣工预验收应由项目监理机构组织。

（2）项目监理机构组织工程竣工验收不妥。工程竣工验收应由建设单位（或验收委员会）组织。

（3）项目监理机构在工程竣工验收后向建设单位提交工程质量评估报告不妥。项目监理机构应在工程竣工验收前向建设单位提交工程质量评估报告。

❓ 技能训练题

一、选择题（有 A、B、C、D 四个选项的是单项选择题，有 A、B、C、D、E 五个选项的是多项选择题）

1. 根据《建设工程监理规范》（GB/T 50319—2013），属于各方主体通用表的有（　　）。

A. 工作联系单　　　　　　　　　　B. 工程变更单

C. 索赔意向通知书　　　　　　　　D. 报验、报审表

E. 工程开工报审表

2. 施工单位发生（　　）情况时，项目监理机构应发出监理通知。

A. 施工单位违反工程建设强制性标准

B. 使用不合格的工程材料、构配件和设备

C. 施工单位未按审查通过的工程设计文件施工

D. 在工程质量、造价、进度等方面存在违规等行为

E. 在施工过程中出现不符合设计要求、工程建设标准、合同约定

3. 《建设工程监理规范》规定，项目监理机构应审查施工单位报审的施工组织设计，符合要求的，（　　）。

A. 由专业监理工程师签认　　　　　　B. 由总监理工程师代表签认

C. 由总监理工程师签认后报建设单位　　D. 由总监理工程师代表签认后报建设单位

4. 施工单位向项目监理机构申请（　　）时，使用《_____报验、报审表》。

A. 工程材料和构配件报验　　　　　　B. 隐蔽工程报验

C. 检验批、分项工程的报验　　　　　D. 为施工单位提供服务的试验室的报审

E. 工程竣工报验

5. 根据《建设工程监理规范》（GB/T 50319—2013），下列施工单位报审用表中，需要由专业监理工程审查，再由总监理工程师签署意见的是（　　）。

A. 单位工程竣工验收报审表　　　　　B. 费用索赔报审表

C. 分部工程报验表　　　　　　　　　D. 工程材料、构配件、设备报审表

6. "工程临时或最终延期报审表"应由（　　）签发。

A. 监理单位技术负责人　　　　　　　B. 监理单位法定代表人

C. 总监理工程师　　　　　　　　　　D. 专业监理工程师

7. 根据《建设工程监理规范》（GB/T 50319—2013），下列监理文件资料中，需要由总监理工程师签字并加盖执业印章的是（　　）。

A. 工程款支付证书　　　　　　　　　B. 监理通知单

C. 旁站记录   D. 监理报告

8. 根据《建设工程监理规范》（GB/T 50319—2013），需要由建设单位代表签字并加盖建设单位公章的报审表有（   ）。

A. 分包单位资格报审表   B. 工程复工报审表

C. 费用索赔报审表   D. 工程最终延期报审表

E. 单位工程竣工验收报审表

9. 下列表式中，必须由项目经理签字并加盖施工单位公章的是（   ）。

A. 工程开工令   B. 施工进度计划报审表

C. 分包单位资格报审表   D. 单位工程竣工验收报审表

10. 关于对监理例会上各方意见不一致的重大问题在会议纪要中处理方式的说法，正确的是（   ）。

A. 不应记入会议纪要，以免影响各方意见一致问题的解决

B. 应将各方的主要观点记入会议纪要，但与会各方代表不签字

C. 应将各方的主要观点记入会议纪要的"其他事项"中

D. 应就意见一致和不一致的问题分别形成会议纪要

11. 下列关于工程质量评估报告的说法，正确的是（   ）。

A. 工程竣工预验收合格后，由总监理工程师组织编制

B. 工程竣工验收合格后，由总监理工程师组织专业监理工程师编制

C. 由项目总监理工程师审核签认后报建设单位

D. 由项目总监理工程师及监理单位技术负责人审核签认并加盖监理单位公章后报建设单位

E. 工程质量评估报告应在正式竣工验收前提交给建设单位

12. 下列关于监理文件和档案收文与登记管理的表述中，正确的是（   ）。

A. 所有收文最后都应由项目总监理工程师签字

B. 经检查，文件档案资料各项内容填写和记录真实完整，由符合相关规定的责任人员签字认可

C. 符合相关规定，责任人员的签字可以盖章代替

D. 有关工程建设照片注明拍摄日期后交资料员处理

13. 下列对建设工程归档文件的要求中，属于编制要求的有（   ）。

A. 符合国家有关的技术规范、标准   B. 案卷不宜过厚，一般不超过 40mm

C. 不同载体的文件一般应分别组卷   D. 内容真实、准确，与工程实际相符

E. 应采用耐久性强的书写材料

14. 归档工程文件的组卷要求有（   ）。

A. 归档的工程文件一般应为原件

B. 案卷不宜过厚，一般不超过 40mm

C. 案卷内不应有重份文件

D. 既有文字材料又有图纸的案卷，文字材料排前，图纸排后

E. 建设工程由多个单位工程组成时，工程文件按单位工程组卷

15. 根据《建设工程文件归档整理规范》（GB/T 50328—2001），"工程暂停令"在建设单位和工程监理单位的保管期限分别是（   ）。

A. 长期、短期   B. 长期、长期   C. 短期、长期   D. 短期、短期

16. 根据《建设工程文件归档整理规范》（GB/T 50328—2001），建设单位需要永久保

管的文件资料是（　　）。

  A. 检验批质量验收记录   B. 质量事故报告及处理意见

  C. 工程竣工决算审核意见   D. 分部（子分部）工程质量验收记录

  17. 国家、省、市重点工程项目或一些特大型、大型工程项目的（　　），必须有地方城建档案管理部门参加。

  A. 单机试车   B. 联合试车

  C. 工程验收   D. 工程移交

  E. 工程预验收

  18. 根据有关建设工程档案管理的规定，暂由建设单位保管监理文件资料的工程有（　　）。

  A. 维修工程   B. 缓建工程

  C. 改建工程   D. 扩建工程

  E. 停建工程

二、简答题

  1. 建设工程监理基本表式有哪几类？应用时应注意什么？

  2. 主要的监理文件资料有哪些？编制时应注意什么？

  3. 项目监理机构对监理文件资料的管理职责有哪些？

  4. 监理文件资料的编制质量要求有哪些？

  5. 根据《建设工程文件归档整理规范》（GB/T 50328—2014），监理文件资料归档范围有哪些？保管期限分别为多长？

  6. 需要归档的监理文件资料的验收有哪些要求？

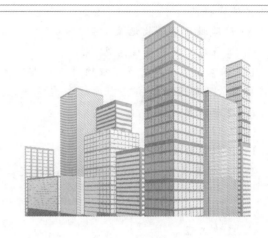

第八章

监理案例

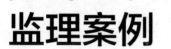

案例一

某建设工程正在进行监理企业招标，请采用综合评价法，判断该监理企业是否参加投标，详情见表 8-1。

表 8-1　某建设工程监理投标综合评价法决策

序号	投标考虑的因素	权重 W	等级 u					指标得分 $W \times u$
			好	较好	一般	较差	差	
1	总监理工程师能力	0.10		0.8				
2	监理团队配备	0.05	1.0					
3	技术水平	0.15				0.4		
4	合同支付条件	0.05		0.8				
5	同类工程经验	0.15	1.0					
6	可支配的资源条件	0.10			0.6			
7	竞争对手数量和实力	0.05		0.8				
8	竞争对手投标积极性	0.10					0.2	
9	项目利润	0.05	1.0					
10	社会影响	0.10				0.4		
11	风险情况	0.05		0.8				
12	其他	0.05					0.2	
总计								

问题：

已知该监理企业上次得分0.8投标成功，某次得分0.7投标失败，请分析本次是否投标？

 **解　析**

按照综合评价法计算步骤，计算出每一项的指标得分及总分数见表8-2：

表8-2　某建设工程监理投标综合评价法决策（含得分值）

序号	投标考虑的因素	权重 W	等级 u					指标得分 W×u
			好	较好	一般	较差	差	
1	总监理工程师能力	0.10		0.8				0.08
2	监理团队配备	0.05	1.0					0.05
3	技术水平	0.15				0.4		0.06
4	合同支付条件	0.05		0.8				0.04
5	同类工程经验	0.15	1.0					0.15
6	可支配的资源条件	0.10			0.6			0.06
7	竞争对手数量和实力	0.05		0.8				0.04
8	竞争对手投标积极性	0.10					0.2	0.02
9	项目利润	0.05	1.0					0.05
10	社会影响	0.10				0.4		0.04
11	风险情况	0.05		0.8				0.04
12	其他	0.05					0.2	0.01
总计								0.64

因为0.64<0.7，且该企业在某次投标时得分0.7未中标，所以决定不投标。

案例二

 **背　景**

某建设工程的建设单位自行办理招标事宜。由于该工程技术复杂且需采用大型专用施工设备，经有关主管部门批准，建设单位决定采用邀请招标形式，共邀请A、B、C三家国有特级施工企业参加投标。

投标邀请书中规定：6月1日至6月3日9：00—17：00在该单位总经济师室出售招标文件。

招标文件中规定：6月30日为投标截止日；投标有效期到7月30日为止；招标控制价为4000万元；投标保证金统一定为100万元；评标采用综合评估法，技术标和商务标各占50%。

在评标过程中，鉴于各投标人的技术方案大同小异，建设单位决定将评标方法改为经评审的最低投标价法。评标委员会根据修改后的评标方法，确定评标结果的排名顺序为A公司、C公司、B公司。建设单位于7月8日确定A公司中标，于7月15日向A公司发出中标通知书，并于7月18日与A公司签订了合同。在签订合同过程中，经审查，A公司所选择的设备安装分包单位不符合要求，建设单位遂指定国有一级安装企业D公司作为A公司的分包单位。建设单位于 7 月 28 日将中标结果通知了 B、C 两家公司，并将投标保证金退还给 B、C 两家公司。建设单位于 7 月 31 日向当地招标投标管理部门提交了该工程招标投标情况的书面报告。

问题：

1. 招标人自行组织招标须具备什么条件？要注意什么问题？

2. 对于必须招标的项目，在哪些情况下经有关主管部门批准可以采用邀请招标形式？

3. 该建设单位在招标工作中有哪些不妥之处？请逐一说明理由。

本案例主要考核招标人自行组织招标的条件、必须招标的项目可以进行邀请招标的情形以及招标投标过程中若干时限规定的有关问题。

1. 招标人具有编制招标文件和组织评标能力的，可以自行办理招标事宜。依法必须进行招标的项目，招标人自行办理招标事宜的，应当向有关行政监督部门备案。

2. 《招标投标法实施条例》规定：国有资金占控股地位或者主导地位的依法必须进行招标的项目，应当公开招标；但有下列情形之一的，可以邀请招标：

(1) 技术复杂、有特殊要求或者受自然环境限制，只有少量潜在投标人可供选择；

(2) 采用公开招标方式的费用占项目合同金额的比例过大。

《工程建设项目施工招标投标办法》进一步规定：对于必须招标的项目，有下列情形之一的，经批准可以进行邀请招标：

(1) 项目技术复杂或有特殊要求，只有少数几家潜在投标人可供选择的；

(2) 受自然地域环境限制的；

(3) 涉及国家安全、国家秘密或抢险救灾，适宜招标但不宜公开招标的；

(4) 拟公开招标的费用与项目的价值相比，不值得的；

(5) 法律、法规规定不宜公开招标的。

3. 该建设单位在招标工作中有下列不妥之处：

(1) 停止出售招标文件的时间不妥，因为自招标文件出售之日起至停止出售之日止，最短不得少于 5 日。

(2) 规定的投标有效期截止时间不妥，因为评标委员会提出书面评标报告后，招标人最迟应当在投标有效期结束日 30 个工作日（而不是日历日）前确定中标人。确定投标有效期应考虑评标、定标和签订合同所需的时间，一般项目的投标有效期宜为 60～90 天。

(3) "投标保证金统一定为 100 万元"不妥，因为投标保证金一般不得超过招标项目估算价（本题中即为招标控制价 4000 万元）的 2%。

(4) 在评标过程中，建设单位决定将评标方法改为经评审的最低投标价法不妥，因为评标委员会应当按照招标文件确定的评标标准和方法进行评标。

(5) 评标委员会根据修改后的评标方法，确定评标结果的排名顺序不妥，因为评标委员会应当按照招标文件确定的评标标准和方法（即综合评估法）进行评标。

(6) 建设单位指定 D 公司作为 A 公司的分包单位不妥，因为招标人不得直接指定分包人。

(7) 建设单位于 7 月 28 日将中标结果通知 B、C 两家公司（未中标人）不妥，因为中标人确定后，招标人应当在向中标人发出中标通知的同时将中标结果通知所有未中标的投标人。

(8) 建设单位于 7 月 28 日将投标保证金退还给 B、C 两家公司不妥，因为招标人与中标人签订合同后 5 个工作日内，应当向未中标的投标人退还投标保证金。

（9）建设单位于 7 月 31 日向当地招标投标管理部门提交了该工程招标投标情况的书面报告不妥，因为招标人应当自确定中标人之日起 15 日内，向有关行政监督部门提交招标投标情况的书面报告。

案例三

 背景

某市重点工程项目计划投资 4000 万元，采用工程量清单方式公开招标。经资格预审后，确定 A、B、C 共 3 家合格投标人。该 3 家投标人分别于 10 月 13 日～14 日领取了招标文件，同时按要求递交投标保证金 50 万元、购买招标文件费 500 元。

招标文件规定：投标截止时间为 10 月 31 日，投标有效期截止时间为 12 月 30 日，投标保证金有效期截止时间为次年 1 月 30 日。招标人对开标前的主要工作安排为：10 月 16 日～17 日，由招标人分别安排各投标人踏勘现场；10 月 20 日，举行投标预备会，会上主要对招标文件和招标人能提供的施工条件等内容进行答疑，考虑各投标人所拟定的施工方案和技术措施不同，将不对施工图作任何解释。各投标人按时递交了投标文件，所有投标文件均有效。

评标办法规定商务标权重 60 分（包括总报价 20 分、分部分项工程综合单价 10 分、其他内容 30 分），技术标权重 40 分。

（1）总报价的评标方法是：评标基准价等于各有效投标总报价的算术平均值下浮 2 个百分点。当投标人的投标总价等于评标基准价时得满分，投标总价每高于评标基准价 1 个百分点时扣 2 分，每低于评标基准价 1 个百分点时扣 1 分。

（2）分部分项工程综合单价的评标方法是：在清单报价中按合价大小抽取 5 项（每项权重 2 分），分别计算投标人综合单价报价平均值，投标人所报综合单价在平均值的 95%～102% 范围内得满分；超出该范围的，每超出 1 个百分点扣 0.2 分。

各投标人总报价和抽取的异形梁 C30 混凝土综合单价见表 8-3。

表 8-3　投标数据表

投标人	A	B	C
总报价/万元	3179.00	2998.00	3213.00
异形梁 C30 混凝土综合单价/(元/米³)	456.20	451.50	485.80

除总报价之外的其他商务标和技术标评标得分见表 8-4。

表 8-4　投标人部分指标得分表

投标人	A	B	C
商务标（除总报价之外）得分	32	29	28
技术标得分	30	35	37

问题：

1. 在该工程开标之前所进行的招标工作有哪些不妥之处？说明理由。

2. 列式计算总报价和异形梁 C30 混凝土综合单价的报价平均值，并计算各投标人得分（计算结果保留两位小数）。

3. 列式计算各投标人的总得分，根据总得分的高低确定第一中标候选人。

4. 评标工作于 11 月 1 日结束并于当天确定中标人；11 月 2 日招标人向当地主管部门提交了评标报告；11 月 10 日招标人向中标人发出中标通知书；12 月 1 日双方签订了施工合同；12 月 3 日招标人将未中标结果通知给另两家投标人，并于 12 月 9 日将投标保证金退还给未中标人。请指出评标结束后招标人的工作有哪些不妥之处并说明理由。

本案例主要考核招标投标程序和工程量清单计价模式下评标方法。

问题 1 和问题 4 主要考核招标投标程序，主要依据为招投标法实施细则。

问题 2 和问题 3 主要考核综合评标法。

1. 问题 1 答案

（1）要求投标人领取招标文件时递交投标保证金不妥，应在投标截止前递交。

（2）投标截止时间不妥，从招标文件发出到投标截止时间不能少于 20 日。

（3）踏勘现场安排不妥，招标人不得单独或者分别组织任何一个投标人进行现场踏勘。

（4）投标预备会上对施工图纸不作任何解释不妥，因为招标人应就图纸进行交底和解释。

2. 问题 2 答案

（1）总报价平均值＝（3179＋2998＋3213）/3＝3130（万元）
评分基准价＝3130×（1－2%）＝3067.4（万元）

（2）异形梁 C30 混凝土综合单价报价平均值＝（456.20＋451.50＋485.80）/3
＝464.50（元/m³）

总报价和 C30 混凝土综合单价评分见表 8-5。

表 8-5　部分商务标指标评分表

评标项目	投标人	A	B	C
总报价评分	总报价/万元	3179.00	2998.00	3213.00
	总报价占评分基准价百分比/%	103.64	97.74	104.75
	扣分	7.28	2.26	9.50
	得分	12.72	17.74	10.50
C30 混凝土综合单价评分	综合单价/(元/m³)	456.20	451.50	485.80
	综合单价占平均值/%	98.21	97.20	104.59
	扣分	0	0	0.52
	得分	2.00	2.00	1.48

3. 问题 3 答案

投标人 A 的总得分：30＋12.72＋32＝74.72（分）

投标人 B 的总得分：35＋17.74＋29＝81.74（分）

投标人 C 的总得分：37＋10.50＋28＝75.50（分）

所以，第一中标候选人为 B 投标人。

4. 问题 4 答案

（1）招标人向主管部门提交的书面报告内容不妥，应提交招投标活动的书面报告，而不仅仅是评标报告。

（2）招标人仅向中标人发出中标通知书不妥，还应同时将中标结果通知未中标人。

（3）招标人通知未中标人时间不妥，应在向中标人发出中标通知书的同时通知未中标人。

（4）退还未中标人的投标保证金时间不妥，招标人应在与中标人签订合同后的 5 个工作日内向未中标人退还投标保证金。

案例四

 背 景

某大型工程由于技术难度大，对施工单位的施工设备和同类工程施工经验要求高，而且对工期的要求也比较紧迫，招标人在对有关单位及其在建工程考察的基础上，仅邀请了 4 家国有特级施工企业参加投标，并预先与咨询单位和该 4 家施工单位共同研究确定了施工方案。招标人要求投标人将技术标和商务标分别装订报送。招标文件中规定采用综合评估法进行评标，具体的评标标准如下：

（1）技术标共 30 分，其中施工方案 10 分（因已确定施工方案，各投标人均得 10 分）、施工总工期 10 分、工程质量 10 分。满足招标人总工期要求（36 个月）者得 4 分，每提前 1 个月加 1 分，不满足者为废标。招标人希望该工程今后能被评为省优工程，自报工程质量合格者得 4 分，承诺将该工程建成省优工程者得 6 分（若该工程未被评为省优工程将扣罚合同价的 2%，该款项在竣工结算时暂不支付给施工单位），近三年内获"鲁班"工程奖每项加 2 分，获省优工程奖每项加 1 分。

（2）商务标共 70 分。招标控制价为 36500 万元，评标时有效报价的算术平均数为评标基准价。报价为评标基准价的 98% 者得满分（70 分），在此基础上，报价比评标基准价每下降 1%，扣 1 分；每上升 1%，扣 2 分（计分按四舍五入取整）。

各投标人的有关情况列于表 8-6。

表 8-6　投标参数汇总表

投标人	报价/万元	总工期/月	自报工程质量	鲁班工程奖	省优工程奖
A	35642	33	省优	1	1
B	34364	31	省优	0	2
C	33867	32	合格	0	1
D	36578	34	合格	1	2

问题：

1. 该工程采用邀请招标方式且仅邀请 4 家投标人投标，是否违反规定？为什么？

2. 请按综合得分最高者中标的原则确定中标人。

3. 若改变该工程评标的有关规定，将技术标增加到 40 分，其中施工方案 20 分（各投标人均得 20 分），商务标减少为 60 分，是否会影响评标结果？为什么？若影响，应由哪家投标人中标？

 解析

本案例考核招标方式和评标方法的运用。要求熟悉邀请招标的运用条件及有关规定，并能根据给定的评标办法正确选择中标人。

1. 不违反（或符合）有关规定。因为根据有关规定，对于技术复杂的工程，允许采用邀请招标方式，邀请的投标人不得少于 3 家。

2. 按综合得分最高者中标的原则确定中标人步骤如下：

（1）计算各投标人的技术标得分，见表 8-7。

投标人 D 的报价 36578 万元超过招标控制价 36500 万元，根据招标文件规定按废标处理，不再进行评审。

表 8-7　技术标得分计算表

投标人	施工方案	总工期	工程质量	合计
A	10	4＋(36−33)×1＝7	6＋2＋1＝9	26
B	10	4＋(36−31)×1＝9	6＋1×2＝8	27
C	10	4＋(36−32)×1＝8	4＋1＝5	23

（2）计算各投标人的商务标得分，见表 8-8。

评标基准价＝(35642＋34364＋33867)÷3＝34624（万元）

表 8-8　商务标得分计算表

投标人	报价/万元	报价与评标基准价的比例	扣分	得分
A	35642	35642÷34624＝102.9	(102.9−98)×2≈10	70−10＝60
B	34364	34364÷34624＝99.2	(99.2−98)×1≈2	70−2＝68
C	33867	33867÷34624＝97.8	(98−97.8)×1≈0	70−0＝70

（3）计算各投标人的综合得分，见表 8-9。

表 8-9　综合得分计算表

投标人	技术标得分	商务标得分	综合得分
A	26	60	86
B	27	68	95
C	23	70	93

因为投标人 B 的得分最高，故应选择 B 作为中标人。

3. 这样改变评标办法不会影响评标结果，因为各投标人的技术标得分均增加 10 分（20−10），而商务标得分均减少 10 分（70−60），综合得分不变。

案例五

 背景

某工程采用公开招标方式，有 A、B、C、D、E、F 6 家投标人参加投标，经资格预审该 6 家投标人均满足招标人要求。该工程采用两阶段评标法评标，评标委员会由 7 名委员组

成。招标文件中规定采用综合评估法进行评标，具体的评标标准如下：

（1）第一阶段评技术标。

技术标共计 40 分，其中施工方案 15 分，总工期 8 分，工程质量 6 分，项目班子 6 分，企业信誉 5 分。

技术标各项内容的得分为各评委评分去除一个最高分和一个最低分后的算术平均数。

技术标合计得分不满 28 分者，不再评其商务标。

表 8-10 为各评委对 6 家投标人施工方案评分的汇总表。

表 8-10　施工方案评分汇总表

评委 投标人	一	二	三	四	五	六	七
A	13.0	11.5	12.0	11.0	11.0	12.5	12.5
B	14.5	13.5	14.0	13.0	13.5	14.5	14.5
C	12.0	10.0	11.5	11.0	10.5	11.5	11.5
D	14.0	13.5	13.5	13.0	13.5	14.0	14.5
E	12.5	11.5	12.0	11.0	11.5	12.5	12.5
F	10.5	10.5	10.5	10.0	9.5	11.0	10.5

表 8-11 为各投标人总工期、工程质量、项目班子、企业信誉得分汇总表。

表 8-11　总工期、工程质量、项目班子、企业信誉得分汇总表

投标人	总工期	工程质量	项目班子	企业信誉
A	6.5	5.5	4.5	4.5
B	6.0	5.0	5.0	4.5
C	5.0	4.5	3.5	3.0
D	7.0	5.5	5.0	4.5
E	7.5	5.0	4.0	4.0
F	8.0	4.5	4.0	3.5

（2）第二阶段评商务标。

商务标共计 60 分。以标底的 50％ 与投标人报价算术平均数的 50％ 之和为基准价，但最高（或最低）报价高于（或低于）次高（或次低）报价的 15％ 者，在计算投标人报价算术平均数时不予考虑，且商务标得分为 15 分。

以基准价为满分（60 分），报价比基准价每下降 1％，扣 1 分，最多扣 10 分；报价比基准价每增加 1％，扣 2 分，扣分不保底。

表 8-12 为标底和各投标人的报价汇总表。

表 8-12　标底和各投标人的报价汇总表　　　　单位：万元

投标人	A	B	C	D	E	F	标底
报价	13656	11108	14303	13098	13241	14125	13790

问题：

1. 根据招标文件中的评标标准和方法，通过列式计算的方式确定 3 名中标候选人，并排出顺序。

2. 若该工程未编制标底，以各投标人报价的算术平均数作为基准价，其余评标规定不变，试按原评定标准和方法确定 3 名中标候选人，并排出顺序。

3. 依法必须进行招标的项目，在什么情况下招标人可以确定非排名第一的中标候选人为中标人？

 解 析

本案例考核评标方法的运用。本案例旨在强调两阶段评标法所须注意的问题和报价合理性的要求。

1. 问题 1 答案

（1）计算各投标人施工方案得分，见表 8-13。

表 8-13 施工方案得分计算表

投标人 \ 评委	一	二	三	四	五	六	七	平均得分
A	13.0	11.5	12.0	11.0	11.0	12.5	12.5	11.9
B	14.5	13.5	14.5	13.0	13.5	14.5	14.5	14.1
C	12.0	10.0	11.5	11.0	10.5	11.5	11.5	11.2
D	14.0	13.5	13.5	13.0	13.5	14.0	14.5	13.7
E	12.5	11.5	12.0	11.0	11.5	12.5	12.5	12.0
F	10.5	10.5	10.5	10.0	9.5	11.0	10.5	10.4

（2）计算各投标人技术标的得分，见表 8-14。

表 8-14 技术标得分计算表

投标人	施工方案	总工期	工程质量	项目班子	企业信誉	合计
A	11.9	6.5	5.5	4.5	4.5	32.9
B	14.1	6.0	5.0	5.0	4.5	34.6
C	11.2	5.0	4.5	3.5	3.0	27.2
D	13.7	7.0	5.5	5.0	4.5	35.7
E	12.0	7.5	5.0	4.0	4.0	32.5
F	10.4	8.0	4.5	4.0	3.5	30.4

由于投标人 C 的技术标仅得 27.2 分，小于 28 分的最低限，按规定，不再评其商务标，实际上已作为废标处理。

（3）计算各投标人商务标得分，见表 8-15。

因为 $(13098-11108)/13098\times100\%=15.19\%>15\%$

$(14125-13656)/13656\times100\%=3.43\%<15\%$

所以投标人 B 的报价（11108 万元）在计算基准价时不予考虑。

则：基准价 $=13790\times50\%+(13656+13098+13241+14125)/4\times50\%=13660$（万元）

表 8-15 商务标得分计算表

投标人	报价/万元	报价与基准价的比例/%	扣分	得分
A	13656	$(13656/13660)\times100=99.97$	$(100-99.97)\times1=0.03$	59.97

续表

投标人	报价/万元	报价与基准价的比例/%	扣分	得分
B	11108			15.00
D	13098	（13098/13660）×100＝95.89	（100－95.89）×1＝4.11	55.89
E	13241	（13241/13660）×100＝96.93	（100－96.93）×1＝3.07	56.93
F	14125	（14125/13660）×100＝103.40	（103.40－100）×2＝6.80	53.20

（4）计算各投标人综合得分，见表8-16。

表8-16　综合得分计算表

投标人	技术标得分	商务标得分	综合得分
A	32.9	59.97	92.87
B	34.6	15.00	49.60
D	35.7	55.89	91.59
E	32.5	56.93	89.43
F	30.4	53.20	83.60

因此，三名中标候选人顺序依次是A、D、E。

2.问题2答案

（1）计算各投标人的商务标得分，见表8-17。

基准价＝（13656＋13098＋13241＋14125）/4＝13530（万元）

表8-17　商务标得分计算表

投标人	报价/万元	报价与基准价的比例/%	扣分	得分
A	13656	（13656/13530）×100＝100.93	（100.93－100）×2＝1.86	58.14
B	11108			15.00
D	13098	（13098/13530）×100＝96.81	（100－96.81）×1＝3.19	56.81
E	13241	（13241/13530）×100＝97.86	（100－97.86）×1＝2.14	57.86
F	14125	（14125/13530）×100＝104.40	（104.04－100）×2＝8.80	51.20

（2）计算各投标人的综合得分，见表8-18。

表8-18　综合得分计算表

投标人	技术标得分	商务标得分	综合得分
A	32.9	58.14	91.04
B	34.6	15.00	49.60
D	35.7	56.81	92.51
E	32.5	57.86	90.36
F	30.4	51.20	81.60

因此，三名中标候选人的顺序依次是D、A、E。

3. 问题 3 答案

根据《招标投标法实施条例》第五十五条的规定："排名第一的中标候选人放弃中标、因不可抗力不能履行合同、不按照招标文件要求提交履约保证金，或者被查实存在影响中标结果的违法行为等情形，不符合中标条件的，招标人可按照评标委员会提出的中标候选人名单排序依次确定其他中标候选人为中标人。"

案例六

某政府投资项目主要分为建筑工程、安装工程和装修工程三部分，项目总投资额为5000 万元，其中，估价为 80 万元的设备由招标人采购。

招标文件中，招标人对投标有关时限的规定如下：

（1）投标截止时间为自招标文件停止出售之日起第 16 日上午 9 时整；

（2）接受投标文件的最早时间为投标截止时间前 72 小时；

（3）若投标人要修改、撤回已提交的投标文件，须在投标截止时间 24 小时前提出；

（4）投标有效期从发售招标文件之日开始计算，共 90 天。并规定，建筑工程应由具有一级以上资质的企业承包，安装工程和装修工程应由具有二级以上资质的企业承包，招标人鼓励投标人组成联合体投标。在参加投标的企业中，A、B、C、D、E、F 为建筑公司，G、H、J、K 为安装公司，L、N、P 为装修公司，除了 K 公司为二级企业外，其余均为一级企业，上述企业各自组成联合体投标，各联合体具体组成见表 8-19。

表 8-19 各联合体的组成表

联合体编号	I	II	III	IV	V	VI	VII
联合体组成	A，L	B，C	D，K	E，H	G，N	F，J，P	E，L

在上述联合体中，某联合体协议中约定：若中标，由牵头人与招标人签订合同，然后将该联合体协议送交招标人；联合体所有与业主的联系工作以及内部协调工作均由牵头人负责；各成员单位按投入比例分享利润并向招标人承担责任，且须向牵头人支付各自所承担合同额部分 1‰的管理费。

问题：

1. 该项目估价为 80 万元的设备采购是否可以不招标？说明理由。

2. 分别指出招标人对投标有关时限的规定是否正确，说明理由。

3. 根据《招标投标法》的规定，按联合体的编号，判别各联合体的投标是否有效？若无效，说明原因。

4. 指出上述联合体协议内容中的错误之处，说明理由或写出正确做法。

本案例考核必须招标的工程范围和规模标准、与投标有关的时限以及联合体投标的有关内容。

1. 问题 1 答案

该设备采购必须招标，因为该项目为政府投资项目，属于必须招标的范围，且总投资额在 3000 万元以上（或答总投资额达 5000 万元）。

2. 问题 2 答案

（1）投标截止时间的规定正确，因为自招标文件开始出售至停止出售至少为 5 个工作日，故满足自招标文件开始出售至投标截止不得少于 20 日的规定；

（2）接受投标文件最早时间的规定正确，因为有关法规对此没有限制性规定；

（3）修改、撤回投标文件时限的规定不正确，因为在投标截止时间前均可修改、撤回投标文件；

（4）投标有效期从发售招标文件之日开始计算的规定不正确，投标有效期应从投标截止时间开始计算。

3. 问题 3 答案

（1）联合体Ⅰ的投标无效，因为投标人不得参与同一项目下不同的联合体投标（L 公司既参加联合体Ⅰ投标，又参加联合体Ⅶ投标）。

（2）联合体Ⅱ的投标有效。

（3）联合体Ⅲ的投标有效。

（4）联合体Ⅳ的投标无效，因为投标人不得参与同一项目下不同的联合体投标（E 公司既参加联合体Ⅳ投标，又参加联合体Ⅶ投标）。

（5）联合体Ⅴ的投标无效，因为缺少建筑公司（或 G、N 公司分别为安装公司和装修公司），若其中标，主体结构工程必然要分包，而主体结构工程分包是违法的。

（6）联合体Ⅵ的投标有效。

（7）联合体Ⅶ的投标无效，因为投标人不得参与同一项目下不同的联合体投标（E 公司和 L 公司均参加了两个联合体投标）。

4. 问题 4 答案

（1）由牵头人与招标人签订合同错误，应由联合体各方共同与招标人签订合同。

（2）与招标人签订合同后才将联合体协议送交招标人错误，联合体协议应当与投标文件一同提交给招标人。

（3）各成员单位按投入比例向招标人承担责任错误，联合体各方应就中标项目向招标人承担连带责任。

案例七

某国有资金参股的智能化写字楼建设项目，经过相关部门批准拟采用邀请招标方式进行施工招标。招标人于 2016 年 10 月 8 日向具备承担该项目能力的 A、B、C、D、E 五家投标人发出投标邀请书，其中说明，10 月 12—18 日 9—16 时在该招标人总工办领取招标文件，11 月 8 日 14 时为投标截止时间。该五家投标人均接受邀请，并按规定时间提交了投标文件。但投标人 A 在送出投标文件后发现报价估算有较严重的失误，遂赶在投标截止时间前 10 分钟递交了一份书面声明，撤回了已提交的投标文件。

开标时，由招标人委托的市公证处人员检查投标文件的密封情况，确认无误后，由工作人员当众拆封。由于投标人 A 已撤回投标文件，故招标人宣布有 B、C、D、E 四家投标人投标，并宣读该四家投标人的投标价格、工期和其他主要内容。

评标委员会委员全部由招标人直接确定，共由 7 人组成，其中招标人代表 2 人，本系统技术专家 2 人、经济专家 1 人，外系统技术专家 1 人、经济专家 1 人。

在评标过程中，评标委员会要求 B、D 两投标人分别对其施工方案作详细说明，并对若干技术要点和难点提出问题，要求其提出具体、可靠的实施措施。作为评标委员的招标人代表希望投标人 B 再适当考虑一下降低报价的可能性。

按照招标文件中确定的综合评标标准，4 个投标人综合得分从高到低的顺序依次为 B、D、C、E，故评标委员会确定投标人 B 为中标人。投标人 B 为外地企业，招标人于 11 月 20 日将中标通知书以挂号方式寄出，投标人 B 于 11 月 24 日收到中标通知书。

由于从报价情况来看，4 个投标人的报价从低到高的顺序依次为 D、C、B、E，因此，从 11 月 26 日至 12 月 21 日招标人又与投标人 B 就合同价格进行了多次谈判，结果投标人 B 将价格降到略低于投标人 C 的报价水平，最终双方于 12 月 22 日签订了书面合同。

问题：

1. 从招标投标的性质来看，本案例中的要约邀请、要约和承诺的具体表现是什么？
2. 从所介绍的背景资料来看，在该项目的招标投标程序中有哪些不妥之处？请逐一说明原因。

 **解 析**

本案例考核招标投标程序从发出投标邀请书到签订合同之间的若干问题，主要涉及招标投标的性质、投标文件的递交和撤回、投标文件的拆封和宣读、评标委员会的组成及其确定、在评标过程中评标委员的行为、中标人的确定、中标通知书的生效时间、中标通知书发出后招标人的行为以及招标人和投标人订立书面合同的时间等。

1. 在本案例中，要约邀请是招标人的投标邀请书，要约是投标人的投标文件，承诺是招标人发出的中标通知书。

2. 在该项目招标投标程序中有以下不妥之处，分述如下：

（1）"招标人宣布 B、C、D、E 四家投标人参加投标"不妥，因为投标人 A 虽然已撤回投标文件，但仍应作为投标人加以宣布。

（2）"评标委员会委员全部由招标人直接确定"不妥，因为在 7 名评标委员中招标人只可选派 2 名相当专家资质人员参加评标委员会；对于智能化办公楼项目，除了有特殊要求的专家可由招标人直接确定之外，其他专家均应采取（从专家库中）随机抽取方式确定评标委员会委员。

（3）评标委员会要求投标人提出具体、可靠的实施措施不妥，因为按规定，评标委员会可以要求投标人对投标文件中含义不明确的内容作必要的澄清或者说明，但是澄清或者说明不得超出投标文件的范围或者改变投标文件的实质性内容，因此，不能要求投标人就实质性内容进行补充。

（4）"作为评标委员的招标人代表希望投标人 B 再适当考虑一下降低报价的可能性"不妥，因为在确定中标人前，招标人不得与投标人就投标价格、投标方案的实质性内容进行谈判。

（5）对"评标委员会确定投标人 B 为中标人"要进行分析。如果招标人授权评标委员会直接确定中标人，由评标委员会定标是对的；否则就是错误的。

（6）中标通知书发出后招标人与中标人就合同价格进行谈判不妥，因为招标人和中标人应按照招标文件和投标文件订立书面合同，不得再行订立背离合同实质性内容的其他协议。

（7）订立书面合同的时间不妥，因为招标人和中标人应当自中标通知书发出之日（不是中标人收到中标通知书之日）起 30 日内订立书面合同，而本案例为 32 日。

案例八

背景

某医院决定投资 1 亿余元，兴建一幢现代化的住院综合楼。其中土建工程采用公开招标的方式选定施工单位，但招标文件对省内的投标人与省外的投标人提出了不同的要求，也明确了投标保证金的数额。该院委托某建筑事务所为该项工程编制标底。2000 年 10 月 6 日招标公告发出后，共有 A、B、C、D、E、F 6 家省内的建筑单位参加了投标。投标文件规定 2000 年 10 月 30 日为提交投标文件的截止时间，2000 年 11 月 13 日举行开标会。其中，E 单位在 2000 年 10 月 30 日提交了投标文件，但 2000 年 11 月 1 日才提交投标保证金。开标会由该省建设委员会主持。结果，某建筑事务所编制的标底高达 6200 多万元，与其中的 A、B、C、D 等 4 个投标人的投标报价均在 5200 万元以下，与标底相差 1000 万余元，引起了投标人的异议。这 4 家投标单位向该省建设委员会投诉，称某建筑事务所擅自更改招标文件中的有关规定，多计漏算多项材料价格。为此，该院请求省建设委员会对原标底进行复核。2001 年 1 月 28 日，被指定进行标底复核的省建设工程造价总站（以下简称总站）拿出了复核报告，证明某建筑事务所在编制标底的过程中确实存在这 4 家投标单位所提出的问题，复核标底额与原标底额相差近 1000 万元。

由于上述问题久拖不决，导致中标书在开标三个月后一直未能发出。为了能早日开工，该院在获得了省建设委员会的同意后，更改了中标金额和工程结算方式，确定某省某公司为中标单位。

问题：

1. 上述招标程序中，有哪些不妥之处？请说明理由。

2. E 单位的投标文件应当如何处理？为什么？

3. 对 D 单位撤回投标文件的要求应当如何处理？为什么？

4. 问题久拖不决后，该医院能否要求重新招标？为什么？

5. 如果重新招标，投标人的损失能否要求该医院赔偿？为什么？

解析

本案例主要考核招标投标程序、投标文件有效与否的判定、投标文件撤回的规定等内容。此案例考查考生对招投标法的理解与掌握的程度。

1. 在上述招标投标程序中，不妥之处如下：

（1）在公开招标中，对省内的投标人与省外的投标人提出了不同的要求不妥。因为公开招标应当平等地对待所有的投标人，不允许对不同的投标人提出不同的要求。

（2）提交投标文件的截止时间与举行开标会的时间不是同一时间不妥。按照《招标投标法》的规定，开标应当在招标文件确定的提交投标文件截止时间的同一时间公开进行。

（3）开标不应由该省建设委员会主持。开标会应当由招标人或者招标代理人主持，省建设委员会作为行政管理机关只能监督招标活动，不能作为开标会的主持人。

（4）中标通知书在开标三个月后一直未能发出不妥。评标工作不宜久拖不决，如果在评标中出现无法克服的困难，应当及早采取其他措施（如宣布招标失败）。

（5）"更改了中标金额和工程结算方式，确定某省某公司为中标单位"不妥。如果不宣布招标失败，则招标人和中标人应当按照招标文件和中标人的投标文件订立书面合同，招标人和中标人不得再行订立背离合同实质性内容的其他协议。

2. E单位的投标文件应当被认为是无效投标而拒绝。因为投标文件规定的投标保证金是投标文件的组成部分，因此，对于未能按照要求提交投标保证金的投标（包括期限），招标单位将视为不响应投标而予以拒绝。

3. 对D单位撤回投标文件的要求，应当没收其投标保证金。因为投标行为是一种要约，在投标有效期内撤回其投标文件的，应当视为违约行为。因此，招标单位可以没收D单位的投标保证金。

4. 问题久拖不决后，某医院可以要求重新进行招标，理由如下：

（1）一个工程只能编制一个标底。如果在开标后（即标底公开后）再复核标底，将导致具体的评标条件发生变化，实际上属于招标单位的评标准备工作不够充分。

（2）问题久拖不决，使得各方面的条件发生变化，再按照最初招标文件中设定的条件订立合同是不公平的。

5. 如果重新进行招标，给投标人造成的损失不能要求该医院赔偿。虽然重新招标是由于招标人的准备工作不够充分导致的，但并非属于欺诈等违反诚实信用的行为。而招标在合同订立中仅仅是要约邀请，对招标人不具有合同意义上的约束力，招标并不能保证投标人中标，投标的费用应当由投标人自己承担。

案例九

背景

某建设工程，建设单位决定进行公开招标。经过资格预审，A、B、C、D、E 5家施工单位通过了审查，并在规定时间内领取了招标文件。根据招标文件的要求，本工程的投标采用工程量清单的方式报价。

在招标文件中，只提供了部分分部分项工程的清单数量，而措施项目与其他项目清单仅仅列出了项目，没有具体工程量。在这种情况下，投标人B在对报价部分计算时，工程量直接套用了招标文件中的清单数量，价格采用当地造价管理处的信息价格与估算价。及至招标截止时间前5分钟，C公司又递交了一份补充材料，表示愿意降低报价25万元，再让利1.5个百分点。

在招标人主持开标会议之时，经由他人提醒，E投标人意识到自己的报价存在重大问题，于是立刻撤回了自己的投标文件。

问题：

1. 投标人B的工程量计算与报价是否妥当？为什么？

2. 工程量清单报价中应当怎样计算措施费？

3. 投标人 C 的做法属于什么投标报价技巧或手段？

4. 投标人 E 撤回投标文件的行为是否正确？为什么？招标人应当如何应对？

 解 析

根据《招标投标法实施条例》相关内容，投标截止后投标人撤销投标文件的，招标人可以不退还投标保证金。

1. 投标人 B 的工程量计算与报价不妥当。

一般情况下，招标文件中提供的工程量含有预估成分，所以，为了准确地确定综合单价，应根据招标文件中提供的相关说明和施工图，重新校核工程量，并根据核对的工程量确定报价。由于工程量清单给出的工程量不是严格意义上的实际工程量，因此只根据招标文件中提供的清单工程量是无法准确组价的。合理的组价必须计算工程数量，以此计算综合单价，必要时还应和招标单位进行沟通。

造价管理处的信息价格是一种综合价，不能准确地反映个别工程的实际使用价格，因此必须按实际情况询价。根据当前当地的市场状况、材料供求情况和材料价格情况来确定报价中使用的价格数据，才能使报价具有竞争力。目前市场竞争较强，能不能中标，确定价格是至关重要的一个环节。另外，当地的造价计价标准、相关费用标准、相关政策和规定等，都是不可缺少的参考资料。

2. 根据工程量清单报价的组成要求，工程量清单项目包括分部分项工程量清单、措施项目清单和其他项目清单等。对于市政工程工程量清单报价，招标单位通常只列出措施项目清单或不列，但是投标单位必须根据施工组织设计确定措施项目并计算措施费，否则视为在其他项目中已考虑了措施费。

3. 投标人 C 的做法属于突然降价法和许诺优惠法。

4. 投标人 E 撤回投标文件的行为不正确，因为投标截止日期后不允许撤标。

对此，招标人可以没收投标人 E 的投标保证金。

案例十

 背 景

某建设工程，建设单位决定进行公开招标。经过资格预审，A、B、C、D 四家施工单位通过了审查，并在规定时间内领取了招标文件。投标人 A 在取得了招标文件后，认真核对了工程量，根据当前当地市场状况、材料供求情况和材料价格情况，基于询价，并对措施项目作出处理后确定了报价。在报价全部完成后，投标人 A 按照规定时间将投标文件送达了招标单位。

投标人 D 在赶往指定地点提交投标文件的时候，由于交通拥堵，投标人 D 察觉可能在投标截止时间前不能赶到，因此给招标人打电话，说明理由和自己的报价，要求参加竞标，投标文件将随后补上，招标人同意了该要求。评标过程中，招标人采用综合评标法，最终选定投标人 D 为中标单位。对此结果，其他投标人均表示异议。

问题：

1. 什么是措施项目？投标人在投标时对措施项目应当如何处理？

2. 招标人选定投标人 D 中标的做法正确吗？为什么？

 解 析

本案例考查对于《招标投标法》中评标相关工作要求的掌握情况以及对招投标中措施项目和相关问题的处理方式。

1. 措施项目是指为完成建设工程项目施工，发生了该工程施工前和施工过程中技术、生活、安全等方面的非工程实体项目。工程量清单计价时，对措施项目清单可作调整。措施项目清单为可调整清单。

招标方的"措施项目一览表"内容只列项目，由投标方根据实际施工方案自主计算措施项目的量及费用并报价，而不是由招标人提供工程量。投标人对招标文件中所列的项目，可根据企业自身特点作适当的变更和增减。投标人要对拟建工程可能发生的措施项目和措施费用作通盘考虑，措施项目清单计价一经报出，即被认为是包括了所有应该发生的措施项目的全部费用。如果报出的清单中没有列项，对于施工中又必须发生的项目，招标人有权认为其已经分摊在分部分项工程量清单的综合报价中，将来措施项目发生时投标人不得以任何借口提出索赔与调整。

2. 招标人选定投标人 D 中标的做法不正确。

投标人 D 不能及时上交投标文件，应当视为放弃投标，招标人应当按照废标处理，不能将失去资格的投标人 D 确定为中标人。

案例十一

 背 景

某工程采用公开招标方式，有 A、B、C、D、E、F 六家施工单位领取了招标文件。

本工程招标文件规定：2012 年 10 月 20 日下午 17：30 为投标文件接收终止时间。在提交投标文件的同时，投标单位须提供投标保证金 20 万元。

在 2012 年 10 月 20 日，A、B、C、D、F 五家投标单位在下午 15：30 前将投标文件送达，E 单位在次日上午 8:00 送达。各单位均按招标文件的规定提供了投标保证金。

在 10 月 20 日上午 10:10 时，B 单位向招标人递交了一份投标价格下降 5％的书面说明。

开标时，由招标人检查投标文件的密封情况，确认无误后，由工作人员当众拆封，并宣读了 A、B、C、D、F 五家投标单位的名称、投标价格、工期和其他主要内容。

在开标过程中，招标人发现 C 单位的标袋密封处仅有投标单位公章，没有法定代表人印章或签字。

评标委员会委员由招标人直接确定，共由 4 人组成，其中招标人代表 2 人，经济专家 1人，技术专家 1 人。

招标人委托评标委员会确定中标人，经过综合评定，评标委员会确定 A 单位为中标单位。

问题：

1. 在招标投标过程中有何不妥之处？说明理由。

2. B 单位向招标人递交的书面说明是否有效？

3. 在开标后，招标人应对 C 单位的投标书作何处理，为什么？

4. 投标书在哪些情况下可作为废标处理？

5. 招标人对 E 单位的投标书作废标处理是否正确，理由是什么？

解 析

本案例主要考查学生是否具备工程招标投标相关工程实际的处理能力。

1. 在招标投标过程中的不妥之处和理由如下：

（1）不妥之处：开标时，由招标人检查投标文件的密封情况。

理由：《招标投标法》规定开标时由投标人或者其推选的代表检查投标文件的密封情况，也可以由招标人委托的公证机构检查并公证。

（2）不妥之处：评标委员会由招标人确定。

理由：一般招标项目的评标委员会采取随机抽取方式。该项目属一般招标项目。

（3）不妥之处：评标委员会的组成不妥。

理由：根据《招标投标法》规定，"评标委员会由招标人的代表和有关技术、经济等方面的专家组成，成员人数为 5 人以上单数，其中技术经济等方面的专家不得少于成员总数的 2/3。"

2. B 单位向招标人递交的书面说明有效。根据《招标投标法》的规定，"投标人在招标文件要求提交投标文件的截止时间前，可以补充、修改或者撤回已提交的投标文件，补充、修改的内容作为投标文件的组成部分。"

3. 在开标后，招标人应对 C 单位的投标书作废标处理。因为 C 单位投标书只有单位公章未有法定代表人印章或签字，不符合招标投标法的要求。

4. 投标书在下列情况下，可作废标处理：

①逾期送达的或者未送达指定地点的；

②未按招标文件要求密封的；

③无单位盖章并无法定代表人签字或盖章的；

④未按规定格式填写，内容不全或关键字迹模糊、无法辨认的；

⑤投标人递交两份或多份内容不同的投标文件，或在一份投标文件中对同一招标项目报有两个或多个报价，且未声明哪一个有效（按招标文件规定提交备选投标方案的除外）；

⑥投标人名称或组织机构与资格预审时不一致的；

⑦未按招标文件要求提交投标保证金的；

⑧联合体投标未附联合体各方共同投标协议的。

5. 招标人对 E 单位的投标书作废标处理是正确的。因为 E 单位未能在投标截止时间前送达投标文件。

案例十二

背 景

某工程项目，建设单位通过招标选择了一家具有相应资质的监理单位承担施工招标代理和施工阶段监理工作，并在监理中标通知书发出后第 45 天，与该监理单位签订了工程监理合同。之后双方又另行签订了一份监理酬金比监理中标价降低 10% 的协议。

在施工公开招标中，有 A、B、C、D、E、F、G、H 等施工单位报名投标，经监理单位资格预审均符合要求，但建设单位以 A 施工单位是外地企业为由不同意其参加投标，而监理单位坚持认为 A 施工单位有资格参加投标。

评标委员会由 5 人组成，其中，当地建设行政管理部门的招投标管理办公室主任 1 人、建设单位代表 1 人、政府提供的专家库中抽取的技术经济专家 3 人。

评标时发现，B 施工单位投标报价明显低于其他投标单位报价且未能合理说明理由；D 施工单位投标报价大写金额小于小写金额；F 施工单位投标文件提供的检验标准和方法不符合招标文件的要求；H 施工单位投标文件中某分项工程的报价有个别漏项；其他施工单位的投标文件均符合招标文件要求。

建设单位最终确定 G 施工单位中标，并按照《建设工程施工合同（示范文本）》（GF—2013—0201）与该施工单位签订了施工合同。

工程按期进入安装调试阶段后，由于雷电引发了一场火灾。火灾结束后 48 小时内，G 施工单位向项目监理机构通报了火灾损失情况：工程本身损失 150 万元；总价值 100 万元的待安装设备彻底报废；G 施工单位人员烧伤所需医疗费及补偿费预计 15 万元，租赁的施工设备损坏赔偿 10 万元；其他单位临时停放在现场的一辆价值 25 万元的汽车被烧毁。另外，大火扑灭后 G 施工单位停工 5 天，造成其他施工机械闲置损失 2 万元以及必要的管理保卫人员费用支出 1 万元，并预计工程所需清理、修复费用 200 万元。损失情况经项目监理机构审核属实。

问题：

1. 指出建设单位在监理招标和工程监理合同签订过程中的不妥之处，并说明理由。

2. 在施工招标资格预审中，监理单位认为 A 施工单位有资格参加投标是否正确？说明理由。

3. 指出施工招标评标委员会组成的不妥之处，说明理由，并写出正确做法。

4. 判别 B、D、F、H 四家施工单位的投标是否为有效标？说明理由。

5. 安装调试阶段发生的这场火灾是否属于不可抗力？指出建设单位和 G 施工单位应各自承担哪些损失或费用（不考虑保险因素）。

本案例主要考核《招标投标法》及《建设工程施工合同（示范文本）》（GF—2013—0201）中的相关内容。

1. 在监理中标通知书发出后第 45 天签订工程监理合同不妥，依照《招标投标法》，应于 30 天内签订合同。

在签订工程监理合同后双方又另行签订了一份监理酬金比监理中标价降低 10% 的协议不妥。依照《招标投标法》，招标人和中标人不得再行订立背离合同实质性内容的其他协议。

2. 监理单位认为 A 施工单位有资格参加投标是正确的。以所处地区作为确定投标资格的依据是一种歧视性的依据，这是《招标投标法》明确禁止的。

3. 评标委员会组成不应包括当地建设行政管理部门的招投标管理办公室主任。正确组成应为：评标委员会由招标人或其委托的招标代理机构熟悉相关业务的代表以及有关技术、经济等方面的专家组成，成员人数为 5 人以上单数，其中技术、经济等方面的专家不得少于成员总数的三分之二。

4. B、F 两家施工单位的投标不是有效标。D 单位的情况可以认定为低于成本，F 单位的情况可以认定为明显不符合技术规格和技术标准的要求，属重大偏差。D、H 两家单位的投标是有效标，他们的情况不属于重大偏差。

5. 安装调试阶段发生的火灾属于不可抗力。建设单位应承担的费用包括工程本身损失 150 万元，其他单位临时停放在现场的汽车损失 25 万元，待安装的设备的损失 100 万元，工程所需清理、修复费用 200 万元。施工单位应承担的费用包括 G 施工单位人员烧伤所需医疗费及补偿费预计 15 万元，租赁的施工设备损坏赔偿 10 万元，大火扑灭后 G 施工单位停工 5 天，造成其他施工机械闲置损失 2 万元以及必要的管理保卫人员费用支出 1 万元。

案例十三

某工程，建设单位将土建工程、安装工程分别发包给甲、乙两家施工单位。在合同履行过程中发生了如下事件：

事件一：项目监理机构在审查土建工程施工组织设计时，认为脚手架工程危险性较大，要求甲施工单位编制脚手架工程专项施工方案。甲施工单位项目经理部编制了专项施工方案，凭以往经验进行了安全估算，认为方案可行，并安排质量检查员兼任施工现场安全员，遂将方案报送总监理工程师签认。

事件二：乙施工单位进场后，首先进行塔吊安装。施工单位为赶工期，采用了未经项目监理机构审批的塔吊安装方案。总监理工程师发现后及时签发了"工程暂停令"，施工单位未执行总监理工程师的指令继续施工，造成塔吊倒塌，导致现场施工人员 1 死 2 伤的安全事故。

问题：

1. 指出事件一中脚手架工程专项施工方案编制和报审过程中的不妥之处，写出正确做法。

2. 按《建设工程安全生产管理条例》的规定，分析事件二中监理单位、施工单位的法律责任。

1. 事件一中：

(1) 甲施工单位项目经理部凭以往经验进行安全估算不妥。正确做法：应进行安全验算。

(2) 甲施工单位项目经理部安排质量检查员兼任施工现场安全员不妥。正确做法：应有专职安全生产管理人员进行现场安全监督工作。

(3) 甲施工单位项目经理部直接将专项施工方案报送总监理工程师签认不妥。正确做法：专项施工方案应先经甲单位技术负责人签认后报送总监理工程师。

2. 事件二中：

(1) 监理单位的责任是当施工单位未执行"工程暂停令"时，没有及时向有关主管部门报告。

（2）乙施工单位的责任是未报审施工方案且未按指令停止施工，造成了重大安全事故。

案例十四

 背 景

某实行监理的工程，实施过程中发生下列事件：

事件一：由于吊装作业危险性较大，施工项目部编制了专项施工方案，并送现场监理员签收。吊装作业前，吊车司机使用风速仪检测到风力过大，拒绝进行吊装作业。施工项目经理便安排另一名吊车司机进行吊装作业，监理员发现后立即向专业监理工程师汇报，该专业监理工程师回答说："这是施工单位内部的事情。"

事件二：监理工程师以专项施工方案未经审查批准就实施为由，签发了停止吊装作业的指令。施工项目经理签收暂停令后，仍要求施工人员继续进行吊装。总监理工程师报告了建设单位，建设单位负责人称工期紧迫，要求总监理工程师收回吊装作业暂停令。

问题：

1. 指出事件一中专业监理工程师的不妥之处，写出正确做法。

2. 分别指出事件一和事件二中施工项目经理在吊装作业中的不妥之处，写出正确做法。

3. 分别指出事件二中建设单位、总监理工程师工作中的不妥之处，写出正确做法。

 解 析

1. 事件一中，专业监理工程师回答"这是施工单位内部的事情"不妥，应及时制止并向总监理工程师汇报。

2. 事件一、事件二中，施工项目经理的不妥之处及正确做法如下：

（1）安排另一名司机进行吊装作业不妥，应停止吊装作业。

（2）专项施工方案未经总监理工程师批准便实施不妥，应经总监理工程师批准后实施。

（3）签收暂停令后仍要求继续吊装作业不妥，应停止吊装作业。

3. 事件二中，建设单位、总监理工程师工作中的不妥之处及正确做法如下：

（1）建设单位要求总监理工程师收回吊装作业暂停令不妥，应支持总监理工程师的决定。

（2）总监理工程师未报告政府主管部门不妥，应及时报告政府主管部门。

案例十五

 背 景

某实施监理的工程，工程监理合同履行过程中发生以下事件：

事件一：为确保深基坑开挖工程的施工安全，施工项目经理兼任了施工现场的安全生产管理员。为赶工期，施工单位在报审深基坑开挖工程专项施工方案的同时即开始该基坑开挖。

事件二：项目监理机构履行安全生产管理的监理职责，审查了施工单位报送的安全生产相关资料。

事件三：专业监理工程师发现，施工单位使用的起重机械没有现场安装后的验收合格证明，随即向施工单位发出"监理通知单"。

问题：

1. 指出事件一中施工单位做法的不妥之处，写出正确做法。

2. 事件二中，根据《建设工程安全生产管理条例》，项目监理机构应审查施工单位报送资料中的哪些内容？

3. 事件三中，"监理通知单"应对施工单位提出哪些要求？

1. 事件一中：

（1）施工项目经理兼任施工现场安全生产管理员不妥。正确做法：应安排专职安全生产管理员。

（2）施工单位在报审深基坑开挖工程专项施工方案的同时即开始深基坑开挖不妥。正确做法：应待专项施工方案报审批准后才能进行深基坑开挖。

2. 事件二中，项目监理机构应审查施工单位报送的施工组织设计中的安全技术措施、专项施工方案是否符合工程建设强制性标准。

3. 事件三中，专业监理工程师在"监理通知单"中应对施工单位提出下列要求：

（1）立即停止使用起重机械；

（2）由施工单位组织相关单位共同验收起重机械。

案例十六

某工程，建设单位与甲施工单位按照《建设工程施工合同（示范文本）》签订了施工合同。经建设单位同意，甲施工单位选择了乙施工单位作为分包单位。在合同履行中，发生了如下事件：甲施工单位向建设单位提交了工程竣工验收报告后，建设单位于 2012 年 9 月 20 日组织勘察、设计、施工、监理等单位进行竣工验收，工程竣工验收通过，各单位分别签署了质量合格文件。因使用需要，建设单位于 2012 年 10 月初要求乙施工单位按其示意图在已验收合格的承重墙上开车库门洞，并于 2012 年 10 月底正式将该工程投入使用。2013 年 2 月该工程给排水管道大量漏水，经监理单位组织检查，确认是因开车库门洞施工时破坏了承重结构所致。建设单位认为工程还在保修期，要求甲施工单位无偿修理。建设行政主管部门对责任单位进行了处罚。

问题：

1. 根据《建设工程质量管理条例》，指出事件中建设单位做法的不妥之处，说明理由。

2. 根据《建设工程质量管理条例》，该事件中建设行政主管部门是否应对建设单位、监理单位、甲施工单位、乙施工单位进行处罚？说明理由。

本案例主要考核《建设工程质量管理条例》中工程质量问题和质量事故处理的相关内容。依法批准开工报告的建设工程，建设单位应当自开工报告批准之日起 15 日内，将保证安全施工的措施报送建设工程所在地的县级以上地方人民政府建设行政主管部门或者其他有关部门备案。

1. 根据《建设工程质量管理条例》第四十九条、第十五条和第三十二条，事件中：

(1) 不妥之处：未按《建设工程质量管理条例》要求时限备案。理由：按《建设工程质量管理条例》规定应于验收合格后 15 日备案。

(2) 不妥之处：要求乙施工单位在承重墙上按示意图开洞。理由：应通过设计单位同意。

(3) 不妥之处：要求甲施工单位无偿修理。理由：不属于保修范围，在已验收合格的承重墙开门洞而造成的管道破坏，应由乙施工单位修理。

2. 根据《建设工程质量管理条例》第五十六条和第六十九条，事件中：

(1) 对建设单位应予处罚。理由：未按时备案、未通过设计单位同意即开门洞。

(2) 对监理单位不应处罚。理由：工程已验收合格。

(3) 对甲施工单位不应处罚。理由：工程已验收完成，分包合同已解除。

(4) 对乙施工单位应予处罚。理由：对涉及承重墙的改造，无设计图纸不应施工。

案例十七

某工程项目，建设单位与施工总承包单位按《建设工程施工合同（示范文本）》（GF—2013—0201）签订了施工承包合同，并委托某监理公司承担施工阶段的监理任务。施工总承包单位将桩基工程分包给一家专业施工单位。竣工验收时，总承包单位完成了自查、自评工作，填写了工程竣工报验单，并将全部竣工资料报送项目监理机构，申请竣工验收。总监理工程师认为施工过程中均按要求进行了验收，即签署了竣工报验单，并向建设单位提交了质量评估报告。建设单位收到监理单位提交的工程质量评估报告后，即将该工程正式投入使用。

问题：

1. 指出工程竣工验收时，总监理工程师在执行验收程序方面的不妥之处，写出正确做法。

2. 建设单位收到监理单位提交的工程质量评估报告，即将该工程正式投入使用的做法是否正确？说明理由。

1. 工程竣工验收时，总监理工程师在执行验收程序方面的不妥之处为：总监理工程师未组织工程竣工预验收。

正确做法：总监理工程师在收到工程竣工验收申请后，应组织工程预验收。即应组织专业监理工程师对竣工资料及各专业工程的质量情况进行全面检查，对检查出的问题，应督促承包单位及时整改，对需要进行功能试验的项目应督促承包单位及时进行试验，并对重点项目进行监督检查，必要时请建设单位和设计单位参加，并应认真审查试验报告单，督促承包单位搞好成品保护和现场清理。经对竣工资料和现场实物验收后，总监理工程师签署工程竣工报验单，并向建设单位提交质量评估报告。

2. 建设单位收到监理单位提交的工程质量评估报告，即将该工程正式投入使用的做法不正确。

理由：建设单位在收到工程验收报告后，应组织设计、施工、监理等单位进行工程验收。对需要整改的问题由监理单位督促施工承包单位整改，直至验收合格并由各方签署竣工验收报告，并在建设行政主管部门备案后方可使用。

案例十八

 背景

某工程，建设单位委托监理单位实施施工阶段监理。按照施工总承包合同约定，建设单位负责空调设备和部分工程材料的采购，施工总承包单位选择桩基施工和设备安装两家分包单位。

在施工过程中，发生如下事件：

事件一：专业监理工程师对使用商品混凝土的现浇结构验收时，发现施工现场混凝土试块的强度不合格，拒绝签字。施工单位认为，建设单位提供的商品混凝土质量存在问题；建设单位认为，商品混凝土质量证明资料表明混凝土质量没有问题。经法定检测机构对现浇结构的实体进行检测，结果为商品混凝土质量不合格。

事件二：在给水管道验收时，专业监理工程师发现部分管道渗漏。经查，是由于设备安装单位使用的密封材料存在质量缺陷所致。

问题：

1. 针对事件一中现浇结构的质量问题，建设单位、监理单位和施工总承包单位是否应承担责任？说明理由。

2. 写出专业监理工程师对事件二中质量缺陷的处理程序。

 解析

本案例主要考核对《建设工程质量管理条例》中各方责任的理解和掌握程度，以及对《建设工程监理规范》（GB/T 50319—2013）的掌握程度。

1. 事件一中，建设单位应当承担责任。根据《建设工程质量管理条例》第十四条规定，建设单位未提供合格的商品混凝土；监理单位不承担责任，根据《建设工程质量管理条例》第三十七条规定，监理工程师拒绝签认不合格的商品混凝土做法正确，使施工单位不能进行下一道工序施工；施工总承包单位不承担责任，因为建设单位提供的商品混凝土的质量与证明材料不符。

2. 事件二中，专业监理工程师应向施工总包单位签发《监理通知单》，由施工总包单位落实设备安装分包单位整改。专业监理工程师应检查和督促整改过程，并验收整改结果，合格后予以签认。

案例十九

某实施监理的工程，建设单位分别与甲、乙施工单位签订了土建工程施工合同和设备安装工程施工合同，与丙单位签订了设备采购合同。

工程实施过程中发生下列事件：

事件一：项目监理机构检查甲施工单位的某分项工程质量时，发现试验检测数据异常，便再次对甲施工单位试验室的资质等级及其试验范围、本工程试验项目及要求等内容进行了全面考核。

事件二：为了解设备性能、有效控制设备制造质量，项目监理机构指令乙施工单位指派专人进驻丙单位，与专业监理工程师共同对丙单位的设备制造过程进行质量控制。

问题：

1. 事件一中，项目监理机构还应从哪些方面考核甲施工单位的试验室？

2. 事件二中，项目监理机构指令乙施工单位派专人进驻丙单位的做法是否正确？说明理由。

本案例主要考查监理机构考核施工单位试验室要点、工程参建各方质量责任等。监理机构应从试验室的管理制度、试验人员的资格证书、试验设备有效的计量检定证等三方面考查施工单位的试验室。对于设备制造由建设单位单独发包的工程，设备制造质量控制不属于安装单位的职责。

1. 事件一中项目监理机构还应从以下三个方面考核甲施工单位的试验室：试验室的管理制度、试验人员的资格证书、试验设备有效的计量检定证。

2. 事件二中该做法不正确。理由：设备制造由建设单位单独发包，设备制造质量控制不属于安装单位的职责。

案例二十

某建筑公司承接了一项综合楼建设任务，建筑面积100828平方米，地下3层，地上26层，箱形基础，主体为框架剪力墙结构。该项目地处城市主要街道交叉路口，是该地区的标志建筑物。因此，施工单位在施工过程中加强了对工序质量的控制。

在第 5 层楼板钢筋隐蔽工程验收时，监理工程师发现整个楼板受力钢筋型号不对、位置放置错误，施工单位非常重视，及时进行了返工处理。

在对第 10 层混凝土部分试块检测时，监理工程师发现强度达不到设计要求，但实体经有资质的检测单位检测鉴定，强度达到了设计要求。由于加强了预防和检查，没有再发生类似情况。

该楼最终顺利完工，达到验收条件后，建设单位组织了竣工验收。

问题：

1. 指出第 5 层钢筋隐蔽工程验收要点。

2. 第 10 层的质量问题是否需要处理？说明理由。

3. 如果第 10 层实体混凝土强度经检测达不到要求，施工单位应如何处理？

解析

1. 验收要点为：（1）钢筋的连接方式、接头位置、接头数量、接头面积百分率等；

（2）纵向受力钢筋的品种、数量、规格、位置等；

（3）箍筋、横向钢筋的品种、数量、规格、间距等；

（4）预埋件的品种、规格、数量、位置等。

2. 第 10 层的质量问题不需要处理。理由：经有资质的检测单位鉴定，强度达到了设计要求，可以予以验收。

3. 处理程序为：请设计单位核算，如果能够满足结构安全，可以予以验收；如果不能满足结构安全，请设计单位编制技术处理方案，经监理工程师审核确认后，由施工单位进行处理；经加固补强后能够满足结构安全，可以予以验收（若经加固补强后仍不能满足结构安全的，应返工重做）。

案例二十一

背景

某办公楼工程，基坑开挖完成后，经施工总承包单位申请，总监理工程师组织勘察、设计单位的项目负责人和施工总承包单位的相关人员等进行验槽。首先，验收小组经检验确认了该基础不存在空穴、古墓、古井及其他地下埋设物；其次，根据勘察单位项目负责人的建议，验收小组仅核对基坑的位置之后就结束了验收工作。

问题：

1. 验槽的组织方式是否妥当？

2. 基坑验槽还包括哪些内容？

3. 该办公楼达到什么条件后方可竣工验收？

解析

1. 验槽的组织方式不妥，建设单位项目负责人也应参加基坑验槽。

2. 基坑验槽还应包括：

(1) 检查基槽的开挖平面位置、尺寸、槽底深度是否符合设计要求；

(2) 检查坑底坑壁土质、地下水情况是否与勘察报告相符合；

(3) 检查基坑边坡外缘与邻近建筑物的距离，对邻近建筑物稳定性的影响；

(4) 审查、核实、分析钎探资料，对存在的异常点进行复核检查。

3. 单位工程竣工验收应当具备下列条件：

(1) 完成设计和合同约定的各项内容；

(2) 有完整的技术档案和施工管理资料；

(3) 有工程使用的主要建筑材料、建筑构配件和设备的进场试验报告；

(4) 有勘察、设计、施工、工程监理等单位分别签署的质量合格文件；

(5) 有施工单位签署的工程保修书。

案例二十二

某工程，施工总承包单位依据施工合同约定，与甲安装单位签订了安装分包合同。基础工程完成后，由于项目用途发生变化，建设单位要求设计单位编制设计变更文件，并授权项目监理机构就设计变更引起的有关问题与总承包单位进行协商。项目监理机构在收到经相关部门重新审查批准的设计变更文件后，经研究对其今后工作安排如下：

(1) 由总监理工程师负责与总承包单位进行质量、费用和工期等问题的协商工作；

(2) 要求总承包单位调整施工组织设计，并报建设单位同意后实施；

(3) 由总监理工程师代表主持修订监理规划；

(4) 由负责合同管理的专业监理工程师全权处理合同争议；

(5) 安排一名监理员主持整理工程监理资料。

在协商变更单价过程中，项目监理机构未能与总承包单位达成一致意见，总监理工程师决定以双方提出的变更单价的均值作为最终的结算单价。

项目监理机构认为甲安装分包单位不能胜任变更后的安装工程，要求更换安装分包单位。总承包单位认为项目监理机构无权提出该要求，但仍表示愿意接受，随即提出由乙安装单位分包。

甲安装单位依据原定的安装分包合同已采购的材料因设计变更需要退货，向项目监理机构提出了申请，要求补偿因材料退货造成的费用损失。

问题：

1. 逐项指出项目监理机构对其今后工作的安排是否妥当，不妥之处。写出正确做法。

2. 指出在协商变更单价过程中项目监理机构做法的不妥之处，并写出正确做法。

3. 总承包单位认为项目监理机构无权提出更换甲安装分包单位的意见是否正确？为什么？写出项目监理机构对乙安装单位分包资格的审批程序。

4. 指出甲安装单位要求补偿材料退货造成费用损失申请程序的不妥之处，写出正确做法。该费用损失应由谁承担？

 **解　析**

本案例考核监理工程师对总监理工程师的职责、关于工程变更费用确定的规定、对法律法规关于工程分包管理规定、对费用索赔处理规定的掌握程度。

1.（1）由总监理工程师负责与总承包单位进行质量、费用和工期等问题的协商工作是妥当的；

（2）要求总承包单位调整施工组织设计，并报建设单位同意后实施不妥。正确做法应重新调整施工组织设计应先经总监理工程师审核、签认；

（3）由总监理工程师代表主持修订监理规划不妥。正确做法应由总监理工程师负责主持修订监理规划；

（4）由负责合同管理的专业监理工程师全权处理合同争议不妥。正确做法应由总监理工程师负责处理合同争议；

（5）安排一名监理员主持整理工程监理资料不妥。正确做法应由总监理工程师负责主持整理工程监理资料。

2. 项目监理机构决定以双方提出的变更费用价格的均值作为最终的结算价格的做法不妥。

正确做法：项目监理机构应提出一个暂定价格，作为临时支付工程进度款依据，变更费用价格在工程最终结算时以建设单位与总承包单位达成的协议为依据。

3. 总承包单位认为项目监理机构无权提出更换甲安装分包单位的意见不正确。理由：依据法律、法规规定项目监理机构有工程分包单位的否决权。

程序：专业监理工程师应审查总承包单位报送的乙安装分包单位资格报审表和分包单位的有关资料；符合有关规定后，由总监理工程师予以签认。

4. 由甲安装分包单位向项目监理机构提出申请不妥。

正确做法：由甲安装分包单位向总承包单位提出，再由总承包单位向项目监理机构提出。由于建设单位要求设计单位进行设计变更，所以费用损失应由建设单位承担。

案例二十三

 **背　景**

某监理单位承担了一工业项目的施工监理工作。经过招标，建设单位选择了甲、乙施工单位分别承担 A、B 标段工程的施工，并按照《建设工程施工合同（示范文本）》（GF—2013—0201）分别和甲、乙施工单位签订了施工合同。建设单位与乙施工单位在合同中约定，B 标段所需的部分设备由建设单位负责采购。乙施工单位按照正常的程序将 B 标段的安装工程分包给丙施工单位。在施工过程中，发生了如下事件：

事件一：建设单位在采购 B 标段的锅炉设备时，设备生产厂商提出由自己的施工队伍进行安装更能保证质量，建设单位便与设备生产厂商签订了供货和安装合同并通知了监理单位和乙施工单位。

事件二：专业监理工程师对 B 标段进场的配电设备进行检验时，发现由建设单位采购的某设备不合格，建设单位对该设备进行了更换，从而导致丙施工单位停工。因此，丙施工单位致函监理单位，要求补偿其被迫停工所遭受的损失并延长工期。

问题：

1. 在事件一中，建设单位将设备交由生产厂商安装的做法是否正确？为什么？

2. 在事件一中，若乙施工单位同意由该设备生产厂商的施工队伍安装该设备，监理单位应该如何处理？

3. 在事件二中，丙施工单位的索赔要求是否应该向监理单位提出？为什么？对该索赔事件应如何应处理。

本案例主要考查《建设工程施工合同（示范文本）》中的有关内容。

1. 建设单位将设备交由厂商安装的做法不正确，因为违反了合同约定。

2. 监理单位应该对厂商的资质进行审查。若符合要求，可以由该厂商安装。如乙单位接受该厂商作为其分包单位，监理单位应协助建设单位变更与设备厂商的合同；如乙单位接受厂商直接从建设单位承包，监理单位应该协助建设单位变更与乙单位的合同；如不符合要求，监理单位应该拒绝由该厂商施工。

3. （1）丙施工单位的索赔要求不应该向监理单位提出，因为建设单位和丙施工单位没有合同关系。

（2）对该索赔事件的处理：

① 丙向乙提出索赔，乙向监理单位提出索赔意向书。

② 监理单位收集与索赔有关的资料。

③ 监理单位受理乙单位提交的索赔意向书。

④ 总监工程师对索赔申请进行审查，初步确定费用额度和延期时间，与乙施工单位和建设单位协商。

⑤ 总监理工程师对索赔费用和工程延期作出决定。

案例二十四

背景

某实施监理的工程项目，监理工程师对施工单位报送的施工组织设计审核时发现两个问题：一是施工单位为方便施工，将设备管道竖井的位置作了移位处理；二是工程的有关试验主要安排在施工单位试验室进行。总监理工程师分析后认为，管道竖井移位方案不会影响工程使用功能和结构安全，因此，签认了该施工组织设计报审表并送达建设单位。

项目监理过程中有如下事件：

事件一： 在建设单位主持召开的第一次工地会议上，建设单位介绍工程开工准备工作基本完成，施工许可证正在办理，要求会后就组织开工。总监理工程师认为施工许可证未办理好之前，不宜开工。对此，建设单位代表很不满意，会后建设单位起草了会议纪要，纪要中明确边施工边办理施工许可证，并将此会议纪要送发监理单位、施工单位，要求遵照执行。

事件二： 设备安装施工，要求安装人员有安装资格证书。专业监理工程师检查时发现施工单位安装人员与资格报审名单中的人员不完全相符，其中五名安装人员无安装资格证书，他们已参加并完成了该工程的一项设备安装工作。

事件三： 设备调试时，总监理工程师发现施工单位未按技术规程要求进行调试，存在较大的质量和安全隐患，立即签发了"工程暂停令"，并要求施工单位整改。施工单位用了2天时间整改后被指令复工。对此次停工，施工单位向总监理工程师提交了费用索赔和工程延期的申请，强调设备调试为关键工作，停工2天导致窝工，建设单位应给予工期顺延和费用补偿，理由是虽然施工单位未按技术规程调试但并未出现质量和安全事故，停工2天是监理单位要求的。

问题：

1. 总监理工程师应如何组织审批施工组织设计？总监理工程师对施工单位报送的施工组织设计内容的审批处理是否妥当？说明理由。

2. 事件一中建设单位在第一次工地会议的做法有哪些不妥之处？写出正确的做法。

3. 监理单位应如何处理事件二？

4. 在事件三中，总监理工程师的做法是否妥当？施工单位的费用索赔和工程延期要求是否应该被批准？说明理由。

 解　析

本案例主要考核《建设工程监理规范》（GB/T 50319—2013）、《建设工程施工合同（示范文本）》（GF—2013—0201）、《建筑法》中的相关内容。

1. 总监理工程师应在约定的时间内，组织专业监理工程师审查，提出意见后，由总监理工程师审核签认。需要承包单位修改时，由总监理工程师签发书面意见，退回承包单位修改后再报审，总监理工程师重新审查。

对于施工组织设计内容的审批，第一个问题的处理是不正确的，因总监理工程师无权改变设计；第二个问题的处理妥当，属于施工组织设计审查应处理的问题。

2. （1）建设单位要求边施工边办理施工许可证的做法不妥。正确的做法是建设单位应在自领取施工许可证起3个月内开工。

（2）建设单位起草会议纪要不妥，第一次工地会议纪要应由监理机构负责起草，并经与会各方代表会签。

3. 监理单位应要求施工单位将无安装资格证书的人员清除出场，并请有资格的检测单位对已完工的部分进行检查。

4. 监理工程师的做法是正确的。施工单位的费用索赔和工程延期要求不应该被批准，因为暂停施工的原因是施工单位未按技术规程要求操作，属施工单位的原因。

案例二十五

 背　景

某监理单位与建设单位签订了某钢筋混凝土结构工程施工阶段的工程监理合同，监理部设总监理工程师1人和专业监理工程师若干人，专业监理工程师例行在现场检查、旁站，实

施监理工作。

在监理过程中，发现以下一些问题：

（1）某层钢筋混凝土墙体由于绑扎钢筋困难，无法施工，施工单位未通报项目监理机构就把墙体钢筋门洞移动了位置。

（2）某层钢筋混凝土柱钢筋绑扎已检查、签证，模板经过预检验收，浇筑混凝土过程中及时发现模板胀模。

（3）某层钢筋混凝土墙体钢筋绑扎后未经检查验收，即擅自合模封闭，正准备浇筑混凝土。

（4）某层楼板钢筋经监理工程师检查签证后即进行浇筑楼板混凝土，混凝土浇筑完成后，发现楼板中设计的预埋电线暗管未通知电气专业监理工程师检查签证。

（5）施工单位把地下室内防水工程给一专业分包单位施工，该分包单位未经资质验证认可即进场施工，并已进行了 200m² 的防水工程施工。

（6）某层钢筋骨架焊接正在进行中，监理工程师检查发现有 2 人未经技术资质审查认可。

（7）某楼层一户住房房间钢门框经检查符合设计要求，日后检查发现门销已经焊接，门扇已经安装，门扇反向，经检查施工符合设计图纸要求。

问题：

1. 项目监理机构组织协调方法有哪几种？

2. 第一次工地例会的目的是什么？应在什么时间举行？应由谁主持召开？

3. 建设工程监理中最常用的一种协调方法是什么？此种方法在具体实践中包括哪些具体方法？

4. 发布指令属于哪一类组织协调方法？

5. 针对以上在监理过程中发现的问题，监理工程师应分别如何处理？

 **解 析**

本案例主要考查监理工程师的组织协调方法、第一次工地例会制度、对旁站监理发现问题的处理等内容。

1. 组织协调的方法有会议协调法、交谈协调法、书面协调法、访问协调法、情况介绍法。

2. 第一次工地例会的目的是让履约各方相互认识、确定联络方式；应在项目总监理工程师下达开工令之前举行；应由建设单位主持召开。

3. 建设工程监理最常用的方法是会议协调法，该方法的具体会议形式有第一次工地例会、监理例会等。

4. 发布指令属于书面协调法的具体方法。

5. 监理过程中发现问题的处理：

（1）指令停工，组织设计和施工单位共同研究处理方案。如须变更设计，指令施工单位按变更后的设计图施工，否则审核施工单位新的施工方案，指令施工单位按原图施工。

（2）指令停工，检查胀模原因，指示施工单位加固处理。经检查认可后，通知继续施工。

（3）指令停工下令拆除封闭模板，使满足检查要求。经检查认可后，通知复工。

（4）指令停工，进行隐蔽工程检查。若隐检合格，签证复工；若隐检不合格，下令返工。

（5）指令停工，检查分包单位资质。若审查合格，允许分包单位继续施工；若审查不合格，指令施工单位令分包单位立即退场。无论分包单位资质是否合格，均应对其已施工完的 200 米² 防水工程进行质量检查。

（6）通知该电焊工立即停止操作，检查其技术资质证明。若审查认可，可继续进行操作；若无技术资质证明，不得再进行电焊操作。对其完成的焊接部分进行质量检查。

（7）报告建设单位，与设计单位联系，要求更正设计，指示施工单位按更正后的图纸返工。所造成的损失，应给予施工单位补偿。

案例二十六

背　景

某投标人通过资格预审后，对招标文件进行了仔细分析，发现招标人所提出的工期要求过于苛刻，且合同条款中规定每拖延 1 天，逾期违约金为合同价的 1%，若要保证实现该工期要求，必须采取特殊措施，从而大大增加成本。还发现原设计结构方案采用框架剪力墙体系过于保守。因此，该投标人在投标文件中说明招标人的工期要求难以实现，因而按自己认为的合理工期（比招标人要求的工期增加 6 个月）编制施工进度计划并据此报价；还建议将框架剪力墙体系改为框架体系，并对这两种结构体系进行了技术经济分析和比较，证明框架体系不仅能保证工程结构的可靠性和安全性、增加使用面积、提高空间利用的灵活性，而且可降低造价约 3%，并按照框架剪力墙体系和框架体系分别报价。

该投标人将技术标和商务标分别封装，在封口处加盖本单位公章和项目经理签字后，在投标截止日期前 1 天上午将投标文件报送招标人。次日（即投标截止日当天）下午，在规定的开标时间前 1 小时，该投标人又递交了一份补充材料，其中声明将原报价降低 4%。但是，招标人的有关工作人员认为，根据国际上"一标一投"的惯例，一个投标人不得递交两份投标文件，因而拒收该投标人的补充材料。

开标会由市招投标办的工作人员主持，市公证处有关人员到会，各投标人代表均到场。开标前，市公证处人员对各投标人的资质进行审查，并对所有投标文件进行审查，确认所有投标文件均有效后，正式开标。主持人宣读投标人名称、投标价格、投标工期和有关投标文件的重要说明。

问题：

1. 该投标人运用了哪几种报价技巧？其运用是否得当？请逐一加以说明。

2. 招标人对投标人进行资格预审应包括哪些内容？

3. 从所介绍的背景资料来看，在该项目招标程序中存在哪些不妥之处？请分别作简单说明。

解　析

本案例主要考核投标人报价技巧的运用，涉及多方案报价法、增加建议方案法和突然降价法，还涉及招标程序中的一些内容。

1. 该投标人运用了三种报价技巧，即多方案报价法、增加建议方案法和突然降价法。其中，多方案报价法运用不当，因为运用该报价技巧时，必须对原方案（本案例指招标人的工期要求）报价，而该投标人在投标时仅说明了该工期要求难以实现，却并未报出相应的投标价。

增加建议方案法运用得当。通过对两个结构体系方案的技术经济分析和比较，论证了建议方案（框架体系）的技术可行性和经济合理性，对招标人有很强的说服力，并按照框架剪力墙和框架体系分别报价。

突然降价法也运用得当。原投标文件的递交时间比规定的投标截止时间仅提前1天多，这既是符合常理的，又为竞争对手调整、确定最终报价留有一定的时间，起到了迷惑竞争对手的作用。若提前时间太多，会引起竞争对手的怀疑，而在开标前1小时突然递交一份补充文件，这时竞争对手已不可能再调整报价了。

2. 招标人对投标人进行资格预审应包括以下内容：

（1）投标人签订合同的权利：营业执照和资质证书；

（2）投标人履行合同的能力：人员情况、技术装备情况、财务状况等；

（3）投标人目前的状况：投标资格是否被取消、账户是否被冻结等；

（4）近三年情况：是否发生过重大安全事故和质量事故；

（5）法律、行政法规规定的其他内容。

3. 该项目招标程序中存在以下不妥之处：

（1）招标单位的有关工作人员拒收投标人的补充材料不妥，因为投标人在投标截止时间之前所递交的任何正式书面文件都是有效文件，都是投标文件的有效组成部分，也就是说，补充文件与原投标文件共同构成一份投标文件，而不是两份相互独立的投标文件。

（2）"开标会由市招投标办的工作人员主持"不妥，因为开标会应由招标人或招标代理人主持，并宣读投标人名称、投标价格、投标工期等内容。

（3）"开标前，市公证处人员对各投标人的资质进行了审查"不妥，因为公证处人员无权对投标人资格进行审查，其到场的作用在于确认开标的公正性和合法性（包括投标文件的合法性），资格审查应在投标之前进行（背景资料说明了该投标人已通过资格预审）。

（4）公证处人员对所有投标文件进行审查不妥，因为公证处人员在开标时只是检查各投标文件的密封情况，并对整个开标过程进行公证。

（5）公证处人员确认所有投标文件均有效不妥，因为该投标人的投标文件仅有投标单位的公章和项目经理的签字，而无法定代表人或其代理人的签字或盖章，应当作为废标处理。

案例二十七

某建设工程，建设单位将某工程的监理任务委托给一家监理单位。该监理单位在履行其监理合同时，在施工现场建立了项目监理机构，并根据工程监理合同规定的服务内容，服务期限，工程类别、规模，技术复杂程度，工程环境等因素确定了项目监理机构的组织形式和规模。

问题：

1. 项目监理机构的监理人员包括哪些？应当由具备什么条件的人员担任？

2. 总监理工程师不能委托总监理工程师代表完成的工作有哪些？

3. 监理员应履行职责有哪些？

 解　析

本项目主要考查监理工程师对《建设工程监理规范》（GB/T 50319—2013）有关项目监理机构、监理人员的职责的相关规定的掌握程度。

1. 监理人员应包括总监理工程师、专业监理工程师和监理员，必要时可配备总监理工程师代表。

（1）总监理工程师应由注册监理工程师担任。

（2）总监理工程师代表应由具有工程类注册执业资格或具有中级及以上专业技术职称、3 年及以上工程实践经验并经监理业务培训的人员担任。

（3）专业监理工程师应由具有工程类注册执业资格或具有中级及以上专业技术职称、2 年及以上工程实践经验并经监理业务培训的人员担任。

2. 总监理工程师不得将下列工作委托给总监理工程师代表：

（1）组织编制监理规划，审批监理实施细则；

（2）根据工程进展及监理工作情况调配监理人员；

（3）组织审查施工组织设计、（专项）施工方案；

（4）签发工程开工令、暂停令和复工令；

（5）签发工程款支付证书，组织审核竣工结算；

（6）调解建设单位与施工单位的合同争议，处理工程索赔；

（7）审查施工单位的竣工申请，组织工程竣工预验收，组织编写工程质量评估报告，参与工程竣工验收；

（8）参与或配合工程质量安全事故的调查和处理。

3. 监理员应履行以下职责：

（1）检查施工单位投入工程的人力、主要设备的使用及运行状况；

（2）进行见证取样；

（3）复核工程量计量有关数据；

（4）检查工序施工结果；

（5）发现施工作业中的问题，及时指出并向专业监理工程师报告。

参考文献

[1] 中国建设监理协会.建设工程监理概论［M］.2版.北京：知识产权出版社，2012.

[2] 中国建设监理协会.建设工程信息管理［M］.2版.北京：中国建筑工业出版社，2012.

[3] 刘伊生.建设工程项目管理理论与实务［M］.北京：中国建筑工业出版社，2011.

[4] 项目管理学会.项目管理知识体系指南（PMBOK指南）［M］.4版.北京：电子工业出版社，2009.

[5] 全国造价工程师执业资格考试培训教材编审委员会.建设工程造价管理［M］.北京：中国计划出版社，2014.

[6] 中国建设工程造价管理协会.建设工程造价管理相关文件汇编［M］.北京：中国计划出版社，2016.

[7] 住房和城乡建设部标准定额司.2016年工程造价咨询统计资料汇编［M］.北京：住房和城乡建设部，2016.